普通高等教育"十三五"规划教材

路由与交换技术
——工程项目化教程

主　编　何小平　赵　文

副主编　谢文兰　刘　宏

中国铁道出版社有限公司
CHINA RAILWAY PUBLISHING HOUSE CO., LTD.

内 容 简 介

本书以 Cisco 模拟软件——Packet Tracer 7.0 为操作软件蓝本,给出了用模拟器软件完成各模块实战任务的详细配置步骤,为帮助学生熟记命令提供了保障。全书包括 11 个项目,主要包括网络基础与 Packet Tracert 使用方法、认识交换机、虚拟局域网、网络优化与安全措施、路由器基础、动态路由协议、访问控制列表(ACL)、NAT 技术、广域网连接配置技术、无线局域网、中小型企业网络设计与实现。编者对每个项目都进行了细致的设计,从基本的网络组建规划开始,以实际的网络环境为基础,把网络组建实际工程中所涉及的相关理论知识和操作技能分解到项目中,方便学生掌握相应的网络基础知识,具备一定的网络设备配置调试能力。

本书适合作为高等院校计算机科学与技术、信息安全、网络工程、物联网及计算机相关专业的教材,也可供相关专业从业人员学习参考。

图书在版编目(CIP)数据

路由与交换技术:工程项目化教程/何小平,赵文主编. —北京:
中国铁道出版社有限公司,2020.10(2024.7 重印)
普通高等教育"十三五"规划教材
ISBN 978-7-113-27255-5

Ⅰ.①路… Ⅱ.①何…②赵… Ⅲ.①计算机网络-路由选择-高等
学校-教材②计算机网络-信息交换机-高等学校-教材 Ⅳ.①N915.05

中国版本图书馆 CIP 数据核字(2020)第 171217 号

书　　名:**路由与交换技术——工程项目化教程**
作　　者:何小平　赵　文

策　　划:唐　旭　　　　　　　编辑部电话:(010)51873202
责任编辑:唐　旭　李学敏
封面设计:刘　颖
责任校对:张玉华
责任印制:樊启鹏

出版发行:中国铁道出版社有限公司(100054,北京市西城区右安门西街 8 号)
网　　址:https://www.tdpress.com/51eds/
印　　刷:三河市兴博印务有限公司
版　　次:2020 年 10 月第 1 版　2024 年 7 月第 3 次印刷
开　　本:787 mm×1 092 mm 1/16　印张:16.25　字数:386 千
书　　号:ISBN 978-7-113-27255-5
定　　价:43.00 元

前 言

随着信息化的普及和不断发展，网络已经成为人们学习、工作和生活中不可或缺的一部分，与此同时，社会对网络工程技术人员的需求也越来越多。"路由与交换技术"课程是网络工程专业的专业核心课程，网络工程专业技术人员掌握该门课程知识的意义重大。传统的教学模式及传统教材已经无法适应新形势的发展需求，为满足我国高等教育应用型人才培养的需求，我们以广东省教育科研"十三五"规划课题——工程项目化教学在"路由与交换技术"课程中的探索与实践为依托，编写这本"项目驱动、任务导向"的"教、学、做"工程项目化教材。

本书共包含 11 个项目，前 10 个项目为知识点项目，最后 1 个项目为综合应用项目。本书最大的特色是"易教易学"。

（1）细致的项目设计与实战练习

编者对每个项目都进行了细致的设计，从基本的网络组建规划开始，以实际的网络环境为基础，把网络组建实际工程中所涉及的相关理论知识和操作技能分解到项目中，使学生掌握相应的网络基础知识，具备一定的网络设备配置调试能力。每个项目都配有习题，有利于学生更快更好地掌握交换机与路由器配置技术，巩固所学内容，也方便学生复习与自学。

（2）立体化教材

本书以 Cisco 模拟软件——Packet Tracer 7.0 为操作软件蓝本，主讲教师亲自录制 11 个教学视频，并配置拓扑图 PKT 文件及操作代码，给出了用模拟软件完成各模块任务实战的详细配置步骤，为帮助学生熟记命令提供了保障。

本书的参考学时为 48 学时，其中实践环节为 26 学时，各项目的参考学时参见下表。

项　目	课程内容	学时分配/学时	
		讲　授	实　训
项目 1	网络基础与 Packet Tracer 使用方法	2	2
项目 2	认识交换机	2	2
项目 3	虚拟局域网	2	2
项目 4	网络优化与安全措施	2	2
项目 5	路由器基础	2	2
项目 6	动态路由协议	2	2
项目 7	访问控制列表（ACL）	2	2
项目 8	NAT 技术	2	2
项目 9	广域网连接配置技术	2	2
项目 10	无线局域网	2	2
项目 11	中小型企业网络设计与实现	2	6

本书由何小平、赵文担任主编，谢文兰、刘宏担任副主编。在编写过程中得到广东省教育科研"十三五"规划课题小组及广东培正学院相关领导及部门的指导及帮助，在此表示感谢！

由于时间仓促，加之编者水平有限，书中存在的不妥和疏漏之处，恳请读者批评指正。

编　者

2020 年 7 月

目　录

项目 1
网络基础
与 Packet Tracer 使用方法

项目导读

随着计算机技术的普及和互联网技术的发展，网络已经成为 21 世纪人类的一种新的生活方式。提到互联网，网络模型、IP 地址等都十分重要，Internet 上的许多应用和服务都是基于网络模型和 IP 地址的。而子网划分，更是每个从事网络工作的人必须具备的网络基础知识。本项目将详细介绍网络模型、IP 地址与子网掩码以及端口号等基础知识、网络测试相关命令及路由器交换机模拟实验常用软件 Packet Tracer 的基本用法。

通过对本项目的学习，应做到：

- 了解：OSI 七层模型和 TCP/IP 模型。
- 熟悉：IP 地址和子网掩码、网关等概念、网络测试常用命令。
- 掌握：Packet Tracer 的基本用法。

1.1 OSI 七层模型和 TCP/IP 模型

20 世纪 70 年代已经实现了基本的网络的互连，只是当时网络结构都是各个厂家自己私有的，比如 IBM 的 SNA 标准、美国国防部的 TCP/IP 等。

如果将两个不同厂家的产品放在一起使用，由于各厂家产品使用的标准不一致，可能会涉及不兼容的问题。比如：A 公司使用的是 IBM 的网络标准、B 公司使用的是 Digital 标准。两家公司是单独的网络，运行起来没有任何问题。假如有一天 A 公司将 B 公司收购了，而且网络也需要整合到一起，这时，由于两家公司在初建网络时使用了不同厂家的标准，于是网络就不能兼容了。

这样的兼容性状况在当时常有发生，于是国际标准化组织（ISO）在 1977 年成立了一个委员会，推出了一套层次化结构的网络模型，这套模型就是 OSI 参考模型。

1.1.1 OSI 七层模型

OSI 七层模型对网络结构进行了层次化的划分，共分为了七层，所以也经常称 OSI 参考模型为 OSI 七层参考模型，如图 1-1 所示。

从图 1-1 可以看出，OSI 参考模型的七层结构分为两部分：上三层主要与网络应用相关，负责对用户数据进行编码等操作；下四层主要是负责网络通信，负责将用户的数据传递到目的地。

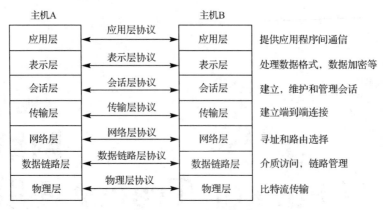

图 1-1 OSI 七层模型

对于 OSI 参考模型的结构，就如同公司的结构：董事会、财务部、销售部、技术部等，各兼其职，缺一不可。在一个主机到主机的通信过程中，OSI 参考模型的这七层各兼其职，每层都完成一定的功能。

虽然 OSI 的七层结构将数据通信的过程分解得更清晰，但现在互联网通信的基础是基于 IP 的，而 IP 属于另一个通信模型：TCP/IP 协议，所以 OSI 就作为了一个学习通信过程的参考模型。

1.1.2 TCP/IP 模型

TCP/IP（Transmission Control Protocol/Internet Protocol，传输控制协议/因特网互联协议），又名网络通信协议，是 Internet 最基本的协议、Internet 的基础，主要由网络层的 IP 协议和传输层的 TCP 协议组成。TCP/IP 定义了电子设备如何连入因特网，以及数据如何在它们之间传输的标准。协议采用了 4 层的层级结构，每一层都呼叫它的下一层所提供的协议来完成自己的需求。表 1-1 为 OSI 七层模型与 TCP/IP 模型的对比。

表 1-1 OSI 七层模型与 TCP/IP 参考模型对比

OSI 七层模型	TCP/IP 四层模型	
应用层	应用层	Telnet、FTP、HTTP、SMTP、DNS
表示层		
会话层		
传输层	传输层	TCP、UDP
网络层	网络层	IP、ICMP、ARP、RARP
数据链路层	网络接口层	各种物理通信网络接口
物理层		

（1）网络接口层（Network Access Layer），网络接口层负责封装数据在物理链路上传输，屏蔽了物理传输的细节，一方面从网络层接收数据，然后封装发送出去；另一方面是接收数据提交给网络层。

（2）网络层（Internet Layer）是整个体系结构的关键部分，其功能是使主机可以把分组发往任何网络。并使分组独立地传向目标。这些分组可能经由不同的网络，到达的顺序和发送的顺序也可能不同。高层如果需要顺序收发，那么就必须自行处理对分组排序。网络层使用 IP 协议。TCP/IP 参考模型的网络层和 OSI 参考模型的网络层在功能上非常相似。

（3）传输层（Transport Layer）使源端和目的端机器上的对等实体可以进行会话。在这一层定义了两个端到端的协议：TCP 协议和用户数据报协议（User Datagram Protocol，UDP）。TCP 是面向连接的协议，它提供可靠的报文传输和对上层应用的连接服务，为此，除了基本的数据传输外，它还有可靠性保证、流量控制、多路复用、优先权和安全性控制等功能。UDP 是面向无连接的不可靠传输协议，主要用于不需要 TCP 的排序和流量控制等功能的应用程序。

（4）应用层（Application Layer）包含所有的高层协议，包括虚拟终端协议（TELecommunications NETwork，TELNET）、文件传输协议（File Transfer Protocol，FTP）、电子邮件传输协议（Simple Mail Transfer Protocol，SMTP）、域名服务（Domain Name Service，DNS）、网上新闻传输协议（Net News Transfer Protocol，NNTP）和超文本传送协议（Hyper Text Transfer Protocol，HTTP）等。TELNET 允许一台机器上的用户登录到远程机器上，并进行工作；FTP 提供有效的将文件从一台机器上传送到另一台机器上的方法，SMTP 用于电子邮件的收发；DNS 用于把主机名映射到网络地址；NNTP 用于新闻的发布、检索和获取；HTTP 用于在 WWW 上获取主页。

处于互联网中的所有运用 TCP/IP 进行网络通信的主机操作系统都实现了 TCP/IP 协议栈，这样，当处于网络中的两台主机想彼此通信时，其数据传输过程如图 1-2 所示。

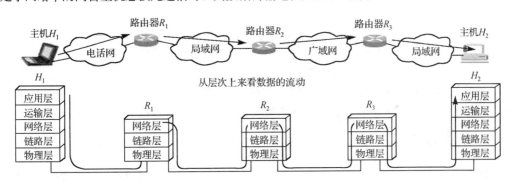

图 1-2　从层次上来看数据的流动

1.1.3 TCP/IP 协议中的端口号

一般的端口有两种形式：一是硬件端口；二是程序端口。在网络技术中，如集线器、交换机、路由器的端口指的是连接其他网络设备的接口，有 RJ-45 端口、SeR11 端口等。这里所指的端口不是指物理意义上的端口，而是特指 TCP/IP 协议中的端口，是逻辑意义上的端口。

如果把 IP 地址比作一间房子，端口就是出入这间房子的门，真正的房子只有几个门，但是一个 IP 地址的端口可以有 65 535（即 2^{16}）个之多。端口是通过端口号来标记的，端口号只有整数，范围是 0～65 535。同样，TCP/IP 协议中传输层的端口号的取值范围也是 0～65 535。

这些 TCP 端口号和 UDP 端口号的作用是用来标识应用层的协议。开发者在开发应用层的协议时，会使用不同的传输层端口号。但是这些端口号也不能乱用，具体的分类方法如下。

传输层的端口号按照如下范围分类：

（1）0～1 023：由 IANA 管理，知名端口号范围用于公认的一些协议。如 80 端口是 HTTP 协议使用，23 端口由 Telnet 使用，常见协议及对应端口号如表 1-2 所示。

表 1-2 常见协议及对应端口号

常 见 协 议	默认端口号	协议基本作用
FTP	21	文件传输、下载
SSH	22	安全的远程登录
TELNET	23	远程登录
SMTP	25	邮件传输
DNS	53	域名解析
HTTP	80	超文本传输
POP3	110	邮件接收
HTTPS	443	加密传输的 HTTPS

（2）1 024～49 151：注册端口号（用于某些特定的协议），没有固定捆绑某一个协议，可以被多个协议同时使用。如果某个企业或个人想自己开发一个全新的协议，那么可以申请使用这个范围内的端口号。

（3）49 152～65 535：动态、私有端口范围，一般用于网络通信时的随机端口号，不会为协议分配这些端口，因为协议的端口号是从 1 024 开始的。

🛜 1.2 IP 地址和子网掩码

IP 地址是指互联网协议地址，又译为网际协议地址，IP 地址是 IP 协议提供的一种统一的地址格式，它为互联网上的每一台主机分配一个逻辑地址，以此来屏蔽物理地址的差异。

1.2.1 IP 地址引入

2014 年 7 月 21 日，延吉市公安局公园派出所民警仅用 5 个小时就破获一起涉及万元的入室盗窃案。破案的关键，要从一个 IP 地址说起。

7 月 20 日 17 时许，延吉市公安局公园派出所接到居民王先生报案：家里的两台计算机被人盗走。计算机里有网银账号和密码，不法分子也登录使用过。得知情况，民警迅速出动，通过技术手段，查询到计算机被盗后，账号曾经用一个 IP 地址登录，并查到 IP 地址所在的具体住址。民警怀疑，窃贼有可能就在那里，民警赶到地址所在的公园街某小区内。办案民警调取了楼内监控录像，结合所掌握的线索，最终抓获了嫌疑人李某，也找到了前一晚王先生家被盗的计算机。警方很快将两名犯罪嫌疑人李某、韩某刑事拘留。

问题 1：该市公安局是依据什么来破案的？

问题 2：IP 地址为什么能作为证据来破案？

IP 是"网络之间互连的协议"，也就是为计算机网络相互连接进行通信而设计的协议。在因特网中，它是能使连接到网上的所有计算机网络实现相互通信的一套规则，规定了计算机在因特网上进行通信时应当遵守的规则。任何厂家生产的计算机系统，只要遵守 IP 协议就可以与因特网互连互通。正是因为有了 IP 协议，因特网才得以迅速发展成为世界上最大的、开放的计算机通信网络。

每台联网的 PC 都需要有 IP 地址，才能正常通信。如果把 "个人电脑" 比作 "一台电话"，那么 "IP 地址" 就相当于 "电话号码"，而 Internet 中的路由器，就相当于电信局的 "程控式交换机"。两台电脑的通信就相当于两个人打电话，或者是两个人通信，如图 1-3 所示。

图 1-3　IP 地址可以理解为通信时的收件发件地址

IP 地址是一个 32 位的二进制数，通常被分割为 4 个 8 位二进制数（4 字节），通常用点分十进制表示成 a.b.c.d 的形式，其中 a、b、c、d 都是 0～255 之间的十进制整数。例如：点分十进制 IP 地址 128.11.3.31，实际上是 32 位二进制数（01100100.00000100.00000101.00000110），IP 地址的点分十进制形式如图 1-4 所示。

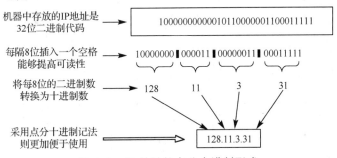

图 1-4　IP 地址的点分十进制形式

1.2.2　IP 地址的分类

IP 地址编址方案将 IP 地址空间划分为 A、B、C、D、E 五类，其中 A、B、C 是基本类，D、E 类作为多播和保留使用，具体如图 1-5 所示。

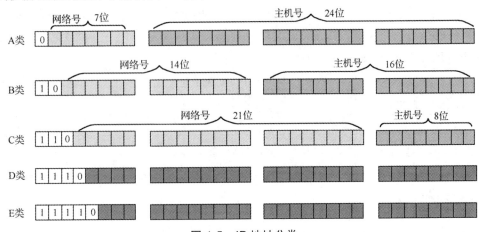

图 1-5　IP 地址分类

因特网 IP 地址中有特定的专用地址不作分配:

(1) 主机地址全为"0"。不论哪一类网络,主机地址全为"0" 表示指向本网,常用在路由表中,一般称为网络地址。

(2) 主机地址全为"1"。主机地址全为"1"表示广播地址,向特定的所在网上的所有主机发送数据报。

(3) 4 字节 32 比特全为"1",若 IP 地址 4 字节 32 比特全为"1",一般称为有限广播地址,表示仅在本网内进行广播发送。

(4) 网络号为 127 的所有地址。TCP/IP 协议规定网络号 127 不可用于任何网络,其中有一个特别地址: 127.0.0.1,称之为回送地址(Loopback),它将信息通过自身的接口发送后返回,可用来测试端口状态。

(5) 私有地址: 在 A 类地址中,10.0.0.0 到 10.255.255.255 是私有地址; 在 B 类地址中, 172.16.0.0 到 172.31.255.255 是私有地址: 在 C 类地址中,192.168.0.0 到 192.168.255.255 是私有地址。同学们可以通过"本地连接" 查看到的本机地址,一般都是私有地址。如果想打开浏览器,在地址栏中输入 http://www.ip138.com,即可看到本机的公网地址。也就是说,在现在的网络中,IP 地址分为公网 IP 地址和私有 IP 地址。公网 IP 是在 Internet 使用的 IP 地址,而私有 IP 地址则是在局域网中使用的 IP 地址。在以后的课程当中,将会学习 NAT 技术,以便了解如何实现地址转换。

1.2.3 子网掩码

子网掩码(Subnet Mask)又称网络掩码、地址掩码、子网络遮罩,它是一种用来指明一个 IP 地址的哪些位,标识的是主机所在的网络,以及哪些位标识的是主机的位的掩码。子网掩码不能单独存在,它必须结合 IP 地址一起使用。子网掩码只有一个作用,就是将某个 IP 地址划分成网络地址和主机地址两部分。

RFC 950 定义了子网掩码的使用,子网掩码是一个 32 位的二进制数,其对应网络地址的所有位置都为 1,对应于主机地址的所有位置都为 0。

由此可知,A 类网络的默认子网掩码是 255.0.0.0,B 类网络的默认子网掩码是 255.255.0.0,C 类网络的默认子网掩码是 255.255.255.0。将子网掩码和 IP 地址按位进行逻辑"与"运算,得到 IP 地址的网络地址,剩下的部分就是主机地址,从而区分出任意 IP 地址中的网络地址和主机地址。

子网掩码常用点分十进制表示,还可以用 CIDR 的网络前缀法表示掩码,即"/网络地址位数"。如 138.96.0.0/16 表示 B 类网络 138.96.0.0 的子网掩码为 255.255.0.0,即表示子网掩码有 16 个"1"。常用的 IP 地址及子网掩码如表 1-3 所示。

表 1-3 常用的 IP 地址及子网掩码

地 址 类 别	默认子网掩码	CIDR 表示法
A 类	255.0.0.0	/8
B 类	255.255.0.0	/16
C 类	255.255.255.0	/25

1.2.4 子网划分

Internet 组织机构定义了五种 IP 地址,常用的有 A,B,C 三类地址。A 类网络有 126 个,每个

A 类网络可能有 16 777 214 台主机，它们处于同一广播域。而在同一广播域中有这么多节点是不可能的，网络会因为广播通信而饱和，结果造成 16 777 214 个地址大部分没有分配出去。可以把基于每类的 IP 网络进一步分成更小的网络，每个子网分配一个新的子网网络地址，子网地址是借用基于网络地址的主机部分创建的。划分子网后，通过使用掩码，把子网隐藏起来，使得从外部看网络没有变化，这就是子网掩码的真正子网的划分，实际上就是设计子网掩码的过程。

网络 ID 和主机 ID，它用来屏蔽 IP 地址的一部分，从 IP 地址中分离出网络 ID 和主机 ID。子网掩码是由 4 个十进制数组成的数值，中间用"."分隔，如 255.255.255.0。若将它写成二进制的形式为 11111111.11111111.11111111.00000000，其中为"1"对应的是网络 ID，"0"对应的是主机 ID。

前面我们讲了每类地址都具有默认的子网掩码，划分了子网之后，子网掩码不一定是固定的 8 位、16 位或者 24 位，而可能是其他数。例如，C 类的某个地址为 199.42.26.125/28，这里的最后一个"28"说明该地址的网络号有 28 位，即子网掩码中前 28 位都是"1"，相当于说明该地址的子网掩码是 255.255.255.240。

采用借位的方法，从主机号最高位借几位变为新的子网号，剩余部分仍然为主机号，使本来应当属于主机号的部分改变为网络号，这样就实现了划分子网的目的。借位使得 IP 地址的结构分为 3 部分：网络号、子网号和主机号，如图 1-6 所示。

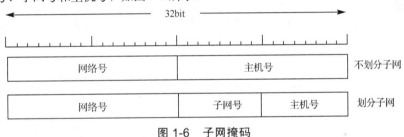

图 1-6 子网掩码

假设某公司有一个 C 类地址 202.110.1.0/24，现将主机号的前 3 位作为子网号，后 5 位作为主机号，这样该公司最多可划分 8（2^3）个子网，每个子网有 30（2^5-2）个主机地址可以分配（主机数减 2 是因为主机号位为 0 或者 1 的不作分配）。

子网数=2^X 个（X=借位数）

主机数=2^Y-2 个（Y=主机位）

例如 C 类网络地址 192.168.10.0/26。

（1）子网数=2^2=4。

（2）主机数=2^Y-2=62。

（3）有效子网：block size=256-192=64，所以第一个子网为 192.168.10.0，第二个为 192.168.10.64，第三个为 192.168.10.1，第四个为 192.168.10.192。

（4）广播地址：下个子网减 1，所以第一和第二个子网的广播地址分别是 192.168.10.63 和 1192.168.10.127。

（5）有效主机范围：第一个子网的主机地址是 192.168.10.1 到 192.168.10.62；第二个是 192.168.10.65 到 192.168.10.126。

现有 B 类地址：172.16.0.0，子网掩码 255.255.192.0（/18），请问它对应的子网数、主机数、有效子网数、广播地址数和有效主机范围，分别是多少？

📶 1.3 网　　关

网关（Gateway）又称网间连接器、协议转换器，网关在网络层以上实现网络互连，是最复杂的网络互连设备，仅用于两个高层协议不同的网络互连。网关既可以用于广域网互连，也可以用于局域网互连。网关是一种充当转换重任的计算机系统或设备，使用在不同的通信协议、数据格式或语言中，甚至是体系结构完全不同的两种系统之间。相比网桥只是简单地传达信息，网关对收到的信息要重新打包，以适应目的系统的需求。

众所周知，从一个房间走到另一个房间，必然要经过一扇门。同样，从一个网络向另一个网络发送信息，也必须经过一道"关口"，这道关口就是网关。顾名思义，网关（Gateway）就是一个网络连接到另一个网络的"关口"，也就是网络关卡。在这里我们所讲的"网关"均指 TCP/IP 协议下的网关。

那么网关到底是什么呢?网关实质上是一个网络通向其他网络的 IP 地址。例如，网络 A 和网络 B，网络 A 的 IP 地址范围为 192.168.1.1～192.168.1.254，子网掩码为 255.255.255.0; 网络 B 的 IP 地址范围为 192.168.2.1～192.168.2.254，子网掩码为 255.255.255.0。在没有路由器的情况下，两个网络之间是不能进行 TCP/IP 通信的，即使是两个网络连接在同一台交换机（或集线器）上，TCP/IP 协议也会根据子网掩码（255.255.255.0）计算出两个子网的网络号，从而判定两个网络中的主机处在不同的网络里。要实现这两个网络之间的通信，则必须通过网关。图 1-7 是网络 A 向网络 B 转发数据包的过程。

只有设置好网关的 IP 地址，TCP/IP 协议才能实现不同网络之间的相互通信。那么这个 IP 地址是哪台机器的 IP 地址呢?网关的 IP 地址是具有路由功能的设备的 IP 地址，具有路由功能的设备有路由器、启用了路由协议的服务器（实质上相当于一台路由器）、代理服务器（也相当于一台路由器）。

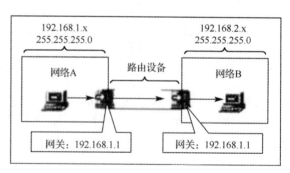

图 1-7　网关

📶 1.4 常用网络测试命令

1.4.1 ping 命令

ping 是个使用频率极高的实用程序，主要用于确定网络的连通性。这对确定网络是否正确连接，以及网络连接的状况十分有用。简单地说，ping 就是一个测试程序，如果 ping 运行正确，大体上就可以排除网络层、网卡、Modem 的输入/输出线路、电缆和路由器等存在的故障，从而缩小问题的范围。

ping 能够以毫秒为单位显示发送请求到返回应答之间的时间量。如果应答时间短，表示数据不必通过太多的路由器或网络，连接速度比较快。

1．命令格式

命令格式：ping 主机名/域名/IP 地址

如图 1-8 所示，使用 ping 命令检查到 IP 地址为 114.114.114.114 的计算机的连通性，该例为连接正常，共发送了 4 个测试数据包，正确接收到 4 个数据包。

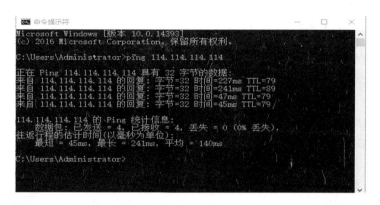

图 1-8　ping 命令

2．ping 命令的基本应用

一般情况下，用户可以通过使用一系列 ping 命令来查找问题出在什么地方，或检验网络运行的情况。

下面给出一个典型的检测次序及对应的可能故障：

（1）ping 127.0.0.1。如果测试成功，表明网卡、TCP/IP 协议的安装、IP 地址、子网掩码的设置正常。如果测试不成功，就表示 TCP/IP 的安装或设置存在问题。

（2）ping 本机 IP 地址。如果测试不成功，则表示本地配置或安装存在问题，应对网络设备和通信介质进行测试，检查并排除故障。

（3）ping 局域网内其他 IP。如果测试成功，表明本地网络中的网卡和载体运行正确。但如果收到 0 个回送应答，那么表示子网掩码不正确，或网卡配置错误，或电缆系统有问题。

（4）ping 网关 IP。这个命令如果应答正确，表示局域网中的网关运行正常。

（5）ping 远程 IP。如果收到正确应答，表示成功使用了默认网关，而对于拨号上网用户则表示能够成功访问 Internet（但不排除 ISP 的 DNS 会有问题）。

（6）ping local host。local host 是系统的网络保留名，它是 127.0.0.1 的别名，每台计算机都应该能够将该名字转换成该地址，否则表示主机文件（/Windows/host）中存在问题。

（7）ping www.baidu.com（一个著名网站域名）。对此域名执行 ping 命令，计算机必须先将域名转换成 IP 地址，通常是通过 DNS 服务器。如果这里出现故障，则表示本机 DNS 服务器的 IP 地址配置不正确，或它所访问的 DNS 服务器有故障。

如果上面所列出的所有 ping 命令都能正常运行，则表明计算机进行本地和远程通信基本上没有问题。但是，这些命令的成功并不表示所有的网络配置都没有问题，例如，某些子网掩码错误就可能无法用这些方法检测到。

3．ping 命令的常用参数选项

ping IP-t：连续对 IP 地址执行 ping 命令，直到被用户以【Ctrl+C】组合键中断。

ping IP-l 2000：指定 ping 命令中的特定数据长度（此处为 2000 字节），而不是 32 字节。

ping IP-n 20：执行特定次数（此处是 20）的 ping 命令。

注意：随着防火墙功能在网络中的广泛使用，当 ping 其他主机或其他主机 ping 自己的主机时，显示主机不可达，则不要草率地下结论，最好与对某台设置良好 的主机的 ping 结果进行对比。

1.4.2　ipconfig 命令

ipconfig 实用程序可用于显示当前的 TCP/IP 配置的设置值，这些信息一般用来检验人工配置的 TCP/IP 设置是否正确。而且，如果计算机和所在的局域网使用了动态主机配置协议 DHCP，那么使用 ipconfig 命令可以了解到计算机是否成功地租用了一个 IP 地址。如果已经租用到，则可以了解它目前得到的是什么地址，包括 IP 地址、子网掩码和默认网关等网络配置信息。

下面给出最常用的选项：

（1）ipconfig：当使用不带任何参数选项的 ipconfig 命令时，可显示每个已经配置了接口的 IP 地址、子网掩码和默认网关值。

（2）ipconfig/all：当使用 all 选项时，ipconfig 能为 DNS 和 WINS 服务器显示它已配置且所有使用的附加信息，并且能够显示内置于本地网卡中的物理地址（MAC）。如果 IP 地址是从 DHCP 服务器租用的，那么 ipconfig 将显示 DHCP 服务器分配的 IP 地址和租用地址预计失效的日期。图 1-9 所示为运行 ipconfig/all 命令的结果窗口。

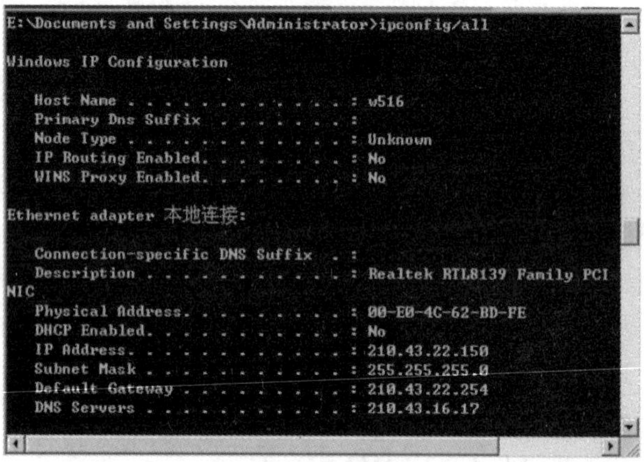

图 1-9　ipconfig 命令

（3）ipconfig/release 和 ipconfig/renew：这两个附加选项，只能在向 DHCP 服务器租用 IP 地址的计算机使用。如果输入 ipconfig/release，那么该主机租用的 IP 地址便重新交付给 DHCP 服务器（归还 IP 地址）；如果用户输入 ipconfig/renew，那么该主机便设法与 DHCP 服务器取得联系，并租用一个 IP 地址。大多数情况下，网卡将被重新赋予的 IP 地址和以前所赋予的 IP 地址相同。

1.4.3　arp 命令（地址转换协议）

ARP（Address Resolution Protocol）是 TCP/IP 协议族中的一个重要协议，用于确定对应 IP 地址的网卡物理地址。使用 arp 命令，能够查看本地计算机或另一台计算机的 ARP 高速缓存中的当前内容，此外，使用 arp 命令可以以人工方式设置静态的网卡物理地址/IP 地址对，使用这种方式可以为默认网关和本地服务器等常用主机进行本地静态配置，这有助于减少网络上的信息量。按照默认设置时，ARP 高速缓存中的项目是动态的，每当向指定地点发送数据并且高速缓存中不存在当前项目时，ARP 便会自动添加该项目。

常用命令选项：

（1）arp -a：用于查看高速缓存中的所有项目，如图 1-10 所示。

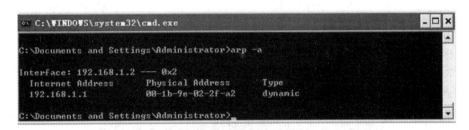

图 1-10　arp 命令

（2）arp -a IP：如果有多个网卡，那么使用 arp -a 加上接口的 IP 地址，就可以只显示与该接口相关的 ARP 缓存项目。

（3）arp -s IP 物理地址：向 ARP 高速缓存中人工输入一个静态项目。该项目在计算机引导过程中将保持有效状态，而在出现错误时，人工配置的物理地址将自动更新该项目。

（4）arp -d IP：使用本命令能够人工删除一个静态项目。

1.4.4　traceroute 命令

掌握使用 traceroute 命令测量路由情况的技能，即用来显示数据包到达目的主机所经过的路径，如图 1-11 所示。

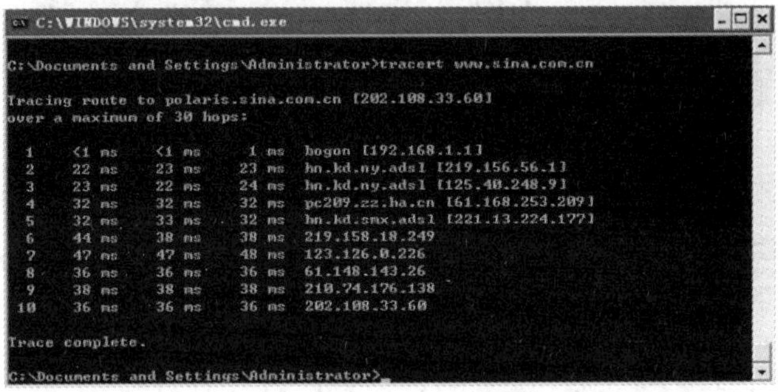

图 1-11　traceroute 命令

traceroute 命令的基本用法是在命令提示符后输入 tracert host_name 或 tracert ip-address，其中，tracert 是 traceroute 在 windows 操作系统上的称呼。

输出共有 5 列：第一列是描述路径的第 n 跳的数值，即沿着该路径的路由器序号。第二列是第一次往返时延。第三列是第二次往返时延。第四列是第三次往返时延。第五列是路由器的名字及其输入端口的 IP 地址。

如果从任何给定的路由器接收到的报文少于 3 条（由于网络中的分组丢失），那么 traceroute 会在该路由器号码后面加一个星号，并报告到达那台路由器的少于 3 次的往返时间。此外，tracert

命令还可以用来查看网络在连接站点时经过的步骤或采取哪种路线，如果是网络出现故障，就可以通过这条命令查看出现问题的位置。

1.4.5 nslookup 命令

nslookup 命令的功能是查询任何一台机器的 IP 地址和其对应的域名。它通常需要一台域名服务器来提供域名。如果用户已经设置好域名服务器，就可以用这个命令查看不同主机的 IP 地址对应的域名。

（1）在本地机上使用 nslookup 命令查看本机的 IP 及域名服务器地址。直接输入命令，系统返回本机的服务器名称（带域名的全称）和 IP 地址，并进入以 " >" 为提示符的操作命令行状态；输入 "?" 可查询详细命令参数；若要退出，需输入 exit，如图 1-12 所示。

图 1-12　nslookup 命令

（2）查看 www.haut.edu.cn 的 IP。在提示符后输入要查询的 IP 地址或域名并按【Enter】键即可，如图 1-13 所示。

图 1-13　nslookup 命令

1.5　认识 Packet Tracer 软件

Cisco Packet Tracer 是由 Cisco 公司发布的一个辅助学习工具，为学习思科网络课程的初学者设计、配置、排除网络故障提供了网络模拟环境。用户可以在软件的图形用户界面上直接使用拖动方法建立网络拓扑，并可提供数据包在网络中行进的详细处理过程，观察网络实时运行情况。通过学习 Packet Tracer 的常用操作，可为后续实训打好基础。

1.5.1　安装模拟器

以 Packet Tracer 7.0 为例，安装步骤如下：

（1）运行 Packet Tracer 70_setup 文件，单击 Next 按钮，如图 1-14 所示。

图 1-14　安装向导（1）

（2）选择 I accept the agreement 单选按钮，单击 Next 按钮，如图 1-15 所示。

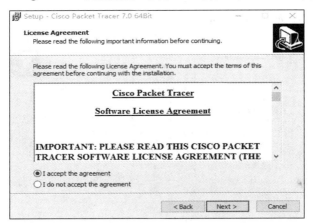

图 1-15　安装向导（2）

（3）不用更改安装目录，直接单击 Next 按钮，如图 1-16 所示。

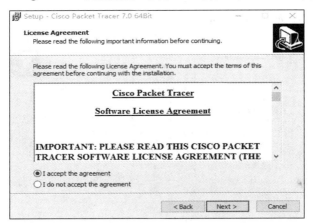

图 1-16　安装向导（3）

（4）单击 Next 按钮，如图 1-17 所示。

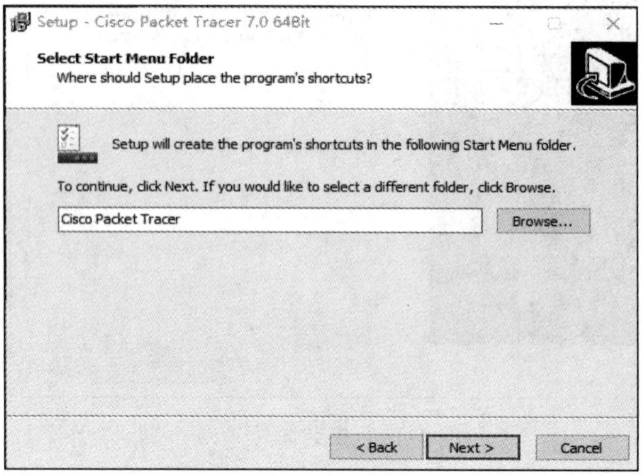

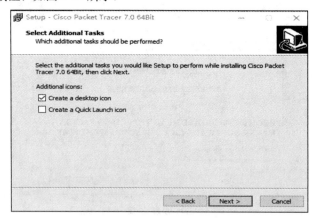

图 1-17　安装向导（4）

（5）单击 Next 按钮，如图 1-18 所示。

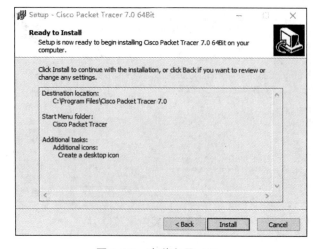

图 1-18　安装向导（5）

（6）单击 Install 按钮，如图 1-19 所示。

图 1-19　安装向导（6）

（7）正在安装，如图 1-20 所示。

图 1-20　安装向导（7）

（8）单击 Finish 按钮，安装完成，如图 1-21 所示。

图 1-21　安装向导（8）

Packet Tracer 7.0 以上版本在打开时有一个登录界面，如图 1-22 所示，如果有思科网络学院账号及密码，则可单击右下角 User Login 链接；否则可以使用 Guest Login。通过账号登录的用户在使用 Packet Tracer 软件进行实验时保存文件次数不限，Guest 账号登录则保存次数只有 10 次。

图 1-22　Packet Tracer 7.0 的登录界面

（9）登录后，Packet Tracer 的主界面如图 1-23 所示。

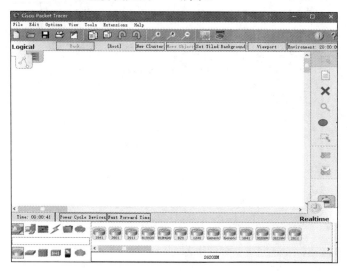

图 1-23　Packet Tracer 主界面

1.5.2　使用模拟器

（1）添加网络设备，如图 1-24 所示。

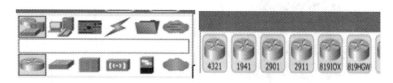

图 1-24　Packet Tracer 添加网络设备界面

设备类型区从左至右，从上到下依次为路由器、交换机、集线器、无线设备、设备之间的连线（Connections）、终端设备、仿真广域网、Custom Made Devices（自定义设备）。

当鼠标指向设备类型区某设备时，在下方显示出设备名称。单击某一类型设备，在设备型号区显示相应类型设备的型号列表。单击需要的设备型号，然后在工作区单击，即添加了该型号的网络设备。

（2）设备连接，如图 1-25 所示。

图 1-25　Packet Tracer 设备连接界面

配置线一端连接计算机的串口，另一端连接设备的 Console 口。直通线用于连接不同类型的设备，比如路由器和交换机、计算机和交换机等。交叉线用于连接相同类型的设备，比如路由器与路由器以太网口的连接，交换机与交换机的连接等。DCE 线用于路由器串口之间的连接，这里需要注意：计算机和路由器以太口间的连接用交叉线。用 DCE 线首先连接的路由器为 DCE，相连的路由器串口需要配置时钟。

（3）更换设备或线缆，如图 1-26 所示。

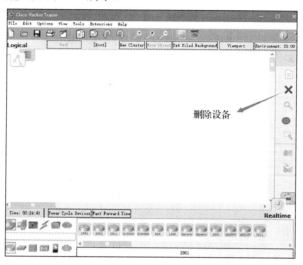

图 1-26　Packet Tracer 删除设备按钮界面

当需要更换设备或线缆时，单击工作区右边区域中的"删除"按钮，再单击相应的设备或线缆，再新增设备即可。

（4）配置设备，如图 1-27 所示。

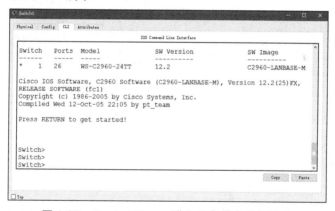

图 1-27　Packet Tracer 进入设备的命令行界面

单击要配置的设备，在弹出的对话框中单击 CLI 选项卡，即进入该设备的命令行界面。

📶 1.6　任务实战

1.6.1　子网划分

某集团公司有 12 家子公司，每家子公司又有 4 个部门。上级给出一个 172.16.0.0/16 的网段，要求为每家子公司以及子公司的部门分配网段。

1. 任务分析

既然有 12 家子公司，那么就要划分 12 个子网段，但是每家子公司又有 4 个部门，因此又要在每家子公司所属的网段中划分 4 个子网分配给各部门。

12 家子公司，因为 $2^n \geqslant 12$，n 的最小值应是 4，因此需要向主机位借 4 位作为网络位，从 172.16.0.0/16 这个网段中划出 16 个子网。

2. 实施步骤

（1）划分各子公司的所属网段。

①将 172.16.0.0/16 用二进制表示为：

```
10101100 .00010000 .00000000 .00000000/16
```

②借 4 位后，可划分出如下 16 个子网：

```
1010110 .00000000 .00000000 .00000000 /20 【172.16.0.0/20】
1010110 .00000000 .00010000 .00000000 /20 【172.16.16.0/20】
1010110 .00000000 .00100000 .00000000 /20 【172.16.32.0/20】
1010110 .00000000 .00110000 .00000000 /20 【172.16.48.0/20】
1010110 .00000000 .01000000 .00000000 /20 【172.16.64.0/20】
1010110 .00000000 .01010000 .00000000 /20 【172.16.80.0/20】
1010110 .00000000 .01100000 .00000000 /20 【172.16.96.0/20】
1010110 .00000000 .01110000 .00000000 /20 【172.16.112.0/20】
1010110 .00000000 .10000000 .00000000 /20 【172.16.128.0/20】
1010110 .00000000 .10010000 .00000000 /20 【172.16.144.0/20】
1010110 .00000000 .10100000 .00000000 /20 【172.16.160.0/20】
1010110 .00000000 .10110000 .00000000 /20 【172.16.176.0/20】
1010110 .00000000 .11000000 .00000000 /20 【172.16.192.0/20】
1010110 .00000000 .11010000 .00000000 /20 【172.16.208.0/20】
1010110 .00000000 .11100000 .00000000 /20 【172.16.226.0/20】
1010110 .00000000 .11110000 .00000000 /20 【172.16.240.0/20】
```

③从这 16 个子网中选择 12 个作为各子公司网络即可，且每个子公司最多容纳主机数目为 $2^{12} - 2 = 4\,094$。

（2）划分子公司各部门的所属网段。

①以甲公司网址 172.16.0.0/20 为例，其他子公司的部门网段划分类似。甲公司有 4 个部门，那么就有 $2^n \geqslant 4$，n 的最小值应是 2。因此，需要向主机位借 2 位作为网络位，那么就可以从 172.16.0.0/20 这个网段中再划出 $2^n = 4$ 个子网，刚好符合要求。

②将 172.16.0.0/20 用二进制表示：

```
10101100.0010000.00000000.00000000/20
```

③借 2 位作为网络位后，可划分出如下 4 个子网：

```
10101100. 00100000. 00000000. 00000000/22 【172.16.0.0/22】
10101100. 00100000. 00000100. 00000000/22 【172.16.4.0/22】
10101100. 00100000. 00001000. 00000000/22 【172.16.8.0/22】
10101100. 00100000. 00001100. 00000000/22 【172.16.12.0/22】
```

④将这 4 个网段分给甲公司的 4 个部门即可，每个部门最多容纳主机数目为 $2^{10} - 2 = 1\,022$ 台主机。

1.6.2　Cisco Packet Tracer 的使用

（1）运行 Cisco Packet Tracer 软件，在逻辑工作区放入一台集线器（Hub）和 3 台终端设备 PC，用直连线（Copper Straight-Through）按图 1-28 所示将 Hub 和 PC 工作站连接起来，Hub 端接 Port

口，PC 端分别连接以太网（Fastethernet）口。

（2）分别单击各工作站 PC，进入其配置窗口，选择桌面（Desktop）项，选择运行 IP 地址配置（IP Configuration），设置 IP 地址和子网掩码分别为 PC0：1.1.1.1，255.255.255.0；PC1：1.1.1.2，255.255.255.0；PC2：1.1.1.3，255.255.255.0。

（3）单击 Cisco Packet Tracer 软件右下方的仿真模式（Simulation Mode）按钮，如图 1-29 所示。将 Cisco Packet Tracer 的工作状态由实时模式（Realtime）转换为仿真模式（Simulation）。

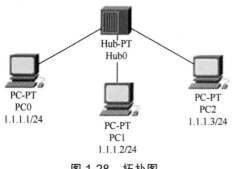

图 1-28　拓扑图　　　　　　　　　图 1-29　Simulation Mode 按钮

（4）单击 PC0 进入配置窗口，选择桌面（Desktop）项，选择运行命令提示符（Command Prompt），如图 1-30 所示。

（5）在上述 DOS 命令行窗口中，输入 ping 1.1.1.2，回车运行；然后在仿真面板（Simulation Panel）中单击自动捕获/播放（Auto Capture/Play）按钮，如图 1-31 所示。

图 1-30　进入 PC 配置窗口

图 1-31　单击"捕获/播放"按钮

（6）观察数据包发送的演示过程，对应地在仿真面板的事件列表（Event List）中观察数据包的类型，如图 1-32 和图 1-33 所示。

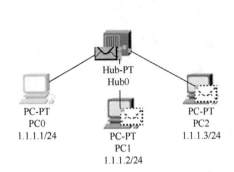

图 1-32 数据包发送过程演示   图 1-33 事件列表中显示数据包类型

习　　题

1．填空题

（1）以太网是_____标准的具体实现。

（2）IP 协议的特征是_____不可靠，无连接_____。

（3）192.168.1.0/24 使用掩码 255.25.255.240 划分子网，其可用子网数为_____，每个子网内可用主机地址数为_____。

（4）规划一个 C 类网，需要将网络分为 9 个子网，每个子网最多 15 台主机，_____是合适的子网掩码。

（5）IP 地址为:192.168.12.72，子网掩码为:255.255.255.192，则该地址所在网段的网络地址为_____，广播地址为_____。

2．选择题

（1）共享式以太网采用了（　　）协议以支持总线结构。

A．ICMP   B．ARP   C．SPX   D．CSMA/CD

（2）传输层协议端口号小于（　　）的已保留，与现有服务一一对应，此数字以上的端口号可自由分配。

A．100   B．199   C．1024   D．2048

（3）BPDU 报文是通过（　　）进行传送的。

A．IP 报文   B．TCP 报文   C．以太网帧   D．UDP 报文

（4）下列关于 VLSM 的理解正确的是（　　）。

A．VLSM 就是 Variable Length Subnet Mask 的缩写形式，即可变长子网掩码

B．它是指使用不同于整个字节的子网掩码划分方法，使用按位划分网络位和主机位的子网划分方法

C．如果仅仅使用非整字节的子网掩码位数，并不能称为 VLSM

D．如果一个企业使用了一个 C 类的网络进行了整体的规划，并且划分了至少 6 个不同大小的

网络，则可以肯定这个企业内部的 IP 地址一定使用了 VLSM 进行规划

（5）IP 地址为：192.168.100.138，子网掩码为：255.255.255.192，所在的网络地址是（   ），和 IP 地址 192.168.100.153（   ）同一个网段。

A. 192.168.100.128，在　　　　　　　　B. 192.168.100.0，在

C. 192.168.100.138，在　　　　　　　　D. 192.168.100.128，不在

（6）网段 150.25.0.0 的子网掩码是 255.255.224.0，（   ）是有效的主机地址。

A. 150.25.0.0　　　B. 150.25.16.255　　　C. 150.25.2.24　　　D. 150.15.0.30

（7）一个 B 类网络，有 5 位掩码加入缺省掩码用来划分子网，每个子网最多（   ）台主机。

A. 510　　　　　　　B. 512　　　　　　　C. 1022　　　　　　　D. 2046

（8）三个网段 192.168.1.0/24，192.168.2.0/24，192.168.3.0/24 能够汇聚成网段（   ）。

A. 192.168.1.0/22　　　　　　　　　　B. 192.168.2.0/22

C. 192.168.3.0/22　　　　　　　　　　D. 192.168.0.0/22

（9）某公司申请到一个 C 类 IP 地址，但要连接 6 个子公司，最大的一个子公司有 26 台计算机，每个子公司在一个网段中，则子网掩码应设为（   ）。

A. 255.255.255.0　　　　　　　　　　B. 255.255.255.128

C. 255.255.255.192　　　　　　　　　D. 255.255.255.224

（10）IP 地址 190.233.27.13/16 的网络部分地址是（   ）。

A. 190.0.0.0　　　　　　　　　　　　B. 190.233.0.0

C. 190.233.27.0　　　　　　　　　　D. 190.233.27.1

（11）网络地址 192.168.1.0/24，选择子网掩码为 255.255.252.24，以下说法正确的是（   ）。

A. 划分了 4 个有效子网　　　　　　　B. 划分了 6 个有效子网

C. 每个子网的有效主机数是 30 个　　　D. 每个子网的有效主机数是 31 个

E. 每个子网的有效主机数是 32 个

3. 操作题

（1）请运用思科模拟器 Packet Tracer 完成如图 1-34 所示设备连接图。

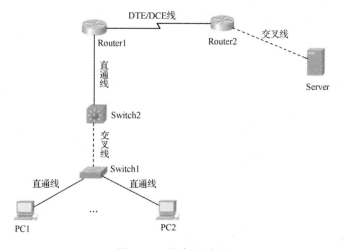

图 1-34　设备连接图

（2）用模拟器 Packet Tracer 或真实设备搭建如图 1-35 所示的网络拓扑，并给相关设备配置 IP 地址，然后执行相关的网络测试命令进行测试。

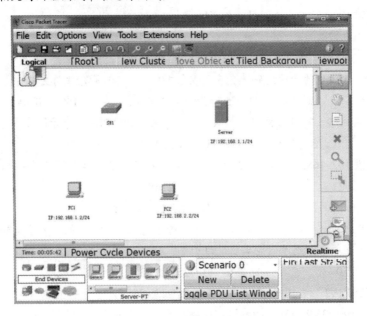

图 1-35　设备连线及测试图

基本要求：

① 正确选择设备并使用线缆连接。

② 正确地给 PC1、PC2 和 Server 配置相关 IP 地址及子网掩码等参数。

③ 在 PC1 和 PC2 上分别用 ping 命令 ping Server，查看结果并分析。

扩展要求：

在 Server 上开启 HTTP、DHCP、DNS 等服务，并进行测试。

项目 2
认识交换机

项目导读

交换机是一个扩大网络的器材，能为网络提供更多的连接端口，以便连接更多的计算机。随着通信业的发展以及国民经济信息化的推进，网络交换机市场呈稳步上升态势，它具有性价比高、高度灵活、相对简单、易于实现等特点。伴随着以太网的快速发展，网络交换机也成为了最普及的网络设备。本项目将详细介绍交换机的基础知识、相关概念、交换机的工作原理及基本配置方法。

通过对本项目的学习，应做到：

- 了解：交换机的相关概念、类型及常见的型号等。
- 熟悉：交换机的组成部分及其工作原理。
- 掌握：交换机的基本配置方法。

2.1　交换机基础知识

交换机（Switch）意为"开关"，是一种用于电（光）信号转发的网络设备（见图 2-1）。它可以为接入交换机的任意两个网络节点提供独享的电信号通路。最常见的交换机是以太网交换机。根据工作位置的不同，可以分为广域网交换机和局域网交换机，广域网交换机就是一种在通信系统中完成信息交换功能的设备，它应用在数据链路层，交换机有多个端口，每个端口都具有桥接功能，可以连接一个局域网或一台高性能服务器或工作站。

图 2-1　交换机前后面板

这里以思科 Catalyst 3560 系列交换机为例，图 2-1 显示了该款交换机的前后面板，前面板上主要有 24 个 10/100 RJ-45 端口，2 个 10/100/100 RJ-45 端口，后面板上有 console 端口和电源接口。

在一排交换机的端口中，交换机的以太网端口从左到右、从下到上依次命名为 FastEthernet0/1、FastEthernet0/2、……、FastEthernet0/24。端口编号规则为"插槽号/端口在插槽上的编号"，FastEthernet0/1 端口表明"0 号插槽上的 1 号端口"。

2.1.1 交换机的硬件基础

交换机相当于一台特殊的计算机，同样有 CPU、存储介质和操作系统，只不过这些都与 PC 有些差别而已。交换机也由硬件和软件两部分组成。

软件部分主要是 IOS 操作系统，硬件主要包含 CPU、端口和存储介质，如图 2-2 所示。交换机的端口主要有以太网端口（Ethernet）、快速以太网端口（FastEthernet）、吉比特以太网端口（GigabitEthernet）和控制台端口。存储介质主要有 ROM（Read-Only Memory，只读存储器）和 FLASH（闪存）、NVRAM（Non-Volatile RAM，非易失性随机存储器）和 DRAM（Dynamic RAM，动态随机存储器）。

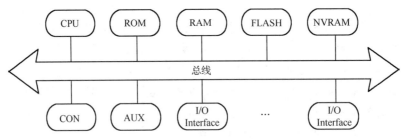

图 2-2　交换机硬件组成

ROM 相当于 PC 的 BIOS，交换机加电启动时，将首先运行 ROM 中的程序，以实现对交换机硬件的自检并引导启动 IOS。该存储器在系统掉电时程序不会丢失。

FLASH 是一种可擦写、可编程的 ROM，FLASH 包含 IOS 及微代码。FLASH 相当于 PC 的硬盘，但速度要快得多，可通过写入新版本的 IOS 来实现对交换机的升级。FLASH 中的程序，在掉电时不会丢失。

NVRAM 用于存储交换机的配置文件，该存储器中的内容在系统掉电时也不会丢失。DRAM 是一种可读可写存储器，相当于 PC 的内存，其内容在系统掉电时将完全丢失。

2.1.2 交换机的加电启动

如图 2-3 所示，交换机加电后，即开始了启动过程，首先运行 ROM 中的自检程序，对系统进行自检，然后引导运行 FLASH 中的 IOS，并在 NVRAM 中寻找交换机的配置，然后将其装入 DRAM 中运行，该启动过程将在终端屏幕上显示。对于尚未配置的交换机，在启动时会询问是否进行配置，若输入 yes，则进行配置，并在任何时刻，可按【Ctrl+C】组合键，终止配置。若不想配置，可输入"no"，这里先不配置。

若在第一次启动时配置交换机，需设置交换机管理 IP 地址，以便使用 Telnet 会话配置交换机。需设置默认网关，以指定连接到第三层交换机（或者路由器）的接口（VLAN 的 IP 地址）。需指定交换机名称和 enable 特权模式密码，设置 Telnet 密码。只有设置了 Telnet 密码，才允许利用 Telnet 登录到交换机。在默认设置时，交换机的管理 IP 是 VLAN1 的 IP 地址。

Cisco IOS 操作系统具有以下特点：

（1）支持通过命令行（Command Line Interface，CLI）或 Web 界面对交换机进行配置和管理。

（2）支持通过交换机的控制端口（Console）或 Telnet 会话来登录、连接并访问交换机。

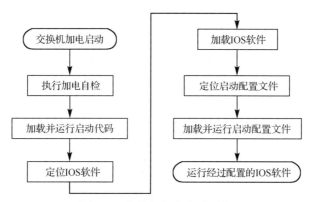

图 2-3 交换机加电启动过程

（3）提供用户模式（User Level）和特权模式（Privileged Level）两种命令执行级别，并提供全局配置、接口配置、子接口配置和 VLAN 数据库配置等多种级别的配置模式，以允许用户对交换机的资源进行配置。在用户模式中，仅能运行少数的命令，允许查看当前配置信息，但不能对交换机进行配置，特权模式允许运行交换机提供的所有命令。

（4）IOS 命令不区分大小写。

（5）在不引起混淆的情况下，支持命令简写，例如，enable 通常可缩写为 en。

（6）可随时使用 "?" 来获得命令行帮助，支持命令行编辑功能，并可将执行过的命令保存下来，以进行历史命令查询。

2.2 交换机的工作机制

交换机的工作机制按图 2-4 的示例进行说明，假设网上有 1 台交换机和 5 台主机，且各主机的主机名、MAC 地址以及交换机连接的端口号如图 2-4 所示。交换机在数据通信中完成两个基本的操作是：

（1）构造和维护 MAC 地址表。

（2）交换数据帧：打开源端口和目标端口之间的数据通道，把数据帧转发到目标端口上。

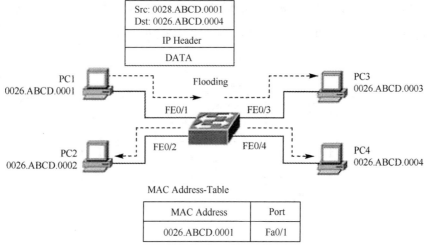

图 2-4 数据帧交换过程

2.2.1 构造和维护 MAC 地址表

在交换机中，有一个交换地址表（思科交换机中称为 CAM 表），记录着主机 MAC 地址和该主机所连接的交换机端口之间的对应关系，由交换机采用动态自学习的方法构造和维护。

（1）交换机在重新启动或者手工清除 MAC 地址表后，MAC 地址表没有任何 MAC 地址的记录，如图 2-5 所示。

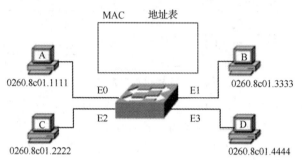

图 2-5　MAC 地址空表

（2）假设主机 A 向主机 C 发送数据包。由于现在 MAC 地址表为空，所以端口 E0 将从数据包中提取源 MAC 地址，并将此 MAC 地址记录到 MAC 地址表中，同时向其他所有的端口发送此数据包。某一主机在接收到此数据包后将提取目标 MAC 地址，并与自己网卡的 MAC 地址进行比较，如果相等，则接收此数据包；否则丢弃此数据包，如图 2-6 所示。

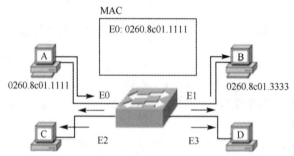

图 2-6　从接收到的数据帧提取数据源 MAC 地址

（3）如果主机 A、B、C、D 都已经向其他主机发送了数据包，则 MAC 地址表将会有 4 条记录，如图 2-7 所示。

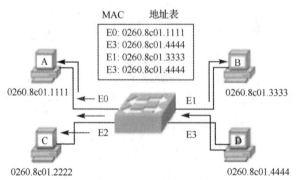

图 2-7　MAC 地址表学习完毕

（4）现在假设主机 A 向主机 C 发送了数据包，交换机会提取数据包的目标 MAC 地址，并通过查找 MAC 地址表，发现有一条记录的 MAC 地址与目的 MAC 地址相等，而且知道此目的 MAC 所对应的端口有 E2，此时 E0 端口会将数据包直接转发到 E2 端口，如图 2-8 所示。

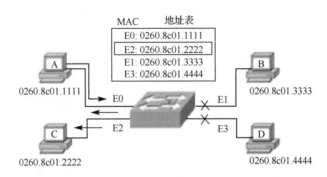

图 2-8 查已有的 MAC 地址表项

在交换地址表项中有一个时间标记，用以指示该表项存储的时间周期。当地址表项被使用或被查找时，表项的时间标记就会被更新。如果在一定的时间范围内地址表项仍然没有被引用，那么此地址表项就会被移走。因此，交换地址表中所维护的是最有效和最精确的 MAC 地址与端口之间的对应关系。

2.2.2 交换数据帧

交换机在转发数据帧时，应遵循以下规则：

（1）如果数据帧的目的 MAC 地址是广播地址或者组播地址，则向交换机所有端口（除源端口）转发。

（2）如果数据帧的目的 MAC 是单播地址，但这个 MAC 并不在交换机的地址表中，则向所有端口（除源端口）转发。

（3）如果数据帧的目的 MAC 地址在交换机的地址表上，则打开源端口与目标端口之间的数据通道，把数据帧转发到目标端口上。

（4）如果数据帧的目的 MAC 地址与数据帧的源 MAC 地址在同一网段（同一个端口）上，则丢弃此数据帧，不发生交换。

以图 2-6 为例介绍具体的数据帧交换过程。

（1）当主机 1 发送广播帧时，交换机会从 E1 端口接收到目的 MAC 地址为 ff ff ff 的数据帧，并向 E2、E3、E4 端口转发该数据帧。

（2）当主机 1 与主机 3 通信时，交换机会从 E1 端口接收到目的 MAC 地址为 0011.2id6.3333 的数据帧，若查找交换地址表后发现 011.2fd6.3333 不在表中，则交换机会向 E2、E3、E4 端口转发该数据帧。

（3）当主机 4 与主机 5 通信时，交换机会从 E4 端口接收到目 MAC 为 011.2fd6.5555 的效数据帧，若查找地址表后发现 011.2fd6.5555 位于 E4 端口，即源端口与目的端口相同（E4），即主机 4、主机 5 处于同一网段内，则交换机会直接丢弃该数据帧，不进行转发。

（4）当主机 1 再次与主机 3 通信时，交换机会从 E1 端口接收到目的 MAC 地址为 0011.2fd6.3333

的数据帧，若查找交换地址表后发现 0011.2fd6.3333 位于 E3 端口，则交换机会打开源端口 E1 与目标端口 E3 之间的数据通道，把数据帧转发到目标端口 F3 上，这样主机 3 即可收到该数据帧。

（5）当主机 1 与主机 3 通信时，则主机 2 也会向主机 4 发送数据，交换机同时打开 E1 与 E3、E2 与 E4 之间的数据通道，建立两条互不影响的链路，同时转发数据帧，只不过到 E4 时，要向此网段所有主机广播，虽然主机 5 也能侦听到，但不接受。

一旦传输完毕，相应的链路将随之被拆除。

2.3 交换机的基本配置

对于交换机的首次配置（在启动过程中不配置），必须通过 Console 端口连接到交换机。若想通过 Telnet 进行配置，必须通过 Console 端口方式先设置好管理机的管理 IP 地址及 Telnet 密码后，才可使用。

2.3.1 进入交换机配置环境

要对交换机进行配置，首先应登录并连接到交换机，通常有远程终端登录配置、Console 本地登录配置、Telnet 登录配置、利用 TFTP 服务器进行配置和备份等方式，如图 2-9 所示。

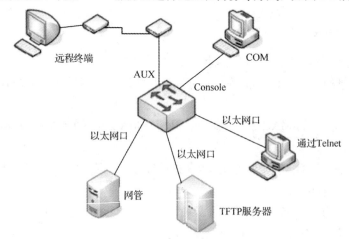

图 2-9　交换机配置方式

交换机一般都随机配送一根控制线，它一端是 RJ-45 水晶头，由于连接交换机的 Console 控制台端口，另一端提供了 DB-9（针）和 DB-25（针）串行接口插头，用于连接 PC 的 COM1 或者 COM2 串行接口，如图 2-10 所示。

图 2-10　交换机 Console 口的连接

通过该控制线将交换机与 PC 相连，并在 PC 上运行超级终端仿真程序，即可实现将 PC 仿真成交换机的一个终端，从而实现对交换机的访问和配置。

Windows 系统都默认安装了超级终端程序，该程序位于"开始"/"程序"/"附件"/"通信"菜单下，单击"超级终端"按钮即可启动。

首次启动超级终端时，要求输入所在地区的电话号码，输入后出现如图 2-11 所示的"创建连接"对话框，在"名称"文本框中输入该连接的名称，并选择所使用的示意图标，然后单击"确定"按钮。接着会弹出如图 2-12 所示的对话框，要求选择连接使用的 COM 端口，根据实际连接使用的端口进行选择，比如 COM1，然后单击"确定"按钮即可。

图 2-11　超级终端"创建连接"对话框

图 2-12　设置 COM1 端口属性

交换机控制台端口默认的通信波特率为 9 600 bps，数据流控制选择"无"，如图 2-12 所示，也可以直接单击"还原为默认值"按钮来进行自动设置。设置完成后，单击"确定"按钮，此时就可通过命令来操控和配置交换机。

2.3.2　交换机的各种工作模式

所有的交换机都提供用户模式、特权模式、全局配置模式以及各种子配置模式（接口模式、Line 配置模式、VLAN 数据库配置模式）等多种级别的配置模式。

1．用户模式

当用户通过交换机的控制台端口或 Telnet 会话连接并登录到交换机时，此时所处的命令执行模式就是用户模式。在该模式下，只能执行有限的一组命令，这些命令通常用于查看显示系统信息、改变终端设置和执行一些最基本的测试命令，如 ping、traceroute 等。

用户模式的命令状态行是 Switch>。其中，Switch 是交换机的主机名，也是交换机的默认主机名。

2．特权模式

在用户模式下，执行 enable 命令，将进入特权模式。在该模式下，用户能够执行 IOS 提供的所有命令。

```
Switch>enable
Switch#    //特权模式的命令状态行为
```

执行 exit 或 disable 命令可离开特权模式，返回用户模式。若要重新启动交换机，可执行 reload 命令。

3. 全局配置模式

在特权模式下，执行 config terminal 命令，即可进入全局配置模式。在该模式下，只要输入一条有效的配置命令并回车，内存中正在运行的配置就会立即改变生效。在该模式下配置命令的作用是全局性的，对整个交换机起作用。

```
Switch#config terminal
Switch(config)#        //全局配置模式的命令状态行为
```

4. 各种子配置模式

在全局配置模式下，就可以进入接口配置、line 配置等子模式。从子模式返回全局配置模式，执行 exit 命令；从全局配置模式返回特权模式，执行 exit 命令；若要退出任何配置模式，直接返回特权模式，则直接用 end 命令或按【Ctrl+Z】组合键。

交换机各模式的切换如图 2-13 所示。

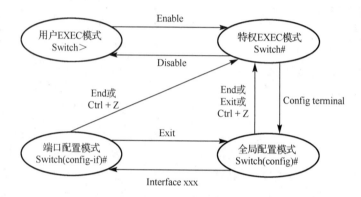

图 2-13　交换机各模式切换

2.3.3　交换机的其他配置

1. 设置主机名

默认情况下，交换机的主机名默认为 Switch。当网络中使用了多个交换机时，为了以示区别，通常应根据交换机的应用场地为其设置一个具体的主机名。设置交换机的主机名可在全局配置模式下通过 hostname 配置命令来实现，其用法为：

```
Switch(config)#hostname name
```

例如，将交换机的主机名设置为 cszy，可以在全局配置模式下执行命令。

```
Switch(config)#hostname cszy
cszy(config)#
```

2. 设置密码

交换机的基本密码包括 Console 密码、Password 密码、Secret 密码和 Telnet 密码。

(1)设置 Console 密码。这是在进入 Console 端口时进行认证使用的密码，如果没有正确的 Console 密码，则无法进入交换机。一般的网络管理员为防止其他用户在本地通过 Console 端口登录交换机而设置此密码。设置 Console 密码一般是在全局配置模式下进行。

```
Switch(config)#line console 0
Switch(config)#password cisco      //设置Console密码为cisco
Switch(config)#login               //启用密码认证，这句话一定要写
```

设置好 Console 密码后，下一次在 Console 实现登录交换机时，直接按回车键，则出现 Console 端口的认证请求过程，输入正确的密码才能进入用户模式。

（2）设置特权密码。特权密码是一种简单的认证密码，用于进入特权模式时的验证，它在配置文件里面是明文显示的，其配置语句一般在全局配置模式下进行。

```
Switch(config)#enable password cisco  //设置特权密码为cisco
```

可以在特权模式下用 show run 命令查看 Password 密码，可以看到此密码是明文显示的。

（3）设置特权加密密码。特权加密密码也是一种特权认证密码，用于进入特权模式时的验证，它在配置文件里面是加密显示的。其配置语句一般在全局配置模式下进行。

```
Switch(config)#enable secret cisco  //设置特权加密密码为cisco
```

注意：如果同时设置 Secret 和 Password 密码，进入特权模式要求必须输入 Secret 密码。

（4）设置虚拟终端密码。虚拟终端密码俗称 VTY（Virtual Teletype Terminal）密码，指的是 Telnet 登录时所需的密码。此密码设置后可以采用远程登录方式实现交换机的配置和管理。

```
Switch(config)#line vty 0 4          //0 4表示最多同时支持5个会话
Switch(config-line)#password cisco   //设置登录密码为cisco
Switch(config-line)#login            //启用密码认证，这句话一定要写
```

3．配置 IP 地址和子网掩码

在二层交换机中，配置的管理 IP 地址仅用于远程登录管理交换机。若没有配置管理 IP 地址，则交换机只能采用控制端口进行本地配置和管理。

默认情况下，交换机的所有端口均属于虚拟局域网 VLAN 1，VLAN 1 是交换机自动创建和管理的，对二层交换机设置管理 IP 地址之前，应先选择 VLAN 接口，然后再利用 ip address 配置命令配置管理 IP 地址，其配置命令为：

```
Switch(config)#interface VLAN 1
Switch(config-if)#ip address address netmask
```

参数说明：

address 为要设置的管理 IP 地址，netmask 为子网掩码。

注意：interface VLAN 配置命令用于访问指定的 VLAN 接口。二层交换机（如 2900/3500XL、2950 等）没有三层交换功能，运行的是二层 IOS，VLAN 间无法实现相互通信，VLAN 接口仅作为管理接口。

4．配置默认网关

为了使交换机能与其他网络通信，需要为交换机设置默认网关。网关地址通常是某个三层接口的 IP 地址，此接口充当路由器的功能。

设置默认网关的配置命令为：

```
Switch(config)#ip default-gateway {gateway address}
```

例如：

```
Switch(config)#int VLAN 1                                  //进入VLAN 1
Switch(config-if)#ip add 192.168.0.11 255.255.255.128     //设置管理IP
Switch(config-if)#ip default-gateway 192.168.0.1          //设置网关地址
Switch(config-if)#no shutdown                             //激活此管理接口
```

注意：若要查看默认网关，可执行 show ip route default 命令。对交换机进行配置修改后，在特权模式中执行 write 或 copy run start 命令，对配置进行保存。

5．设置 DNS 服务

为了使交换机能解析域名，需要为交换机指定 DNS 服务器。

（1）启用与禁用 DNS 服务。

启用 DNS 服务的配置命令: ip domain-lookup，禁用 DNS 服务的配置命令: no ip domain-lookup。

（2）指定 DNS 服务器地址。

指定 DNS 服务器地址的配置命令:

```
ip name-server serveraddress1 [serveraddress2… serveraddress6]
```

交换机最多可指定 6 个 DNS 服务器地址，各地址间用空格分隔，排在最前面的为首选 DNS 服务器。

例如，若要将交换机的 DNS 服务器地址设置为 192.168.0.1 和 192.168.0.30，则配置语句为:

```
Switch(config)#ip name-server 192.168.0.1 192.168.0.30
```

如果启用了 DNS 服务并指定 DNS 服务器地址，则在对交换机进行配置时，对于输入错误的配置命令，交换机会试着进行域名解析，导致交换机的速度下降，这会影响配置，因此，在实际应用中，没有特殊需求，通常禁用 DNS 服务。

6．no 命令

no 命令用来禁止某个特性或功能，或者执行与命令本身相反的操作。上面设置密码后，都使用对应的 no 命令来实现密码的取消。实际上任何的设置命令都可以在其前面加上 no 命令，实现设置的取消过程。

7．设置系统时间

设置系统时间的命令为 clock set hh:mm:ss day month year，其中 hh:mm:ss 表示小时（24 小时制）、分钟和秒；DAY 表示日，范围 1～31；month 表示月，范围 1～12，year 表示年，注意不能使用缩写。

例如，将系统时钟设置为 2009 年 1 月 1 日上午 10 点 30 分的命令为:

```
Switch#clock set 10: 30 00 1 1 2009
```

2.3.4　交换机的配置帮助

在 Cisco IOS 中的所有命令都可以使用和 Linux 一样的【Tab】键来补全，并且这些命令大多都有简写形式；那么怎么才能知道一个命令可以被简写成什么样子呢？只要输入几个字符，能够被【Tab】键补全，就能够使用那几个字符作为简写形式。

比如，用户在特权模式下输入 "conf" 命令后按【Tab】键，命令行自动换到下一行，自动补充 "conf" 的全写为 "configure"，在 "configure" 后面补充上 "term" 命令继续按【Tab】键，命令又换行，实现了自动补充 "term" 命令的全写。这种方式要实现不能用于简写支持的多个字符。例如，在特权模式下，输入 "di" 命令后，按【Tab】键，系统无法实现自动补充，因为存在 dir、disable 和 disconnect，按【Tab】键为的是正确记忆所有的关键字。

在用户模式下，包括三个以 "di" 开头的命令，分别是 dir、disable 和 disconnect。那么 dir 命令绝对就不能简写，disable 命令可以简写为 "disa"，当然 "disab" 和 "disable" 也可以使用，但是 dis 绝对不能使用，因为它可能和 disconnect 命令混淆。实际上，一般的简写都因为不同的习惯而由网络管理人员自定，只要命令不混淆即可顺利通过。

"?" 命令用于显示当前模式下的所有支持命令，用户也可以列出相同开头的命令关键字或者每个命令的参数信息。"?" 命令也支持简写的所有命令的列出。

2.3.5　show 命令的基本使用

可以使用 show 命令查看交换机信息，查看命令多数是在特权模式下执行的。

（1）查看 IOS 版本：show version。

（2）查看配置信息：show running-config。show startup-config 命令用于显示保存在 NVRAM 中的启动配置。

（3）若要查看某一端口的工作状态和配置参数，可使用 show interface 命令来实现，其用法为 show interface type mod/port。

参数说明：

①type 代表端口类型，通常有 Ethernet（以太网端口，通信速度为 10 Mbit/s）、FastEthernet（快速以太网端口，100 Mbit/s）、GigabitEthernet（吉比特以太网端口，1 000 Mbit/s）和 TenGigabitEthernet（万兆比特以太网端口，10 000 Mbit/s）。这些端口类型通常可简约表达为 e、fa、gi 和 tengi。

②mod/port 代表端口所在的模块和在此模块中的编号。例如，若要查看交换机 0 号模块的 1 号端口的信息，则查看命令为 show interface Fa0/1。

（4）查看历史信息的命令为 show history，它可以列出当前用户输入过的所有字符。另外用户可以使用快捷键实现输入命令的重新自动输入或者浏览和执行等。使用方法如下：

①Ctrl-P 或上方向键：在历史命令表中浏览前一条命令。

②Ctrl-N 或下方向键：在使用了 Ctrl-P 或上方向键操作之后，使用该操作在历史命令表中回到更近的一条命令。

（5）查看交换机的 MAC 地址表的配置命令：show mac-address-table[dynamic|static][VLAN-id]，此命令用于显示交换机的 MAC 地址表：若指定 dynamic，则显示动态学习到的 MAC 地址；若指定 static，则显示静态指定的 MAC 地址表；若未指定，则显示全部 MAC 地址。

（6）查看从某个端口学到的 MAC 地址。

①若要显示交换表中的所有 MAC 地址（动态学习到的和静态指定的），则查看命令为 show mac-address-table。

②查看端口学习的命令为：

```
show mac-address-table dynamic|static interface type mod/port
```

例如，若要查看交换机的快速以太网端口 15 所动态学习到的 MAC 地址，则查看命令为 show mac-address-table dynamic interface fa0/15。

③若要显示静态指定的 MAC 地址，则配置命令为

```
show mac-address-table static interface fa0/15
```

🛜 2.4　任 务 实 战

2.4.1　交换机基本配置

某企业的网络管理员在设备机房对刚出厂的交换机进行初始化配置，虽然交换机在出厂默认状态下能够执行基本功能，但为了保证局域网的安全并优化局域网，网络管理员应对交换机进行优化

配置。本任务将从清除交换机的现有配置和创建基本交换机配置两个方面进行学习。

1. 任务拓扑

任务拓扑如图 2-14 所示。

PC-PT　　　　　　　　　　　　　3560-24PS
PC0　　　　　　　　　　　　　　S1

图 2-14　交换机基本配置

（1）将交换机的 Console 口与一台计算机的 Com1 口用控制线连接，以便进行交换机的配置。

（2）用一根 RJ-45 网线将计算机的以太网口连接到交换机的以太网端口，用于进行配置检测。

2. 任务目的

（1）掌握交换机工作模式及特点。

（2）了解访问交换机的方式。

（3）熟悉 PC 与交换机连接方式。

（4）掌握交换机基本配置（主机名、密码、管理地址、telnet、欢迎信息和保存配置等）

（5）熟练掌握交换机配置的测试（系列 show 命令）。

3. 任务实施

（1）交换机各种工作模式的切换，各种子模式的切换。

```
Switch>                              //普通用户模式
Switch>enable                        //进入特权用户模式
Switch#                              //特权用户模式
Switch>configure terminal            //进入全局配置模式
Switch(config)#                      //全局配置模式
Switch(config)#interface    f0/1     //进入接口配置模式
Switch(config-if)#                   //接口配置模式
Switch(config-if)#exit               //返回上一级模式
Switch(config)#
Switch#disable                       //退出特权模式
Switch>
Switch(config-if)#end
Switch#
```

（2）配置交换机的主机名和提示信息。

```
Switch#configure terminal
Switch(config)#hostname S1           //修改交换机名字为"S1"
```

（3）配置 enable 密码、配置 console 和 vty 密码。

```
S1(config)#enable password cisco
S1(config)#enable secret cisco123
S1(config)#line con 0
S1(config-line)#password cisco
S1(config-line)#login
S1(config-line)#exit
S1(config)#line vty 0 4
```

```
S1(config-line)#password cisco
S1(config-line)#login
```

（4）配置以太网接口（包括接口描述，双工），并显示接口信息。

```
S1(config)#interface fastEtherent 0/1
S1(config-if)#speed 100          //配置端口速率为 100 Mbit/s
S1(config-if)#duplex half        //配置为半双工模式
S1(config-if)#no shutdown        //开启端口
S1# show interfaces f0/1
```

（5）配置当前配置，保存配置，删除启动配置。

```
S1#sh running-config
S1#write    //将当前配置信息保存到 flash 中用于系统初始化
Building configuration
[ok]
S1#copy running-config startup-config
Destination filename[starup-config]?
Building configuration...
[ok]
S1#erase startup-config
Erasing the nbram fileststem will remove all configuration files ! continue?
[confirm]
[ok]
```

（6）查看 flash 中的文件、version 信息。

```
S1#show flash
```

（7）配置交换机管理地址。

```
S1(config-if)#exit
S1(config)#interface vlan 1      //打开交换机的管理 vlan
S1(config-if)#ip address 192.168.1.1 255.255.255.0
//配置管理地址为 192.168.1.1/24
S1(config-if)#no shutdown
S1(config-if)#exit
S1(config)#
```

（8）查看交换机 MAC 地址表。

```
S1#show mac address-table
```

（9）交换机常用的显示命令。

```
switch # show vtp status                      //查看 vtp 配置信息
switch # show running-config                  //查看当前配置信息
switch # show VLAN                            //查看 VLAN 配置信息
switch # show interface                       //查看端口信息
switch # show int f0/0                        //查看指定端口信息
switch # dir flash:                           //查看闪存
switch # show version                         //查看当前版本信息
switch # show mac- address- table aging- time //查看 mac 超时时间
switch # show interface f0/1 switchport       //查看有关 switchport 的配置
```

2.4.2 交换机原理验证配置

交换机使用 MAC 地址表来确定如何在端口间转发流量，这些 MAC 表包含动态地址和静态地址。在交换式网络中，各主机的 MAC 地址是存储在交换机的 MAC 地址表（也称 MAC 地址数据库）

中的。交换机在工作过程中，会向 MAC 地址表不断写入新学到的 MAC 地址。一旦交换机掉电或重新上电后，其内部的 MAC 地址表会被自动清空或清空后又重新建立。

1. 任务拓扑

任务拓扑如图 2-15 所示。

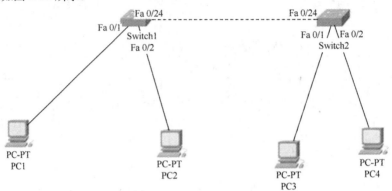

图 2-15　交换机基本配置

2. 任务目的

（1）掌握交换机基本配置。

（2）掌握交换机的 MAC 地址表。

（3）掌握交换机控制台密码、远程登录密码、特权密码的设置，加强安全管理。

（4）掌握交换机的工作原理。

3. 任务实施

（1）配置主机名。

```
Switch>enable
Switch # configure terminal
Switch(config)# hostname S1
```

（2）配置基本安全措施。

```
S1(config)# enable secret cisco //特权密码的设置
S1(config)# service password-encryption
S1(config)# line vty 0 4
S1(config-line)# password cisco //设置交换机 Telnet 密码
S1(config-line)# login
S1(config)# line console
S1(config-line)# password cisco //设置交换机控制台密码
S1(config-line)# login
```

（3）配置计算机地址，在交换机上查看 MAC 地址表。

```
PC1: 10.1.1.1/255.0.0.0
PC2: 10.2.2.2/255.0.0.0
PC3: 10.3.3.3/255.0.0.0
PC4: 10.4.4.4/255.0.0.0
```

PCI-PC4 之间互相 ping。

```
S1 # show mac-address-table
```

(4)实验调试。

```
S1 # show mac-address-table
```

2.4.3　配置交换机的远程 Telnet 登录管理

某企业网络中的交换机设置较为分散，其中有一台交换机（交换机名字 SW1）在一楼管理间，而网络管理员的办公室在 3 楼，为了方便日常维护和管理一楼的交换机，需要对该交换机配置远程 Telnet 登录管理方式。

1．任务拓扑

任务拓扑如图 2-16 所示。

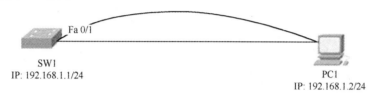

SW1
IP: 192.168.1.1/24

Fa 0/1

PC1
IP: 192.168.1.2/24

图 2-16　交换机基本配置

2．任务目的

（1）配置交换机的远程管理地址为 192.168.1.1//24。

（2）配置 VTY 用户的密码为 123456。

（3）配置特权密码为 123456。

（4）进行远程登录测试。

3．任务实施

（1）创建交换机虚拟接口（Switch Virtual Interface，SVI）。

```
Switch<enable
Switch#configure terminal
Switch(config) #hostname S1
S1 (config)    #interface  VLAN 1 //打开交换机的管理VLAN
```

（2）配置交换机管理 IP 地址。

```
S1(config-if)#ip address 192.168.1.1 255.255.255.0
S1(config-if)#no    shutdown
```

（3）进入 VTY 配置视图。

```
S1(config-if)#exit
S1(config)#line vty 0 4
```

（4）配置远程登录密码，开启登录验证。

```
S1(config-line)#password 123456      //设置telnet 远程登录密码
S1(config-line)#login                //设置telnet 登录时进行身份验证
```

命令：login　[local]

no login

local：采用本地用户名和口令验证。

说明：该命令用设置 VTY 用户远程登录的验证方式，默认情况下是 line 线路简单口令验证，此时需要在 VTY 用户视图下配置远程登录密码，当命令后面使用 local 关键字时，表示 VTY 用户远程登录时本地用户名和口令验证，本地用户名和密码在全局配置视图下用 username 命令创建。no 选项的作用是取消 VTY 用户的远程登录验证，此时，VTY 用户远程登录是直接进入用户视图。

（5）设置本地用户名。

```
S1(config-line)#exit
S1(config) #username S1 password 123456
```

命令：username   name   password   password
no username name
name：本地用户名。   password：本地用户名对应密码。

说明：该命令用在交换机上创建一个本地用户名和相应的密码，该用户名和密码可以用于 line 线缆远程登录的验证。用 no 选项可以删除对应的本地用户信息。

（6）设置特权密码。

```
S1(config)#enable password 123456
S1 (config) #enable secret 123456
```

命令：enable   password   password
   no enable   password

说明：该命令用来设置进入特权视图的验证密码。如果不设置特权验证密码，远程登录用户是无法进入特权视图的，当设置了特权密码后，从本地 Console 口进行配置时，进入特权视图也要输入密码。也就是说，特权密码对 Console 的连接也是有效的。

（7）开启 SSH 服务（可选）。

```
S1(config) #enable service ssh-server   //开启SSH服务(真实设备上才有)
S1(config) #ip ssh version 2            //启用SSH version 2
S1(config) #exit
```

（8）从 PC1 上对交换机进行 Telnet 登录测试。

习　题

1．填空题

（1）switch 是＿＿＿＿层设备，不能隔离＿＿＿＿＿域，能隔离＿＿＿＿域。

（2）交换机是基于＿＿＿＿去转发数据帧的，当收到位置单播帧，它将会向所有端口＿＿＿＿。

（3）不同 VLAN 中的设备配置通信需要使用 OSI 模型中的第＿＿＿＿层。

（4）Cisco 三层式分层模型中的三层都支持＿＿＿＿功能和＿＿＿＿功能。

（5）目前网络设备的 MAC 地址由＿＿＿＿位二进制数字构成，IP 地址由＿＿＿位二进制数字构成。

2．选择题

（1）关于交换机交换方式的描述正确的是（　　　）。

A．碎片隔离式交换：交换机只检查进入交换机端口的数据帧头部的目的 MAC 地址部分，即把数据转发出去

B．存储转发式交换：交换机要完整地接收一个数据帧，并根据校验的结果以确定是否转发数据

C．直通式交换：交换机只转发长度大于 64 字节的数据帧，而隔离掉小于 64 字节的数据

D. 这些说法全部正确

（2）下面可以正确地表示 MAC 地址的是（　　　）。

A. 0067.8GCD.98EF
B. 007D.7000.ES89

C. 0000.3922.6DDB
D. 90098.FFFF.0AS1

（3）从传统的公司网络架构迁移到完全融合网络后，很可能产生（　　　）影响。

A. 可将本地模拟电话服务完全外包给收费更低的提供商

B. 以太网 VLAN 结构会简化

C. 会形成共享的基础架构，因此只需管理一个网络

D. QoS 问题会大大减轻

（4）应该在分层网络的哪一层或哪几层实现链路聚合（　　　）。

A. 仅核心层
B. 分布层和核心层

C. 接入层和分布层
D. 接入层、分布层和核心层

（5）下列（　　　）功能可在交换网络中通过合并多个交换机端口来支持更高的吞吐量。

A. 收敛
B. 冗余链路
C. 链路聚合
D. 网络直径

（6）企业级交换机有（　　　）两项特点。

A. 端口密度低
B. 转发速度高
C. 延时水平高
D. 支持链路聚合

（7）分层模型中的（　　　），交换机通常不需要以线路速度来处理所有端口。

A. 核心层
B. 分布层
C. 接入层
D. 入口层

（8）要从一台主机远程登录到另一台主机，使用的应用程序为（　　　）。

A. HTTP
B. PING
C. TELNET
D. TRACERT

（9）能正确描述数据封装的过程的是（　　　）。

A. 数据段→数据包→数据帧→数据流→数据

B. 数据流→数据段→数据包→数据帧→数据

C. 数据→数据包→数据段→数据帧→数据流

D. 数据→数据段→数据包→数据帧→数据流

3. 操作题

用模拟器（Packet Tracer）或真实设备搭建如图 2-17 所示网络拓扑，并给相关设备配置 IP 地址，然后执行相关的网络测试命令进行测试。

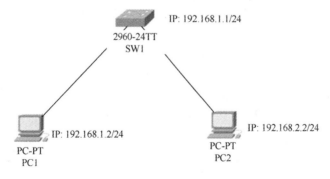

图 2-17　网络拓扑

基本要求：

①正确选择设备并使用线缆连接。

②正确给 PC1、PC2 和 SW1 配置相关 IP 地址及子网掩码等参数。

③在 PC1 和 PC2 上分别用 ping 命令 ping SW1，查看结果并分析原因。

④在 PC1 和 PC2 上分别进行 Telnet 远程登录 SW1，查看结果并分析原因。

⑤在 SW1 上配置远程登录用户密码，然后在 PC1 和 PC2 上再分别进行 Telnet 远程登录 SW1查看结果并分析原因。

⑥在 SW1 上配置特权密码，然后在 PC1 和 PC2 再分别进行 Telnet 远程登录 SW1，查看结果并分析原因。

拓展要求：

在 SW1 上配置远程登录用户的密码为 123456，同时使用 login local 命令启用本地用户验证，使用 username 创建一个用户名为 usera，密码为 456789 的本地用户，然后在 PC1 上进行远程登录测试，查看交换机在两个密码同时设置时，使用的是哪个？

项目 3
虚拟局域网

项目导读

以太网是一种基于 CSMA/CD 的共享通信介质的数据网络通信技术，共享介质上的各节点轮流使用介质传送帧，同一时刻只能有一个主机发，其他主机只能收。

交换机诞生以后，通过接收到的数据帧的源 MAC 地址建立起 MAC-PORT 映射表，对于收到的数据帧，如果能够在表中查到目的 MAC 地址，则把帧向对应的端口发送。如果找不到，就向所有端口发送。这样，冲突域被交换机隔离在各自的端口，而不会扩展到其他端口。交换机并不改变以太帧的源地址和目的地址，而只是转发到适当的网段（LANsegmentation），是一种透明设备。

交换机虽然解决了以太网带来冲突严重的问题，但仍然不能隔离广播，实际上，所有用交换机互连起来的主机（可能包括多个交换机）是在一个广播域，对于目的 MAC 地址为全 F（0XFFFFFFFFFFFF）的广播报文，比如 ARP 请求报文，交换机会向所有的端口转发，在主机较多的情况下，会造成广播风暴，导致整个网络的性能下降，ARP 广播扩散如图 3-1 所示。为了解决此问题，VLAN 技术应运而生。

本模块将详细介绍 VLAN 的概念、原理、作用、划分及配置方法，以及与 VLAN 相关的 VTP 协议。

通过对本项目的学习，应做到：

- 了解：VLAN 的概念、原理、作用、VTP 的原理及作用。
- 熟悉：VLAN 的划分及配置方法，VTP 的配置方法。
- 掌握：在实际网络环境中应用 VLAN、VTP 技术。

🛜 3.1 VLAN 概述

3.1.1 VLAN 的概念

虚拟局域网（Virtual Local Area Network，VLAN）是一种将局域网设备从逻辑上划分成一个个网段，从而实现虚拟工作组的新兴数据交换技术。

VLAN 除了能将网络划分为多个广播域，从而有效地控制广播风暴的发生，以及使网络的拓扑结构变得非常灵活外，还可以用于控制网络中不同部门、不同站点之间的互相访问。VLAN 是为解决以太网的广播问题和安全性而提出的一种协议，它在以太网帧的基础上增加了 VLAN 头，用 VLAN ID 把用户划分为更小的工作组，限制不同工作组间的用户互访，每个工作组就是一个虚拟局域网。

一个 VLAN 就是一个网段，通过在交换机上划分 VLAN（同一交换机上可划分不同的 VLAN，不同的交换机上可属于同一个 VLAN），可将一个大的局域网划分成若干个网段，每个网络内所有主机间的通信和广播仅限于该 VLAN 内，广播帧不会被转发到其他网段。即一个 VLAN 就是一个广播域，VLAN 间不能直接通信，从而实现了对广播域的分割和隔离，如图 3-1 所示。

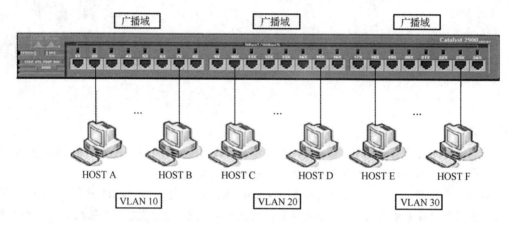

图 3-1　VLAN 的广播域

VLAN 的技术标准是 IEEE 802.1q，最多支持 250 个 VLAN。

VLAN1 是交换机的管理 VLAN，在交换机出厂的时候，VLAN1 已经被创建，而且所有的端口都被划到了 VLAN1。为 VLAN 配置 IP 地址，可对交换机进行远程管理，VLAN1 是不可删除的。

3.1.2　VLAN 的优点

（1）限制网络上的广播，有助于控制流量。

（2）减少设备投资。

（3）简化网络管理，提高网络连接的灵活性。

（4）增强局域网的安全性。

🛜 3.2　VLAN 工作机制

引入 VLAN 之后，交换机的端口一般可以分为以下 3 种：

（1）接入链路（Access Link）：或称访问链路一般是与用户主机相连，它只能传送不带标签（Untagged）的以太网帧，且只与一个 VLAN 关联。

（2）汇聚链路（Trunk Link）：或称干道链路，一般与交换机或者路由器相连，可传输发往多个 VLAN 的带标签（Tagged）帧，可与多个 VLAN 相关联。

（3）混合链路（Hybrid Link）：既可与用户主机相连，又可以与路由器或者交换机相连，对于一个 VLAN，传送的帧要么不带标签，要么携带相同标签。

三种链路的区别如图 3-2 所示。

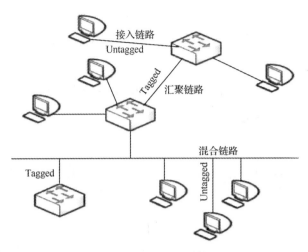

图 3-2　VLAN 中的 3 种链路

　　规划企业级网络时，很有可能会遇到隶属同一部门的用户分散在同座建筑中不同楼层的情况，此时可能需要考虑如何跨越多台交换机设置 VLAN。如图 3-3 所示网络中，通过汇聚链路将不同楼层的四台主机设置为同一 VLAN。

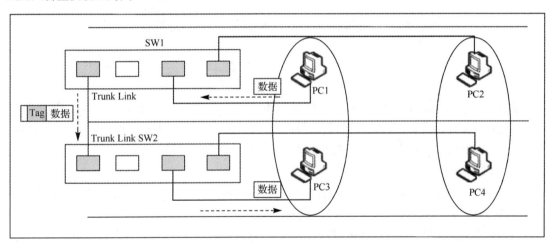

图 3-3　汇聚链路

　　如图 3-3 所示，PC1 发送的数据帧从 SW1 经过汇聚链路到达 SW2 时，帧内附加了表示属于红色 VLAN 的标签。SW2 收到数据帧后，检查 VLAN 标签发现该帧属于红色 VLAN，故剥除标签后根据需要（单播、广播或组播）将复原的数据帧转发给其他属于红色 VLAN 的端口。

　　若不使用汇聚链路，则需在两台交换机上各设一个红、蓝 VLAN 专用接口并用网线互连（接入链路）。但建筑楼层间的纵向布线比较麻烦，一般不能由基层管理人员随意进行。而且，VLAN 越多，楼层间（严格地说是交换机间）互连所需的端口越多，端口利用率低，也限制网络的扩展。

　　汇聚链路承载多个 VLAN 的数据，负载较重，故汇聚链路必须支持 100 Mbit/s 以上的传输速度。

　　默认情况下，汇聚链路会转发交换机上所有 VLAN 的数据，即汇聚链路同时属于交换机上所有的 VLAN，实际应用中可能并不需要转发所有的 VLAN 数据，因此为减轻交换机负载并减少带宽浪费，用户可设定限制能经由汇聚链路互连的 VLAN。

3.3 VLAN 的划分

接入链路可事先设定，称为"静态 VLAN"；也可根据所连主机而动态设定，称为"动态 VLAN"。

3.3.1 静态 VLAN 与动态 VLAN

1. 静态 VLAN

静态 VLAN 又称基于端口的 VLAN（Port Based VLAN），即明确指定各端口属于哪个 VLAN，如图 3-4 所示。

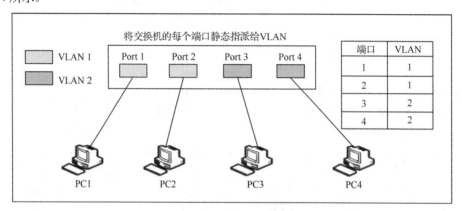

图 3-4 基于端口划分的 VLAN

根据端口划分 VLAN，因其简单而最为常用。但由于需要逐个端口地指定 VLAN，因此当网络中主机数目较多时，操作就变得非常繁杂。并且，主机每次变更所连的端口时，必须同时更改该端口所属 VLAN 的设定，这显然不适合那些需要频繁改变拓扑结构的网络。

2. 动态 VLAN

动态 VLAN 主要有：基于 MAC 地址的 VLAN(MAC Based VLAN)、基于子网的 VLAN(Subnet Based VLAN)、基于用户的 VLAN(User Based VLAN)、……

其差异主要在于根据 OSI 参照模型哪一层的信息决定端口所属 VLAN。决定端口所属 VLAN 时利用的信息在 OSI 中的层越高，就越适于构建灵活多变的网络。

网络设备厂商可能使用私有协议实现基于子网和基于用户的 VLAN，因此不同厂商的设备互连时可能出现兼容性问题。

（1）基于 MAC 地址的 VLAN，就是通过查询并记录端口所连主机网卡的 MAC 地址来决定端口的所属 VLAN。假定 MAC-A 地址被交换机设定为属于 VLAN10，则不论 MAC-A 地址的主机连在交换机哪个端口。该端口都会被划分在 VLAN10 内，如图 3-5 所示。

基于 MAC 地址划分 VLAN，在初始设定时必须调查所连接的所有主机 MAC 地址并加以记录，工作量很大。而且这种划分方法会降低交换机执行效率，因为交换机每个端口都可能存在很多个 VLAN 组的成员，这样就无法限制广播包。此外，若主机（如笔记本计算机）经常更换网卡，则不得不经常更改 VLAN 设定。

（2）基于子网（IP 地址）的 VLAN。基于子网的 VLAN，就是通过所连主机的 IP 地址来决定端口的所属 VLAN。同一子网的所有数据帧属于同一 VLAN，从而将同一子网内的用户划分在一个 VLAN 内（与路由器相似）。即使主机 MAC 地址改变，只要其 IP 地址不变，就仍可加入原先设定的 VLAN，如图 3-6 所示。

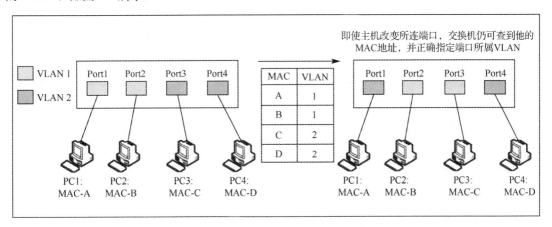

图 3-5　基于 MAC 地址划分的 VLAN

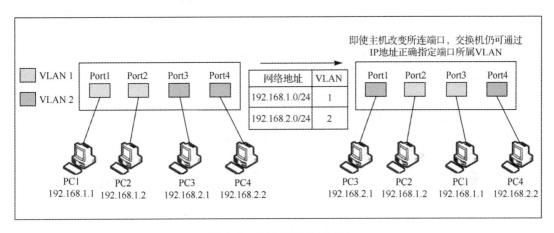

图 3-6　基于子网的 VLAN

3.3.2　基于端口划分 VLAN 的实现

下面就如何基于端口划分 VLAN 给予详细说明。操作主要有以下几点：

（1）VLAN 的创建与命名进入全局配置模式创建 VLAN。

格式：Switch(config)#vlan vlan-id

例如：Switch(config)#vlan 10

默认情况下，交换机会自动创建和符理 VLAN 1，所有交换机端口默认均属于 VLAN 1，用户不能删除该 VLAN。用户可创建的 VLAN 的 ID 范围是 2～4094，但最多只能建立 250 个 VLAN。如果输入的是一个新的 VLAN ID，则交换机会创建一个 VLAN，并进入到 VLAN 配置模式，如果输入的是已经存在的 VLAN ID，则进入到 VLAN 配置模式修改相应的 VLAN 配置。

（2）命名 VLAN。

格式：Switch(config-vlan)# name vlan-name

例如：Switch(config-vlan)# name test

为区分不同的 VLAN，应对 VLAN 取一个名字。

（3）查看 VLAN 信息。

格式：Switch# show vlan

在特权模式下才可以查看 VLAN 的信息，显示的信息包括 VLAN-ID、VLAN 状态、VLAN 成员端口以及 VLAN 配置信息。

（4）分配端口。在接口模式下可利用如下命令将选中的端口划分到一个已经创建的 VLAN 中，如果把一个接口分配给一个不存在的 VLAN，那么这个 VLAN 将自动被创建。

```
Switch(config-if)#switchport access vlan vlan-id
```

例如：把 f0/1 端口划分进入 VLAN 10：

```
Switch(config)#interface f0/1
Switch(config-if)#switchport access vlan 10
```

一次性划分多个端口进入同一 VLAN。

例如：把 1～5 端口，9 端口划分进入 VLAN 10：

```
Switch(config)#inter range fa 0/1-5, fa 0/9
Switch(config-if)#Switchport access vlan 10
```

可以回到特权模式用 show vlan 查看是否已将端口划入指定 VLAN。

（5）删除 VLAN。删除已经创建的 VLAN，使用的配置命令为：

```
Switch(config)#no vlan vlan-id
```

例如：Switch(config)#no vlan 10，删除 VLAN 10。

其中，vlan-id 是要删除的 VLAN，VLAN 删除后，原来属于该 VLAN 的交换机端口将仍然属于该 VLAN，不会自动划归到 VLAN1。由于所属的 VLAN 已被删除，此时这些端口将处于非活动状态，在查看 VLAN 时看不到这些端口。因此，在删除 VLAN 之前，最好先将属于该 VLAN 的端口划归到 VLAN1，然后再删除该 VLAN。VLAN1 是系统默认的，不能由用户删除。

（6）指定端口模式。

在接口模式下可利用如下命令指定端口的模式：

```
Switch(config-if)#switchport mode access / trunk
```

Access 模式是指该端口连接的是主机，里面只会有一个 VLAN 的流量，Trunk 则表示该端口所连的是交换机或者路由器，里面会有多个 VLAN 的流量。

Trunk 承载的 VLAN 范围默认是 1～1005，可以修改，但必须有 1 个 Trunk 协议。使用 Trunk 时，相邻端口上的协议要一致。我们最常用到的是基于 IEEE 802.1Q 和 Cisco 专用的协议 ISL。

交换机间链路（ISL）是一种 Cisco 专用的协议，用于连接多个交换机。该协议一般应用于纯 Cisco 网络当中。当数据在交换机之间传递时负责保持 VLAN 信息的协议。在一个 ISL 干道端口中，所有接收到的数据包被期望使用 ISL 头部封装，并且所有被传输和发送的包都带有一个 ISL 头。从一个 ISL 端口收到的本地帧（Non-tagged）被丢弃。它只用在 Cisco 产品中。

IEEE 802.1Q 正式名称是虚拟桥接局域网标准，用在不同的厂家生产的交换机之间，这可以认为是一个行业标准。一个 IEEE 802.1Q 干道端口同时支持加标签和未加标签的流量。一个 802.1Q 干道端口被指派了一个默认的端口 VLAN ID（PVID），并且所有的未加标签的流量在该端口的默认 PVID 上传输。一个带有和外出端口的默认 PVID 相等的 VLAN ID 的包发送时不被加标签。所有其他的流量发送是被加上 VLAN 标签的。Cisco 的二层交换机端口上，默认封装的是 IEEE 802.1Q，而三层交换机端口上，则未封装。所以如果需要指定端口为 Trunk 模式，同时也要保证相邻端口协议的一致性。

```
Switch(config-if)#switchport trunk encapsulation dot1q/isl
Switch(config-if)#switchport mode trunk
```

🛜 3.4　VTP

通常情况下，我们需要在整个园区网或者企业网中的一组交换机中保持 VLAN 数据库的同步，以保证所有交换机都能从数据帧中读取相关的 VLAN 信息进行正确的数据转发，然而对于大型网络来说，可能有成百上千台交换机，而一台交换机上都可能存在几十乃至数百个 VLAN，如果仅凭网络工程师手工配置将是一个非常大的工作量，并且也不利于日后维护——每一次添加、修改或删除 VLAN 都需要在所有的交换机上部署。在这种情况下，我们引入了 VTP（VLAN Trunking Protocol）。

3.4.1　VTP 协议介绍

VTP 是 VLAN 中继协议，也被称为虚拟局域网干道协议。它是思科私有协议。当大量的交换机需要配置 VLAN 时，可以使用 VTP 协议，把一台交换机配置成 VTP Server，其余交换机配置成 VTP Client，这样 Client 可以自动学习到 Server 上的 VLAN 信息。

它是一个 OSI 参考模型第二层的通信协议，主要用于管理在同一个域的网络范围内 VLAN 的建立、删除和重命名。在一台 VTP Server 上配置一个新的 VLAN 时，该 VLAN 的配置信息将自动传播到本域内的其他所有交换机。这些交换机会自动地接收这些配置信息，使其 VLAN 的配置与 VTP Server 保持一致，从而减少在多台设备上配置同一个 VLAN 信息的工作量，而且保持了 VLAN 配置的统一性。

VTP 通过网络 (ISL 帧或 Cisco 私有 DTP 帧) 保持 VLAN 配置统一性。VTP 在系统中管理增加、删除、调整的 VLAN，自动地将信息向网络中其他的交换机广播。此外，VTP 减小了那些可能导致安全问题的配置。便于管理，只要在 VTP Server 做相应设置，VTP Client 会自动学习 VTP Server 上的 VLAN 信息。

VTP 有三种工作模式：VTP Server（服务器模式）、VTP Client（客户模式）和 VTP Transparent（透明模式）。新交换机出厂时的默认配置是预配置为 VLAN1，VTP 模式为服务器。一般，一个 VTP 域内的整个网络只设一个 VTP Server。VTP Server 维护该 VTP 域中所有的 VLAN 信息列表，VTP Server 可以建立、删除或修改 VLAN，还可以发送并转发相关的通告信息，同步 VLAN 配置，把配置保存在 NVRAM 中。VTP Client 虽然也维护所有的 VLAN 信息列表，但其 VLAN 的配置信息是从 VTP Server 学到的，VTP Client 不能建立、删除或修改 VLAN，但可以转发通告，同步 VLAN 配置，不保存配置到 NVRAM 中。VTP Transparent 相当于是一项独立的交换机，它不参与 VTP 工作，不从 VTP Server 学习 VLAN 的配置信息，而只拥有本设备上自己维护的 VLAN 信息。VTP Transparent 可以建立、删除和修改本机上的 VLAN 信息，同时会转发通告并把配置保存到 NVRAM 中，VTP 的三种模式如图 3-7 所示。

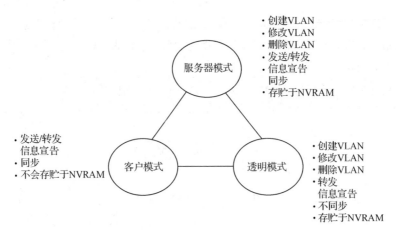

图 3-7　VTP 三种模式

　　要使用 VTP，首先必须建立一个 VTP 管理域，在同一管理域中的交换机共享 VLAN 信息，并且一个交换机只能参加一个管理域，不同域中的交换机不能共享 VLAN 信息。

　　VTP 域也称为 VLAN 管理域，由一个以上的共享 VTP 域名互相连接的交换机组成。也就是说，VTP 域是一组 VTP 域名相同并通过中继链路相互连接的交换机。

　　下面是 VTP 域的要求：

　　（1）域内的每台交换机都必须使用相同的域名，不论是通过配置实现，还是由交换自动学习得到。

　　（2）Catalyst 交换机必须是相邻的，即相邻的交换机需要具有相同的域名。

　　（3）在所有 Catalyst 交换机之间，必须配置中继链路。如果上述条件任何一项不满足，则 VTP 域不能连通，信息也就无法跨越分离部分进行传送。

3.4.2　VTP 协议配置

　　下面以一个实例来讲解 VTP 的配置，拓扑图如图 3-8 所示，指定 SW1 为 Server，SW2 配置为透明模式，SW3 为 Client，然后将 SW1 的 VLAN 配置同步到 SW3，将不同步但是会转发同步消息。

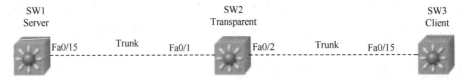

图 3-8　VTP 配置拓扑图

```
SW1(config)#VTP mode Server        //配置VTP Server 模式，默认即为 Server
SW1(config)#VTP domain VTP-test     //配置VTP 域名，默认为空
SW1(config)#VTP password Cisco      //配置VTP 密码
SW1(config)#VTP version 2           //配置VTP 版本，只需在 Server 上配置
SW1(config)#VTP purning           //启用VTP 修剪，只需在 Server 上配置
SW2(config)#VTP mode Transparent    //配置VTP 为 Transparent 模式
SW2(config)#VTP domain VTP-test
SW2(config)#VTP password Cisco
SW3(config)#VTP mode Client       //配置VTP 为 Client 模式
SW3(config)#VTP domain VTP-test
SW3(config)#VTP password Cisco
```

说明:

(1) 当交换机的 VTP 域名为空时, 如果它收到的 VTP 通告中带有域名, 该交换机将把 VTP 域名自动更改为 VTP 通告中的域名。即没有 VTP 域名的交换机能从邻居自动学习 VTP 域名, VTP 域名不为空时交换机就不会学习了。

(2) VTP 可以在全局模式下配置, 也可以在 VLAN database 模式下配置。

(3) VTP 默认修订号为 0, 每当 VLAN 信息变化时修订号会增加 1 (当为 Transparent 时, 修订号始终为 0)。

(4) 默认 VTP 信息: 模式为 Server, 域名为空, 版本为 1。

(5) 在一个 VTP 域中可以有多个 VTP Server, 在任何一个 VTP Server 上都可以创建和修改 VLAN 信息, 并通告到其他交换机上, 不同的 VTP 域之间是不能传播 VLAN 信息的。

(6) Transparent 交换机上可以转发 VTP 通告, 但是并不会根据 VTP 通告更新自己的任何信息, Transparent 交换机上也可以更改 VLAN 信息, 但是这些 VLAN 信息并不会通告出去。

(7) Client 交换机上不仅可以转发 VTP 通告, 还会根据 VTP 通告更新自己的 VLAN 信息。

(8) 配置 VTP 的密码是为了防止不明身份的交换机加入域中, 任何密码都是区分大小写的。

(9) VTP 的版本只需要在 Server 上启用, 其他交换机会自动学习并启用该功能, 但是 Transparent 模式是不会学习到的, Client 模式是不能配置版本的。

(10) 配置 VTP 修剪的时候只需在其域中的一个 Server 上启用即可, 其他交换机会自动学习并启用。

📶 3.5　任 务 实 战

3.5.1　公司各部门划分 VLAN 实现业务隔离

假设你是总公司的网络管理员, 总公司要求对新搭建的营业网点内网上的各业务网段进行隔离, 同一网点内的终端可以互连, 但是禁止不同网点的终端互相访问, 具体配置要求如表 3-1 所示。

表 3-1　VLAN 实现业务隔离要求

设　备	VLAN ID	VLAN　Name	对　应　端　口
SW1	VLAN 20	SCW	Interface fastethernet 0/1
	VLAN 30	BGW	Interface fastethernet 0/2
SW2	VLAN 20	SCW	Interface fastethernet 0/1
	VLAN 30	BGW	Interface fastethernet 0/2

1. 任务拓扑

任务拓扑如图 3-9 所示。

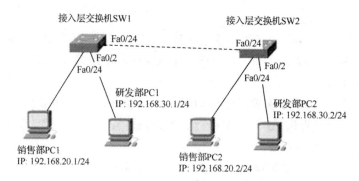

图 3-9　划分 VLAN 实现业务隔离

2. 任务目的

（1）掌握业务网段隔离配置。

（2）掌握同一网点内的终端可以互连，不同网点的终端不能互相访问的配置。

3. 任务实施

（1）SW1 的配置。

```
SW1#configure terminal
SW1(config)#VLAN 20
SW1(config-VLAN)#name SCW
SW1(config-VLAN)#exit
SW1(config)#VLAN 30
SW1(config-VLAN)#name BGW
SW1(config-VLAN)#exit
SW1(config)#interface fastEthernet 0/1
SW1(config-if)#switchport mode access
SW1(config-if)#switchport access VLAN 20
SW1(config-if)#exit
SW1(config)#interface fastEthernet 0/2
SW1(config-if)#switchport mode access
SW1(config-if)# switchport access VLAN 30
SW1(config-if)#exit
```

（2）SW2 的配置。

```
SW2#configure terminal
SW2(config)#VLAN 20
SW2(config-VLAN)#name SCW
SW2(config-VLAN)#exit
SW2(config)#VLAN 30
SW2(config-VLAN)#name BGW
SW2(config-VLAN)#exit
SW2(config)#interface fastEthernet 0/1
SW2(config-if)#switchport mode access
SW2(config-if)#switchport access VLAN 20
SW2(config-if)#exit
SW2(config)#interface fastEthernet 0/2
```

```
SW2(config-if)#switchport mode access
SW2(config-if)# switchport access VLAN 30
SW2(config-if)#exit
设备 VLAN  IDVLAN  Name   对应端口
SW1 VLAN  20XSB Interface fastethernet 0/1
VLAN  30YFB Interface fastethernet 0/2
SW2 VLAN  20XSB Interface fastethernet 0/1
VLAN  30YFB Interface fastethernet 0/2
```

（3）查看与测试：Show vlan 和 ping 命令。

思考问题：通过以上配置，并为计算机配置 IP 后，进行如下测试：同一交换机上不同 VLAN 是否可以互相访问？不同交换机上相同 VLAN 是否可以互相访问？为什么？

3.5.2　跨交换机的相同 VLAN 部署

由于业务扩展，总公司新搭建了若干网点，为保业务需要，公司要求新搭建的营业网点内网上的各业务网段的主机能跨越交换机进行互访。作为公司网络管理员的你应该怎样达到目的？

1. 任务拓扑

任务拓扑图如 3-10 所示。

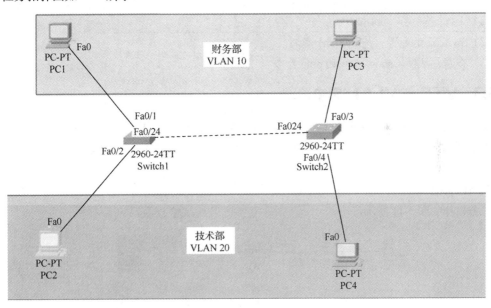

图 3-10　跨越交换机的相同 VLAN 部署

2. 任务目的

掌握跨交换机的相同 VLAN 互相访问的配置。

3. 任务实施

要实现跨交换机的相同 VLAN 进行互相访问，只需将 SW1 与 SW2 相连的端口 Fa0/24 设置为 Trunk 模式。Trunk 端口：一条物理链路同时承载多个 VLAN 的数据。这种端口允许属于任何的 VLAN 的数据通过。本身属于所有的 VLAN。

（1）Switch1 的配置。

```
Switch>enable
Switch#conf t
Switch(config)#vlan 10
Switch(config-vlan)#name caiwu
Switch(config-vlan)#exit
Switch(config)#vlan 20
Switch(config-vlan)#name jishu
Switch(config-vlan)#exit
Switch(config)#exit
Switch(config)#interface fastEthernet 0/1
Switch(config-if)#switchport access vlan 10
Switch(config-if)#ex
Switch(config)#interface fastEthernet 0/2
Switch(config-if)#switchport mode access
Switch(config-if)#switchport access vlan 20
Switch(config-if)#ex
Switch(config)#exit
Switch(config)#interface fastEthernet 0/24t
Switch(config-if)#switchport mode trunk
```

（2）Switch2 的配置，与 Switch1 类似。

（3）查看与测试，show vlan 和 ping 命令。

3.5.3　VTP 与 VLAN 集中管理

假设你是某公司网络管理员，各部门网络结构拓扑如图 3-11 所示，为方便日后的网络管理，现要求使用 VTP 协议实现维护整个公司内网上 VLAN 的添加、删除和重命名工作。请问如何解决？

1．任务拓扑

任务拓扑如图 3-11 所示。

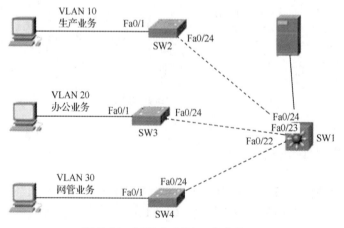

图 3-11　VTP 与 VLAN 集中管理

2. 任务要求（见表 3-2）

表 3-2　VTP 与 VLAN 集中管理配置参数

设　备	模　式	域　名	版　本	密　码	修　剪
SW1	Server	mobile	2	Ip	启用
SW2	Client	mobile	2	Ip	启用
SW3	Client	mobile	2	Ip	启用
SW4	Client	mobile	2	ip	启用

3. 任务实施

（1）SW1 配置。

```
Sw1(config)#interface range fastEthernet 0/22-24
Sw1(config-if)#switchport trunk encapsulation dotlq
Sw1(config-if)#switchport mode trunk
Sw1(config-if)#exit
Sw1(config)#vtp domain mobile
Sw1(config)#vtp mode server
Sw1(config)#vtp version 2
Sw1(config)#vtp password ip
Sw1(config)#vtp pruning
```

（2）SW2 配置（SW3、SW4 配置与 SW2 相似）。

```
Sw2(config)#interface fastEthernet 0/24
Sw2(config-if)#switchport mode trunk
Sw2(config-if)#exit
Sw2(config)#vtp domain mobile
Sw2(config)#vtp mode client
Sw2(config)#vtp password ip
```

（3）查看 VTP 配置。

```
Sw1#show vtp status
  vtp Revision                          :running VTP2
  configuration Revision                :2
  Maximum VLANs supported locally       :1005
  Number of existing Mode               :Server
  VTP Domain Name                       :mobile
  VTP Pruning Mode                      :Enabled
  VTP V2 Mode                           :Enabled
  VTP Traps Generation  :Disabled
  MD5 digest    :0x65 0x8F 0x99 0xE0 0xFC
  Configuration last modified by 0.0.0.0. at 3-1-93 00:17:55
  Local updater ID is 0.0.0.0(no valid interface found)
```

（4）在 VTP 服务器 SW1 上添加 VLAN 10。

```
Sw1(config)#vlan 10
Sw1(config-vlan)#name Sc
Sw1(config-vlan)#exit
Sw1(config)#vlan 20
Sw1(config-vlan)#name Gc
Sw1(config-vlan)#exit
```

```
Sw1(config)#vlan 30
Sw1(config-vlan)#name wc
Sw1(config-vlan)#exit
```

（5）在 SW2 上查看 VTP 配置

```
Sw2#show vtp status
VTP Version                          :2
configuration Revision               :5
Maximum VLANs supported locally      :128
Number of exiting VLANs              :8
Number of existing Mode              :client
VTP Domain Name                      :mobile
```

（6）查看与测试，Show vlan 和 ping 命令。

📶 习　题

1. 填空题

（1）VLAN 有效地隔离了广播，缩小了广播域，两个 VLAN 之间需要通信时可以借助_____技术。

（2）基于端口的 VLAN 划分，每个交换机端口可属于_____个 VLAN；基于 MAC 地址的划分，每个交换机端口可属于_____个 VLAN。

（3）思科与其他厂商的交换机相连时，Trunk 口的 VLAN 封装协议应该是_____协议。

（4）IEEE 802.1q 除了_____不打标记之外，其他的 VLAN 都打标记。

（5）变换机端口连接计算机时应该工作于_____模式。

（6）VLAN 修剪命令为_____，该命令在_____模式下运行。

（7）一个 VTP 城内可以有_____个 VTP 服务器，有_____个 VTP 客户机。

（8）Trunk 链路可以传输_____个 VLAN 的信息。

（9）VTP 协议有_____、_____、_____三种工作模式。

2. 选择题

（1）IEEE 802.1q 和 ISL，都是为不同的 VLAN 数据打标记，正确的是（　　）。

A. IEEE 802.1q 封装破坏了以太网的数据帧

B. ISL 封装破坏了以太网的数据帧

C. IEE 802.1q 封装不破坏以太网的数据帧

D. IEEE 802.1q 和 ISL 封装都破坏了以太网的数据帧

（2）关于 VLAN 的描述不正确的是（　　）。

A. VLAN 之间的访问需要借助于网络层路由技术

B. 同一 Trunk 链路中的 VLAN 流量通过标记区分

C. VLAN 1 称为是本地 VLAN，默认情况下所有交换机端口属于 VLAN 1

D. 网络上所有交换机之间可以交换 VLAN 信息

（3）下列描述正确的是（　　　）。

A. VTP Server 交换机可以创建和删除 VLAN

B. VTP Client 交换机可以创建和删除 VLAN

C. 交换机可同时作为 VTP 服务器和客户机

D. VTP Server 交换机可以创建 VLAN，VTP Client 交换机可以删除 VLAN

（4）下面创建 VLAN 10 并命名为 test 的命令，正确的是（　　　）。

A. Switch(config-VLAN)#VLAN 10 name test

B. Switch(VLAN)#VILAN 10 name lest

C. Switch# VLAN 10 name test

D. Switch(config)VLAN 10 name test

（5）一个 VLAN 可以看作是一个（　　　）域。

A. 广播　　　　　B. 冲突　　　　　C. 管理　　　　　D. 广播和冲突

（6）通过网络在交换机之间分发和同步 VLAN 信息的协议是（　　　）。

A. 802.1x　　　　B. 802.1q　　　　C. ISL　　　　　D. VTP

（7）对端口进行操作，应该在（　　　）模式下进行。

A. 特权　　　　B.全局配置　　　　C.接口配置　　　　D. VLAN 配置

（8）关于虚拟终端配置，不正确的是（　　　）。

A. 虚拟终端配置需要远程接入认证

B. 虚拟终端配置需要 enable 密码

C. 虚拟终端配置只能配置同一网段内的交换机

D. 虚拟终端可以配置不同网段内的交换机

3. 操作题

用模拟器（Packet Tracer）或真实设备搭建如图 3-12 所示网络拓扑，并给相关设备配置 IP 地址，然后用相关的网络测试命令进行测试。

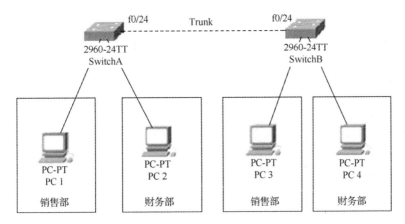

图 3-12　操作题图

基本要求：

①按图 3-12 所示连接工作站和交换机。

②只在交换机 SwitchA 上创建两个 VLAN：VLAN 2 和 VLAN 3。

③将交换机 SwitchA、SwitchB 设置为同一个 VTP 域的成员。

④交换机 SwitchA 设置成为 VTP 服务器，将交换机 SwitchB 设置成为 VTP 客户机。

⑤各交换机上的端口 1～8 分配成 VLAN2 的成员，将交换机上的端口 9～16 分配成 VLAN3 的成员。

⑥工作站 HostA 接入交换机 SwichA 上的端口 1～8 中的某个端口。

⑦工作站 HostY 接入交换机 SwitchB 上的端口 1～8 中的某个端口。

⑧工作站 HostB 接入交换机 SwichA 上的端口 9～16 中的某个端口。

⑨工作站 HostZ 接入交换机 SwitchB 上的端口 9～16 中的某个端口。

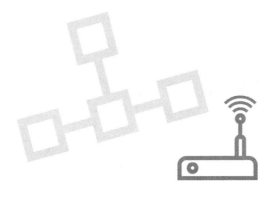

项目 4
网络优化
与安全措施

项目导读

在二层网络中，交换机互连实现局域网的连接互通，如果在这些交换机中有一台交换机出现故障，有时会影响到网络的使用，这种现象称为单点故障，因此在实际的应用中会采用链路冗余来解决这些问题，提供冗余的同时解决环路问题。交换机将终端接入，为了方便用户的操作使用，管理员对交换机配置实现主机自动获取 IP，对交换机端口安全配置实现局域网主机安全。

本模块将详细介绍生成树协议概念、作用、链路聚合的作用及其配置，交换机端口安全及其配置，DHCP 服务原理及其在交换机上的配置。

通过对本项目的学习，应做到：

- 了解：生成树相关概念、类型及作用、端口安全的作用。
- 熟悉：链路聚合模式及其配置。
- 掌握：生成树协议、快速生成树协议、DHCP 服务器配置。

📶 4.1 生成树协议

4.1.1 生成树协议产生的背景

如图 4-1 所示，在二层网络中，交换机起到了很重要的作用，如果有一台交换机出现故障，则会影响网络的使用。为了避免存在单点故障，在实际的二层链路中会采用链路冗余，也就是交换设备之间多条链路连接，即多台交换机之间都有连接，这样即使一台交换机故障了，也可以使用其他交换机，这就是链路冗余。

这种做法虽然很好，但是会产生一个致命的问题，各个交换机设备之间都有链路连接，数据包到达目的主机的路线会增多，从而使数据包在交换机之间不断被转发，形成一个环路，而环路会带来很多的问题。

（1）形成广播风暴：数据包在环路中不断被广播转发而形成广播风暴。

（2）多重复帧复制：交换机在接收到不确定单播帧时，将执行泛洪操作，这意味着，在环路中一个单播帧在传输中被复制为多个复本。

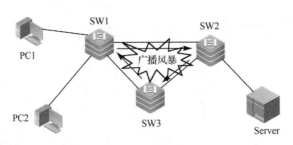

图 4-1　链路冗余

（3）MAC 地址表不稳定：如果交换机在不同的端口收到同一个帧，它的 MAC 数据库将会变得不稳定。

以上三种情况不论是哪一种，都将会使二层网络链路发生崩溃。为防止这些，对冗余链路有两种技术：生成树技术和端口聚合技术。

4.1.2　生成树协议思想及原理

生成树协议是一种二层管理协议，它通过有选择性地阻塞网络冗余链路来达到消除网络二层环路的目的，同时具备链路的备份功能。

生成树协议的主要思想就是当网络中存在备份链路时，只允许主链路激活，如果主链路因故障而被断开后，备用链路才会被打开，如图 4-2 所示。

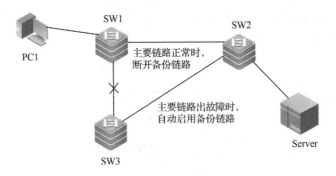

图 4-2　生成树协议思想

生成树协议是在网络有环路时，通过一定的算法将交换机的某些端口进行阻塞，从而使网络形成一个无环路的树状结构。

STP 通过阻塞冗余路径上的一些端口，确保到达任何目标地址只有一条逻辑路径，STP 借用交换 BPDU（Bridge Protocol Data Unit，桥接数据单元）来阻止环路，BPDU 中包含 BID（Bridge ID，网桥 ID），用来识别是哪台计算机发出的 BPDU。在 STP 运行的情况下，虽然逻辑上没有了环路，但是物理线上还是存在环路的，只是物理线路的一些端口被禁用以阻止环路的发生，如果正在使用的链路出现故障，STP 将重新计算，部分被禁用的端口将重新启用来提供冗余。

STP 使用 STA（Spanning Tree Algorithm，生成树算法）来决定交换机上的哪些端口被堵塞以阻止环路的发生，STP 选择一台交换机作为根交换机，称作根桥（Root Bridge），以该交换机作为参考点计算所有路径。

生成树协议运行生成算法，生成树算法很复杂，但是其过程可以归纳为以下 3 个步骤。

（1）选择根网桥（Root Bridge）。

（2）选择根端口（Root Ports）。

（3）选择指定端口（Designated Ports）。

4.1.3　STP 选举流程

下面以一个例子来讲解这几个步骤的选择过程，采用如图 4-3 所示的拓扑结构。

1．选择根网桥

选择交换网络中网桥 ID 最小的交换机作为网桥。选择根网桥的依据是网桥 ID，网桥 ID 是一个 8 字节的字段，其前 2 个字节的十进制数称为网桥优先级，后 6 个字节是网桥的 MAC 地址，如图 4-4 所示。

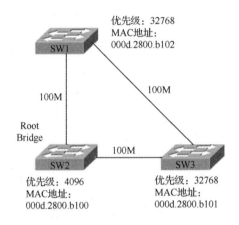

图 4-3　根据网桥 ID 选择跟网桥

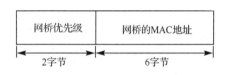

图 4-4　网桥 ID

网桥优先级是用于衡量网桥在生成树算法中优先级的十进制数，取值范围是 0～65 535，默认值是 32 768；MAC 地址是交换机自身的 MAC 地址，可以使用 show version 命令在交换机版本信息中查看交换机自身的 MAC 地址。

按照生成树算法的定义，当比较某个 STP 参数的两个取值时，值小的优先级高，因此，在选择网桥的时候，比较的方法是看哪台交换机的网桥 ID 值最小，优先级小的被选择为根网桥，在优先级相同的情况下 MAC 地址小的为根网桥。

在图 4-3 中，SW2 的优先级为 4096，SW1 与 SW3 的优先级为默认值 32768，因此，SW2 被选为根网桥，具体如图 4-5 所示。

图 4-5　如何计算路径成本

如果 SW2 的优先级也是 32768 时，三台交换机优先级相同，则比较三台交换机的 MAC 地址，SW2 的 MAC 地址最小，所以 SW2 将被选为根网桥。

2．选择根端口

选出根网桥以后，需要在每个非根网桥上选出 1 个根端口。

选择根端口的顺序依次如下：

（1）根网桥最低的根路径成本;

（2）直连的网桥 ID 最小;

（3）端口 ID 最小。

根路径成本是两个网桥间的路径上所有线路成本之和，也就是某个网桥到达根网桥的中间所有线路的路径成本之和。如图 4-5 所示，假设根网桥是 SW1。所以，SW3 的 port1 根路径成本为 19+100=119。

路径成本用来代表一条线路带宽的大小，如表 4-1 所示，一条线路的带宽越大，它传输数据的成本也就越低。

表 4-1　常见带宽与路径成本的关系

链路带宽/Mbit/s	路 径 成 本
10	100
100	19
10 00	4
10 000	2

端口 ID 是一个二字节的 STP 参数，由一个字节的端口优先级和一个字节的端口编号组成，如图 4-6 所示。

端口优先级是一个可配置的 STP 参数，在基于 IOS 的交换机上，端口优先级的十进制取值范围是 0～255，默认值是 128。

图 4-6　端口 ID

端口编号是 Catalyst 用于列举各个端口的数字标识符，在基于 IOS 的交换机上，可以支持 256 个端口，端口编号不是端口号，但是端口号低的端口其端口编号值也较小。

在 STP 选择根端口的时候，首先比较交换机端口的根路径成本，根路径成本低的为根端口，当根路径成本相同时，比较连接的交换机的网桥 ID 值，选择网桥 ID 值小的作为根端口，当网桥 ID 相同时，比较端口 ID 值，选择较小的作为根端口。

注意：在比较端口 ID 值时，比较的是接收到的对端的端口 ID 值。

在图 4-7 所示的拓扑结构中，已经选出了根网桥，那么下一步就需要在 SW1 和 SW3 上各选择一个根端口，在本例中，所有的线路都是 100 Mbit/s 的，那么在 SW1 和 SW3 上直接与 SW2 相连的接口的根路径成本是 19，而 SW1 与 SW3 之间连接的端口，其根路径成本应该是 19+19=38。因此，在 SW1 与 SW3 上，直接连接 SW2 的端口被选为根端口。

3. 选择指定端口

每个网段上只能有一个指定端口（包括自己直连的）。选择完根网桥和根端口后，一个树形结构已初步形成，但是，所有的线路仍连接在一起，并可能都处于活动状态，最后导致形成环路。为了消除环路形成的可能，STP 将进行最后计算，在每一个网段上选择一个指定端口，选择指定端口的依据与根端口相同。根桥上的端口全是指定端口，在每个网段上，选择 1 个指定端口。非根桥上的指定端口，选择依据主要是：

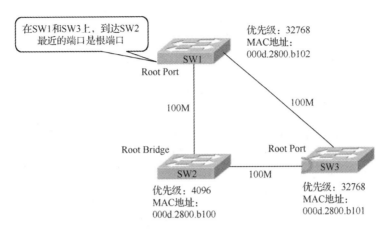

图 4-7　选出根端口

（1）根路径成本较低；

（2）所在的交换机的网桥 ID 的值较小；

（3）端口 ID 的值较小。

在 STP 选择指定端口的时候，首先比较同一网段上端口中根路径成本最低的，也就是将到达根网桥最近的端口作为指定端口；当根路径成本相同的时候，比较这个端口所在的交换机的网桥 ID 值，选择一个网桥 ID 值小的交换机上的端口作为指定端口；当网桥 ID 相同时，也就是说，有几个位于同一交换机上的端口时，比较端口 ID 值，选择较小的作为指定端口；另外，根网桥上的接口都是指定端口，因为根网桥端口的路径成本为 0；和选择根端口不同，在比较端口 ID 值时，比较的是自身的端口 ID 值。如图 4-8 所示的拓扑结构中，作为根网桥的 SW2 上的端口都是指定端口。

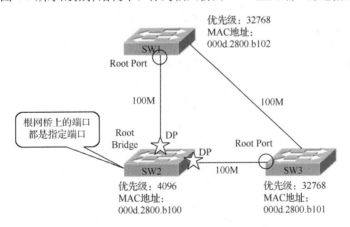

图 4-8　找到根网桥上的指定端口

接下来需要在 SW1 与 SW3 连接的网段上的两个端口之间选出一个指定端口。首先比较两个端口的根路径成本，这两个端口的根路径成本值都是 38，那么只能比较网桥 ID 了，现在 SW1 与 SW3 的网桥优先级相同，而 SW3 的 MAC 地址小于 SW1 的 MAC 地址，因此，SW3 的网桥 ID 小，所以 SW3 上的端口被选为指定端口，具体如图 4-9 所示。

当 STP 的计算过程结束时，如果在 SW1 上连接到 SW3 的端口既不是根端口，也不是指定端口，这个端口将被阻塞，被阻塞的端口不能传输数据，如图 4-10 所示。

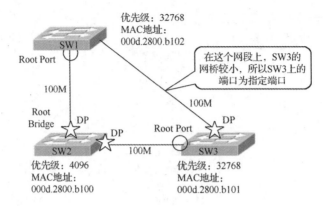

图 4-9 选出指定端口

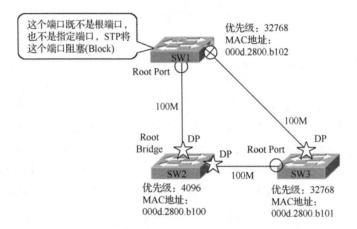

图 4-10 选出阻塞端口

由于 SW1 上连接 SW3 的接口被阻塞，所以如图 4-10 所示的拓扑结构可以等价为如图 4-11 所示的拓扑结构，SW1 与 SW3 之间的链路将成为备份链路，最终形成逻辑结构无环拓扑。

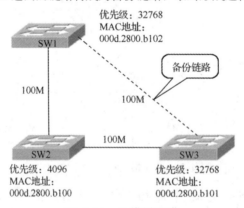

图 4-11 生成树形成

4.1.4 生成树协议端口的状态

生成树经过一段时间（默认值是 50 s 左右）稳定之后，所有端口要么进入转发状态，要么进入阻塞状态。图 4-12 显示了生成树端口状态的转换过程，它指出了网络中的每台交换机在刚加电启动时，每个端口都要经历生成树的四个状态：阻塞、侦听、学习、转发。在能够转发用户的数据包之前，端口最多要等 50 s 时间，其中 20 s 阻塞时间（Max Age）、15 s 侦听延迟时间（Forward Delay）、15 s 学习延迟时间（Forward Delay）。

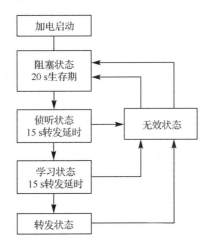

图 4-12　生成树端口状态的转换过程

（1）阻塞状态（Blocking）。刚开始，交换机的所有端口均处于阻塞状态。在阻塞状态，能接收和发送 BPDU，但不学习 MAC 地址，也不转发数据帧。此状态最长时间为 20 s。

（2）侦听状态（Listening）。在侦听状态，能接收和发送 BPDU，但不学习 MAC 地址，也不转发数据帧，交换机可以向其他交换机通告该端口，参与选举根端口或指定端口。根端口和指定端口将转入学习状态；既不是根端口也不是指定端口的称为非指定端口，将退回到阻塞状态，此状态最长持续时间为 15s。

（3）学习状态（Learning）。在学习状态，接收 BPDU，接收数据帧，从中学习 MAC 地址，建立 MAC 地址表，但仍不能转发数据帧。

（4）转发状态（Forwarding）。在转发状态，正常转发数据帧。

（5）无效状态。无效状态不是正常的生成树协议状态，当一个接口处于无外接链路、被管理性关闭时，暂时处于无效状态，并向阻塞状态过渡。

通常，在一个大中型网络中，整个网络拓扑稳定为一个树型结构大约需要 50 s，因而生成树协议的收敛时间过长。

4.1.5　生成树的配置命令

对 Cisco 的系列交换机 Spanning Tree 的默认配置如下：

（1）生成树协议为 PVST；

（2）STP 是开启的；

（3）STP Priority 是 32768；

（4）STP port Priority 是 128；

（5）STP port cost 根据端口速率自动判断；

（6）Hello Time 2 s；

（7）Forward-delay Time 15s;

（8）Max-age Time 20s。

可通过 spanning-tree reset 命令让 spanning tree 参数恢复到默认配置。

（1）启动生成树协议。

```
Switch(config)# Spanning-tree
```

（2）关闭生成树协议。

```
Switch(config)# no Spanning-tree
```

（3）配置生成树协议的类型。

```
Switch(config)#Spanning-tree mode stp/rstp/mstp
```

STP 标准生成树，RSTP 快速生成树，MSTP 多生成树协议，Cisco 交换机默认开启 PVST（每个 VLAN 生成树）协议，锐捷系列交换机默认使用 MSTP 协议。

（4）配置交换机优先级。

```
Switch(config)#  Spanning-tree priority <0-61440>
```

必须是 4096 的倍数，共 16 个，默认为 32768。

（5）优先级恢复到默认值。

```
Switch(config)# no spanning-tree priority
```

（6）配置交换机端口的优先级。

```
Switch(config)# interface interface-type interface-number
Switch(config-if)# spanning-tree port-priority number
```

（7）恢复参数到默认配置。

```
Switch(config)# spanning-tree reset
```

（8）显示生成树状态。

```
Switch# show spanning-tree
```

（9）显示端口生成树协议的状态。

```
Switch# show spanning-tree interface fastethernet <0-2/1-24>
```

📶 4.2 快速生成树协议

生成树协议 IEEE 802.1d 作为一种纯二层协议，通过在交换网络中建立一个最佳的树型拓扑结构，在冗余的基础上避免了环路。由于它收敛慢，且浪费了冗余链路的带宽，使其在实际应用中并不多见。作为 STP 的升级版本，IEEE 802.1w RSTP（Rapid Spanning Tree Protocol）的快速生成树协议解决了收敛慢的问题，使得收敛速度最快在 1 s 以内，但是仍然不能有效利用冗余链路实现负载均衡（总是要阻塞一条冗余链路）。

IEEE 802.1w RSTP 除了拥有从 IEEE 802.1d 沿袭下来的根端口、指定端口外，还定义了两种新的端口：备份端口和替代端口。

备份端口是指定端口（Designated Port）的备份口，当一个交换机有两个端口都连接在一个 LAN 上时，那么高优先级的端口为指定端口，低优先级的端口为备份端口（Backup Port）。

替代端口是根端口的替换口，一旦根端口失效，该口就立刻变为根端口。它提供了替代当前根端口所提供的路径以及到根网桥的路径。

这些 RSTP 中的新端口实现了在根端口故障时，替代端口到转发端口的快速转换。

与 IEEE 802.1d STP 不同的是，IEEE 802.1 RSTP 只定义了 3 种状态：放弃、学习和转发。实际上，直接连接 PC 的交换机端口，不需要阻塞和侦听状态，反而因为交换机的阻塞和侦听时间，使 PC 不能正常工作，如自动获取 IP 地址的 DHCP 客户机，一旦启动，就要发出 DHCP 请求，而此请求可能会在交换机 50 s 的延时时间内超时；同时微软的客户机在向域服务器请求登录时也会因为交换机 50 s 的延时时间而宣告登录失败。直接与终端相连的交换机端口称为边缘端口，可以将其设置为快速端口，快速端口当交换机加电启动或有一台终端 PC 接入时，会直接进入转发状态，不必经历阻塞、侦听状态。根或指定端口在拓扑结构中发挥着积极作用，而替代或备份端口不参与主动拓扑结构。因此在收敛的稳定网络中，根和指定端口处于转发状态，替代和备份端口则处于放弃状态。

综上所述，快速生成树协议对生成树协议主要做了以下几点改进。

（1）更加优化的 BPDU 结构。

（2）在接入层交换机（非根交换机）中，为根端口和指定端口设置了快速切换用的替换端口（Alternate Port）和备份端口两种端口角色，当根端口、指定端口失效时，替换端口、备份端口就会无时延地进入转发状态。

（3）自动监测链路状态，对应点到点链路为全双工，共享式为半双工。

（4）在只连接了两个交换端口的点到点链路中（全双工），指定端口只需与下游网桥进行一次握手就可以无时延地进入转发状态。

（5）直接与终端相连而不是与其他网桥相连的端口为边缘端口（Edge Port），边缘端口可以直接进入转发状态，不需要任何延时。边缘端口必须是 access 端口，在交换机的生成树配置中，必须人工设置。

RSTP 的工作过程：当交换机从邻居交换机收到一个劣等 BPDU 时（宣称自己是根交换机的 BPDU），意味着原有链路发生了故障。则此交换机通过其他可用链路向根交换机发送根链路查询 BPDU，此时如果根交换机还可达，根交换机就会向网络中的交换机宣告自己的存在。使首先接收到劣等 BPDU 的端口很快就转变为转发状态，之间省略了阻塞时间。

RSTP 和 STP 都属于单生成树（Single Spanning Tree，SST）协议，同样有一些局限性。

（1）整个交换网络只有一棵生成树，当网络规模较大时，收敛时间较长，拓扑改变的影响面也较大。

（2）在网络结构不对称的情况下，单生成树就会影响网络的连通性。

（3）当链路被阻塞后将不承载任何流量，造成了冗余链路带宽的浪费，对环状城域网更为明显。

📶 4.3　端口聚合

端口聚合又称以太通道（Ethernet Channel），主要用于交换机之间连接。由于两个交换机之间有多条冗余链路时，STP 会将其中的几条链路关闭，只保留一条，这样可以避免二层的环路产生。但是，失去了路径冗余的优点，因为 STP 的链路切换会很慢，在 50 s 左右。使用以太通道的话，交换机会把一组物理端口联合起来，作为一个逻辑通道，也就是常说的通道组（Channel Group），这样交换机会认为这个逻辑通道为一个端口。

通过端口聚合，可大大提高端口间链路的通信速度，比如，当用 2 个 100 Mb/s 的端口进行聚合时，所形成的逻辑端口的通信速度为 200 Mbit/s；若用 4 个，则为 400 Mb/s。当以太通道内的某条链路出现故障时，该链路的流量将会自动转移到其余链路上，自动提供冗余和负载均衡。

4.3.1　端口聚合的介绍

端口聚合可采用手工方式进行配置，也可使用动态协议来聚合。PAgP（Port Aggregation Protocol，端口聚集协议）是 Cisco 专有的端口聚合协议，LACP（Link Aggregation Control Protocol，链路聚合控制协议）则是一种标准的协议。

使用端口聚合后，通过使用一种散列算法可以使数据帧分布到一条以太通道的各个端口上。该算法使用源 IP 地址、目的 IP 地址、源和目的 IP 地址、源和目的 MAC 地址、TCP/IP 端口号等方式在被聚合的端口上分布流量从而实现端口的负载均衡。参与聚合的端口必须具备相同的属性，如相同的速度、单双工模式、Trunk 模式、Trunk 封装方式和 VLAN 等。

要实现端口聚合，需要在端口配置模式下使用命令：

```
channel-group number mode [ active |auto |desirable |on |passive ]
```

参数说明如表 4-2 所示。

表 4-2　端口聚合参数说明

on（手动）	不协商，直接开启端口聚合
auto（PAgP）/passive（LACP）（自动）	被动协商，不发送，只接收协商消息
desirable（PAgP）/passive（LACP）（自动）	主动协商，会发送，也会接收协商消息

两端设备对应端口聚合应该使用同样的协议，否则至少有一端的聚合将不会成功。

对于 Cisco Catalyst 22900 或 3500x 交换机，不支持 PAgP，此时要建立端口聚合，应该使用 on 方式，不进行协商。设置时，需要在链路两端的交换机均进行相应配置。

4.3.2　端口聚合配置实例

在如图 4-13 所示的网络中，两核心交换机之间的链路采用两个端口的以太通道，把交换机的 F0/1 以及 F0/2 进行端口聚合。

图 4-13　端口聚合应用举例

1. 配置步骤

```
Sw1(config)#interface range F0/1-2
Sw1(config-if)#channel-group 10 mode on
//可理解为把F0/1-2加入10号逻辑端口组(通道口)
```

设置端口负载算法为可选配置。设置端口负载均衡算法配置命令为

```
Switch#Port-channel load-balance mothod
```

其中，method 的可选值及含义如下：

src-mac：源 MAC 地址。

dst-mac：目的 MAC 地址。

src-dst-mac：源和目的 MAC 地址。

src-ip：源 IP 地址。

dst-ip：目的 IP 地址。

src-dst-ip：源和目的 IP 地址。

src-port：源端口号。

dst-port：目的端口号。

src-dst-port：源和目的端口号。

2．查看配置

```
SW1#show etherchannel summary
```

📶 4.4　交换机端口安全

端口安全，是指通过限制允许访问交换机上某个端口的 MAC 地址及其 IP 地址（可选）来实现对该端口输入的严格控制。当为安全端口（打开了端口安全功能的端口）配置了安全地址后，除了源地址为这些安全地址之外，该端口将不转发其他任何报文。同时，可以将 MAC 地址和 IP 地址绑定起来作为安全地址，也可以通过限制端口上能包含的最大安全地址个数，如最大个数为 1，是连接这个端口的工作站（其地址为配置的安全地址）独享该端口的全部带宽。

4.4.1　端口安全概述

1．交换机端口安全的基本功能

（1）限制交换机端口的最大连接数。

（2）端口的安全地址绑定，如在端口上同时绑定 IP 和 MAC 地址，也可以防 ARP 欺骗；在端口上绑定 MAC 地址，并限定安全地址数为 1，可以防恶意 DHCP 请求。

2．安全违例的处理方式

（1）如果违反了端口安全，有三种处理模式：

①protect：当安全地址个数满后，安全端口将丢弃未知名地址（不是该端口的安全地址中的任何一个）的包，这也是默认配置。

②restrict：当违反端口安全时，将发送一个 Trap 通知。

③shutdown：当违反端口安全时，将关闭端口并发送一个 Trap 通知。

（2）配置端口安全时有如下一些限制：

①一个安全端口不能是一个 aggregate port。

②一个安全端口不能是 SPAN 的目的端口。

③一个安全端口只能是一个 access port。

端口安全和 IEEE 802.1x 认证端口是互不兼容的，不能同时启用。

（3）安全端口是有优先级的，从高到低的顺序是：

①单 MAC 地址；

②单 IP 地址/MAC 地址+IP 地址（谁后设置谁生效）。

单个端口上的最大安全地址个数为 128 个。在同一个端口上不能同时应用绑定 IP 的安全地址和安全 ACL（访问控制列表），两种功能是互斥的。

4.4.2 端口安全的配置

1. 启动端口安全功能

```
Switch(config-if)#switchport port-security   //打开该端口的端口安全功能
```

（1）端口安全最大连接数配置：

```
Switch(config-if)#switchport port-security maximum value
//设置接口上安全地址的最大个数，范围是 1~128，默认值为 128
```

（2）端口地址绑定：

```
Switch(config-if)#switchport port-security mac-address mac-address ip-address
ip-ad-dress                    //手工配置接口上的安全地址、MAC 地址及 IP 地址
```

（3）设置处理违例的方式：

```
Switch(config-if)#switchport port-security violation {protect|restrict|shutdown}
                    //设置处理违例的方式
```

当端口因为违例而被关闭后，在全局配置模式下使用命令 err disable recovery 将接口从错误状态中恢复过来。

2. 在 Cisco 系列交换机上配置端口安全

（1）在 fastethernet 0/1 口上，配置最大安全地址的个数为 1，违例的处理模式是 pro-tect。

（2）在 fastethernet 0/2 口上，绑定 MAC 地址为 00d0.f801.a2b3 的主机，违例的处理模式为 restrict。

（3）在 fastethernet 0/3 口上，绑定 IP 地址为 192.168.100.23 的主机，违例的处理模式为 protect。

（4）在 fastethernet 0/4 口上，绑定 MAC 地址为 00d0.f8b0.1234、IP 地址为 192.168.0.10 的主机，违例的处理模式为 shutdown。

```
Switch#configure terminal
Switch(config)#interface fastEthernet 0/1
Switch(config -if)#switchport mode access
Switch(config -if)#switchport port-security
Switch(config -if)#switchport port-security maximum 1
Switch(config -if)#switchport port-security violation protect
Switch(config -if)#exit
Switch(config)#interface fastEthernet 0/2
Switch(config -if)#switchport mode access
Switch(config -if)#switchport port-security
Switch(config -if)#switchport port-security mac-address 00d0.f801.a2b3
Switch(config -if)#switchport port-security violation restrict
Switch(config -if)#exit
Switch(config)#interface fastEthernet 0/3
Switch(config-if)#switchport mode access
```

```
Switch(config -if)#switchport port-security
Switch(config -if)#switchport port-security ip-address 192.168.100.23
Switch(config -if)#switchport port-security violation protest
Switch(config -if)#exit
Switch(config)#interface fastEthernet 0/4
Switch(config -if)#switchport mode access
Switch(config -if)#switchport port-security
Switch(config -if)#switchport port-security mac-address 00d0.f80b.1234
ip-address 192.168.0.10
Switch(config -if)#switchport port-security violation shutdown
Switch(config -if)#^Z
Switch #show port-secuRity
Secure Port MaxSecureAddr(count)CurrentAddr(count)Security Action
-------------------------------------------------------------------
Fa0/1 1   0 Protect
Fa0/2 128 1 Restrict
Fa0/3 128 1 Protect
Fa0/4 128 1 Shutdown
Switch # show port-security address
VLAN Mac Address IP Address Type Port Remaining Age(mins)
-------------------------------------------------------------------
1-192.168.100.23 Configured Fa0/3-
1 00d0.f801.a2b3 Configured Fa0/2-
1 00d0.f80b.1234.192.168.0.10 Configured Fa0/4-
```

📶 4.5　DHCP 和 DHCP 中继

4.5.1　DHCP

DHCP（Dynamic Host Configuration Protocol，动态主机配置协议）使用 UDP 协议进行数据包传递，使用的端口是 67 以及 68。

DHCP 是最常见的应用之一，它能自动给终端设备分配 IP 地址、子网掩码、默认网关和 DNS 服务器的地址，更有些厂家，利用自己开发的第三方软件，把自己的一些配置信息，利用 DHC 协议来实现对终端设备的自动配置。

DHCP 服务的系统最基本的框架是客户/服务器（Client/Server）模式，并且如果 Client 和 Server 不在同一个二层网络内（即广播可以到达的网络范围），则必须要有能够通过广播报文的中继设备，或者能把广播报文转化成单播报文的设备（Cisco 的 IOS 就能引进了这种功能）。

在局域网中使用 DHCP 的理由：

①减小管理员的工作量。

②减小输入错误的可能。

③避免 IP 冲突。

④当网络更改 IP 地址段时，不需要重新配置每台计算机的 IP。

⑤计算机移动不必重新配置 IP。

⑥提高了 IP 地址的利用率。

Cisco 的部分高档交换机，可以配置为 DHCP 的中继设备，DHCP 的客户端设备，也可以配置为 DHCP 的服务器。同一个网段 DHCP 服务器可以有多个，这不会影响终端设备从服务器获取配置信息，终端设备以接收到的第一组配置信息为准，以后服务器端返回的 DHCP 配置信息将被抛弃。

DHCP 服务器往往遵守先来先服务的规则（First-come，First-served），或者说它能够建立一个 IP 地址和终端设备 MAC 地址之间的映射表（或者称为 Database），由此保证特定的终端（也就是特定的 MAC）在每次开机后都能够获得相同的 IP 地址。

下面以一个实例来讲解如何实现 DHCP 配置，拓扑图如图 4-14 所示，如何在设备上开启 DHCP 服务，让不同的 VLAN 下计算机获得相应的 IP 地址。

网络环境: 一台 3560 交换机，划分 2 个 VLAN，VLAN 10 和 VLAN 20。

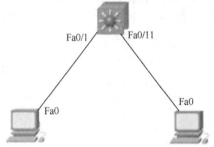

图 4-14　交换机 DHCP 实例

打开交换机属性界面，在命令行中输入代码:

(1) 创建并命名 VLAN。

```
Switch#VLAN database
Switch#(VLAN)#VLAN 10 name VLAN10
Switch#(VLAN)#VLAN 20 name VLAN20
Switch#(VLAN)#exit
```

(2) 设置 VLAN 的默认地址池和网关 DNS。

```
Switch(config)#ip dhcp pool VLAN10//设置相应的 VLAN
Switch(dhcp-config)#default-router 192.168.1.254
//设置该地址池的默认网关
Switch(dhcp-config)#network 192.168.1.0 255.255.255.0
//设置分配的地址池
Switch(dhcp-config)#dns-server 202.1.1.1
//设置该地址池的默认 DNS 地址
Switch(dhcp-config)#ip dhcp pool VLAN20
Switch(dhcp-config)#default-router 192.168.2.254
Switch(dhcp-config)#network 192.168.2.0 255.255.255.0
Switch(dhcp-config)#dns-server 202.1.1.2
Switch(dhcp-config)#exit
```

(3) 将交换机端口加入对应 VLAN。

```
Switch(config)#interface range f0/1
Switch(config-if-range)#switchport access VLAN 10
Switch(config-if-range)#interface range f0/11
Switch(config-if-range)#switchport access VLAN 20
```

(4) 打开 VLAN 并配置地址。

```
Switch(config)#int VLAN 10
Switch(config-if)#ip add 192.168.1.1 255.255.255.0
Switch(config-if)#no sh
Switch(config-if)#exit
```

```
Switch(config)#int VLAN 20
Switch(config-if)#ip add 192.168.2.1 255.255.255.0
Switch(config-if)#no sh
```

配置完成，打开主机，让其主动获取 IP，单机【IP 地址配置】中的"自动获取"按钮，即可完成。如果 DHCP 客户机分配不到 IP 地址，常见的原因有两个：一是没有把连接客户机的端口设置为 Portfast 方式。MS 客户机开机后检查网卡连接正常，Link 是 UP 的，就开始发送 DHCPDISCOVER 请求，而此时交换机端口正在经历生成树计算，一般需要 30～50 s 才能进入转发状态。MS 客户机没有收到 DHCPSERVER 的响应就会给网卡设置一个 169.169.X.X 的 IP 地址。解决的方法是把交换机端口设置为 Portfast 方式：

```
Switch(config)#int f0/1
Switch(config-if-range)#spanning-tree portfast
```

4.5.2 DHCP 中继

当 DHCP 服务器和 DHCP 工作站不在同一个 VLAN，这时候通常通过设置 ip helper-address 来解决即 DHCP 中继来实现。

例如：某企业下属两个子公司，IP 地址在不同的网段上，为了简化 IP 管理工作，减轻网管的工作负担，拟使用动态 IP 地址分配。假设你是公司的网络管理员，请对路由器作相关配置，以实现这一要求，如图 4-15 所示。

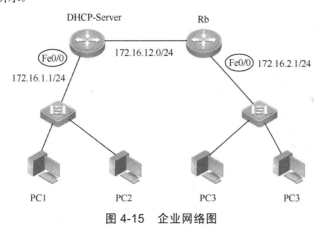

图 4-15 企业网络图

1. 路由器 1 配置

```
Router(config)#hostname Dhcp_Server
Dhcp_Server(config)#interface fastethernet0/0
Dhcp_Server(config-if)#ip address 172.16.1.1 255.255.255.0
Dhcp_Server(config-if)#no shutdown
Dhcp_Server(config)#interface s2/0
Dhcp_Server(config-if)#ip address 172.16.12.1 255.255.255.0
Dhcp_Server(config-if)#clock rate 64000
Dhcp_Server(config-if)#no shutdown
Dhcp_Server(config)#router rip
Dhcp_Server(config-router)#network 172.16.0.0
Dhcp_Server(config)#service dhcp
Dhcp_Server(config)#ip dhcp pool Pool_1
```

```
Dhcp_Server(dhcp-config)#network 172.16.1.0 255.255.255.0
Dhcp_Server(dhcp-config)#default-router 172.16.1.1
Dhcp_Server(dhcp-config)#domain-name dhcp_1
Dhcp_Server(dhcp-config)#netbios-name-server 172.16.1.2
Dhcp_Server(dhcp-config)#dns-server 172.16.1.3
Dhcp_Server(dhcp-config)#lease infinite
Dhcp_Server(config)#ip dhcp excluded-address 172.16.1.1 172.16.1.5
Dhcp_Server(config)#ip dhcp pool Pool_2
Dhcp_Server(dhcp-config)#network 172.16.2.0 255.255.255.0
Dhcp_Server(dhcp-config)#default-router 172.16.2.1
Dhcp_Server(dhcp-config)#domain-name dhcp_2
Dhcp_Server(dhcp-config)#netbios-name-server 172.16.1.2
Dhcp_Server(dhcp-config)#dns-server 172.16.1.3
Dhcp_Server(dhcp-config)#lease infinite
Dhcp_Server(config)#ip dhcp excluded-address 172.16.2.1
```

2. 路由器2配置

```
Router(config)#hostname Rb
Rb(config)#interface fastethernet0/0
Rb(config-if)#ip address 172.16.1.1 255.255.255.0
Rb(config-if)#no shutdown
Rb(config)#interface s2/0
Rb(config-if)#ip address 172.16.12.2 255.255.255.0
Rb(config-if)#clock rate 64000
Rb(config-if)#no shutdown
Rb(config)#router rip
Rb(config-router)#network 172.16.0.0
Rb(config)#service dhcp
Rb(config)#interface fastethernet0/0
Rb(config-if)#ip help-address 172.16.12.1  //配置DHCP中继，用于指明DHCP服务器
地址
```

4.6 任务实战

4.6.1 生成树STP配置

假设你是某公司新入职的一名网络管理员，正好遇上公司进行网络规划，现要求对网络进行网络换路的处理。请问如何解决？

1. 任务拓扑

任务拓扑如图4-16所示。

2. 任务目的

（1）掌握STP（Spanning Tree Protocol）的基本原理。

（2）掌握STP的根桥选择原理。

（3）掌握STP的配置。

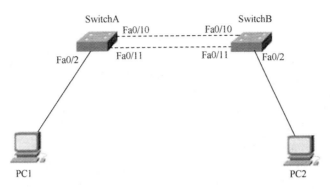

图 4-16　生成树 STP 配置

3．任务实施

（1）准备工作。

①准备好网络，主机 ping 通各自的 VLAN 的地址和网关地址。

②分别在 SwitchA 和 SwitchB 上用 show spanning-tree 命令检查谁是根桥及端口的情况。

③把 MAC 地址大的那台交换机的优先级改为 4096，命令如下：

```
switch(config)#spanning-tree VLAN 1 priority 4096
```

④分别在 SwitchA 和 SwitchB 上用 show spanning-tree 命令观察谁是根桥及端口情况。

⑤把刚才优先级改为 4096 的那台交换机的优先级改为 32768。

⑥把 SwitchA 的 f0/2 端口拔掉，分别在 SwitchA 和 SwitchB 上用 show spanning-tree 命令观察谁是根桥及端口情况。

（2）STP 配置。

①在 SwitchA 上使用 show spanning-tree。

```
Switch A#show spanning-tree
VLAN0001
Spanning tree enabled protocol ieee
        Root ID    Priority    32769
        Address    0004.9A40.8A38
        This BRidge is the root
        Hello Time   2 sec   Max Age 20 sec   Forward Delay 15 sec
        Bridge ID Priority    32769    (Priority 32768 sys-id-ext 1)
        Address    0004.9A40.8A38
        Hello Time   2 sec   Max Age 20 sec   Forward Delay 15 sec
        Aging Time   20
Interface    Role Sts Cost      Prio Nbr Type
Fa0/2        Desg FWD 19        128.2      P2P
Fa0/10       Desg FWD 19        128.10     P2p
Fa0/11       Desg FWD 19        128.11     P2p
```

②在 SwitchB 上修改优先级为 4096，使用 show spanning-tree。

```
SwitchA#show spanning-tree
VLAN0001
Spanning tree enabled protocol ieee
        Root ID    Priority    4097
        Address    0004.9AED.6CB8
```

```
        Cost      19
        Port      10(Fastethernet0/10)
        Hello Time   2sec     Max Age 20 sec    Forward Delay 15 sec
        BRidge ID  PRioRity    32769   (Priority 32768 sys-id-ext 1)
        Address    0004.9A40.8A38
        Hello Time   2 sec   Max Age 20 sec    Forward Delay 15 sec
        Aging Time   20
Interface  Role Sts Cost   Prio Nbr  Type
Fa0/2      Desg FWD 19      128.2     P2p
Fa0/10     Root FWD 19      128.10    P2p
Fa0/11     Altn BLK 19      128.11    P2p
```

（3）得出结论：SwitchB 是根网桥。

4.6.2 交换机的 PVST 配置

假设你是某公司的一名网络管理员，应该对公司网络进行合理规划，现要求对虚拟局域网络实现 VLAN 负载平衡处理。请问如何解决？

在图 4-17 中，SW1 和 SW2 模拟核心层交换机，SW3 为接入层交换机。SW1 和 SW2 实际上是三层交换机，但在本实验中并不使用三层交换功能。交换机默认使用 PVST。我们要在网络中配置两个 VLAN，不同 VLAN 的 STP 具有不同的根桥，从而实现负载平衡。

1．任务拓扑

任务拓扑如图 4-17 所示。

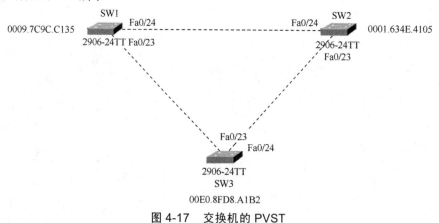

图 4-17　交换机的 PVST

2．任务目的

（1）理解 STP 的工作原理。

（2）利用 PVST 进行负载平衡。

3．任务实施

（1）设备初始化配置，把 SW1，SW2 和 SW3 的 f0/23-24 口全部配置成 Trunk 模式，用于传输 VLAN 信息。

（2）配置 VTP，SW2 为 Server，SW1 和 SW3 配置为 Client。在 SW2 上配置域名 tt，并创建 VLAN 10 和 VLAN 20。

```
Sw2(config)#vtp domain tt
Sw2(config)#vtp mode server
Sw2(config)#VLAN 10
Sw2(config)#VLAN 20
```

在 SW1 和 SW3 上分别配置为 VTP Client 模式。（配置省略）

（3）查看 STP 的状态信息。

```
Sw1#show spanning-tree VLAN 10
Root ID      PRioRity   32778
Address   0001.634E.4105
This BRidge is the root
Hello Time  2 sec  Max Age 20 sec  Forward Delay 15 sec
BRidge ID    priority   32778   (priority 32768 sys-id-ext 10)
Address    0009.7C9C.C135
Hello Time  2 sec  Max Age 20 sec Forward Delay 15 sec
Aging Time 300
Sw1# show spanning-tree VLAN 20
Root ID       priority    32788
Address   0001.634E.4105
This BRidge is the root
Hello Time 2 sec Max Age 20 sec Forward Delay 15 sec
BRidge ID    priority   32788   (priority 32768 sys-id-ext 20)
Address   0009. 7C9C. C135
Hello Time 2 sec Max Age 20 sec Forward Delay 15 sec
Aging Time 300
```

结果显示：VLAN 10 和 VLAN 20 都以 SW2 为根桥。

（4）配置 SW1 为 VLAN 10 的根桥，SW2 为 VLAN 20 的根桥。

```
Sw1(config)#spanning-tree VLAN 10 root primary
```

（5）查看效果。

```
Sw3#show spanning-tree VLAN 10
……
Sw3#show spanning-tree VLAN 20
……
```

结果显示：VLAN 10 以 SW1 为根桥，VLAN 20 以 SW2 为根桥。

4.6.3　公司以太网通道提高带宽部署

某公司为了加强公司网络可靠性及实现负载均衡，交换机间部署以太网通道技术，以增大核心层的交换容量和转发速率，提高链路可靠性，管理员在两台交换机（SW1 和 SW2）之间采用了两根网线进行互连，并将相应的端口进行了聚合。为了提高两台核心交换机之间的链路带宽和可靠性，假设你是公司网络管理员，如何进行配置？

1．任务拓扑

任务拓扑如图 4-18 所示。

2．任务目的

（1）理解端口聚合的工作原理。

（2）掌握端口聚合的配置。

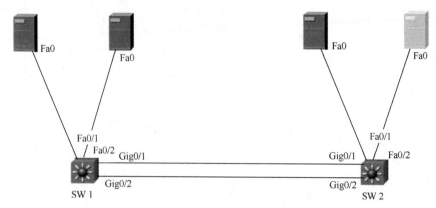

图 4-18   公司以太网通道部署

3. 任务实施

（1）SW1 配置。

```
Sw1(config)#ip routing
Sw1(config)#interface range GigabitEthernet 0/1-2
Sw1(config-if-range)#no switchport              //指定接口为 3 层接口
Sw1(config-if-range)channel-group 2 mode on
Sw1(config-if-range)#exit
Sw1(config)#interface port-channel 2            //把接口加入通道组 2 当中
Sw1(config-if)#ip address 10.1.1.1255.255.255.0 //通道组 2 配置 IP 地址
Sw1(config-if)#exit
```

（2）SW2 配置。

```
Sw2(config)#ip routing
Sw2(config)# interface range GigabitEthernet 0/1-2
Sw2(config-if-range)#no switchport
Sw2(config-if-range)#channel-group 2 mode on
Sw2(config-if-range)#exit
Sw2(config)#interface port-channel2//把接口加入通道组 2 当中
Sw2(config-if)#ip address 10.1.1.2 255.255.255.0
SW2(config-if)#exit
```

4.6.4   公司交换机端口安全配置

假设你是某公司的一名网络管理员，应该对公司网络进行合理规划，现要求对虚拟局域网络中的交换机端口进行安全处理。请问如何解决？

1. 任务拓扑

任务拓扑如图 4-19 所示。该配置主要是限制交换机 S1 的 fastEthernet0/1 接口，从而只允许 R1 接入。

2. 任务目的

（1）管理交换机的 MAC 表。

（2）配置交换机的端口安全功能。

3. 任务实施

（1）路由器 R1、R2，交换机 S1 基本配置。

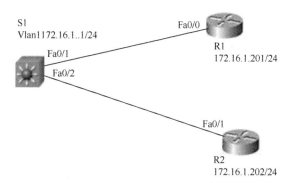

图 4-19 交换机的端口安全配置

```
R1(config)#interface fastEthernet0/0
R1(config-if)#no shutdown
R1(config-if)#ip address 172.16.1.201 255.255.255.0
R2(config)#interface fastEthernet0/0
R2(config-if)#no shutdown
R2(config-if)#ip address 172.16.1.202 255.255.255.0
S1(config)#interface VLAN1
S1(config-if)#ip address 172.16.1.1 255.255.255.0
R1#show interfaces fastEtheret0/0
FastEthernet0/0 is up, line protocol is up
Hardware is MV96340 Ethernet, address is 0023.3364.4fc8(bia 0023.3364.46%)
//这里可以看到 R1 的 fastEthernet0/0 接口的 MAC 地址, 记下它
Internet address is 172.16.1.201/24
MTU 1500bytes, BW100000 Kbit/set, DLY 100 usec,
(此处省略部分输出)
R2#show interfaces fastEthernet0/0
FastEthernet0/0 is up, line protocol is up
Hardware is MV96340 Ethernet, address is 0023.3364.2238(bia 0023.3364.2238)
//这里可以看到 R2 的 fastEthernet0/0 接口的 MAC 地址, 记下它
```

（2）查看交换机上的 MAC 地址表。

```
S1#show mac-address-table
Mac Address Table
VLAN Mac Address Type Ports
(此处省略部分输出)
1  0023.3364.4fc8   DYNAMIC   Fa0/1        //R1 路由器的 MAC 地址
1  O018.8b52.5651   DYNAMIC   Fa0/10
1  0023.04e5.b220   DYNAMIC   Fa0/3
1  0023.04e5.b221   DYNAMIC   Fa0/23
1  0023.3364.2238   DYNAMIC   Fa0/2        //路由器的 MAC 地址
1  0023.5ec9.0b18   DYNAMIC   Fa0/4
```

以上显示交换机上的 MAC 地址表。

VLAN 列：计算机所有的 VAN；

Mac Address 列：计算机的 MAC 地址；

Type 列：DYNAMIC 表示 MAC 记录是交换机动态学习到，STATIC 表示 MAC 记录是静态配置或系统保留的；

Ports 列：计算机所连接的交换机接口。

```
S1#show mac-address-table-time
Global  Aging  Time:  300
VLAN    Aging  Time
----    --------------
//以上查看 MAC 地址表的超时时间，默认为 300s
S1(config)#mac-address-table aging-time 120 VLAN 1
//改变 VLAN1 上的 MAC 地址表的超时时间为 120s
S1(config)#mac-address-table  static  0023.3364.2238  VLAN  1  interface
fastEthernet0/2
//以上把 R2 路由器的 MAC 地址静态添加到 MAC 表中
S1#show mac-address-table
        Mac Address Table
VLAN    Mac Address    Type      Ports
----    -----------    ----      ------
(此处省略部分输出)
1       0012.0012.0012  DYNAMIC   Fa0/1
1       0018.8b52.5651  DYNAMIC   Fa0/10
1       0023.04e5.b220  DYNAMIC   Fa0/3
1       0023.04e5.b221  DYNAMIC   Fa0/23
1       0023.3364.2238  STATIC    Fa0/2//这是静态记录
...............................
//静态配置了 MAC 地址表，该记录对的类型为 STATIC，永不从 MAC 表中超时（接口关闭了，该记录
还是会删除的）。对于服务器等位置较为稳定的计算机，为了安全起见，建议配置静态 MAC 地址表
S1(config)# no mac-address-table static 0023.3364.2238 VLAN 1 interface
fastEthernet0/2   //删除静态配置的 MAC 地址表
```

（3）配置交换机端口安全（静态安全 MAC 地址）。

```
S1(config)#interface fastEthernet0/1
S1(config-if)#shutdown
S1(config-if)#switch mode access
//把端口改为访问模式，即用来接入计算机。
S1(config-if)#switch port-security    //打开交换机的端口安全功能
S1(config-if)#switch port-security maximum 1
//只允许该端口下的 MAC 条目最大数量为 1，即只允许一个设备接入。实际上这是默认值
S1(config-if)#switch port-security violation shutdown
//配置攻击发生时端口要采取的动作：关闭接口。实际上这是默认值
S1(config-if)#switchport port-security mac-address 0023.3346.4fc8
//允许 R1 路由器从 fastEthernet0/1 接口接入
S1(config-if)#no shutdown
S1#show mac-address-table
        Mac Address Table
VLAN    Mac Address    Type   Ports
----    -------------  -----  --------
(此处省略部分输出)
1       0023.04e5.b220  DYNAMIC   Fa0/3
1       0023.04e5.b221  DYNAMIC   Fa0/23
1       0023.3364.2238  DYNAMIC   Fa0/2
1       0023.3364.4fc8  STATIC    Fa0/1      //R1 路由器的 MAC 地址
...............................
```

```
Total Mac Addresses for this cR1teR1on:31
//R1 的 MAC 已经被登记在 fastEthernet0/1 接口，并且表明是静态加入的
```

这时从 R1 ping 交换机的管理地址，可以 ping 通，如下：

```
R1#ping 172.16.1.1
Type escape sequence to abort.
Sending 5, 100-byte ICMP Echos to 172.16.1.1, timeout is 2 seconds:
!!!!!
Success rate is 100 percent(5/5), round-tRIP min/avg/max = 1/1/4 ms
```

（4）模拟非法接入。

将 R1 接口的 MAC 地址改成另一 MAC 地址，这样就可以模拟从交换机的 fastEthernet0/1 接口接入另一计算机了，如下：

```
R1(config)#interface fastEthernet0/0
R1(config-if)#shutdown
R1(config-if)#mac-address 12.12.12
R1(config-if)#no shutdown
```

几秒后，则在 S1 上出现：

```
 *Mar  1 00: 12: 20.336: %PM-4-ERR_ DISABLE: psecure-violation error detected
on Fa0/1, putting Fa0/1 in err-disable state
 *Mar  1 00: 12: 20.336: %PORT_ SECURITY-2-PSECURE_ VIOLATION:SecuRity
violation  occurred  ,  caused  by  MAC  address  0012.0012.0012  on  port
FastEthernet0/1.
 *Mar   100:12:21.343:%  LINEPROTO-5-UPDOWN:Line  protocol  on  Interface
FastEthernet0/1 , changed state to down
 *Mar   100:12:22.341:% LINK-3-UPDOWN: Interface FastEthernet0/1 , changed state
to down
//以上提示 fastEthernet0/1 接口被关闭。以上配置的最终结果是：交换机的 fastEthernet0/1
接口只能是某一固定的设备（R1）接入
S1#show interface fastEthernet0/1
FastEthernet0/1 is down , line protocol is down(err-disabled)
Hardware is Fast Ethernet , address is0023.ac7d.6c83(bia 0023.ac7d.6c83)
MTU 1500 bytes , BW 10000 Kbit , DLY 1000 usec ,
Reliability 255/255 , txload 1/255 , rxload 1/255
//以上表明 fastEthernet0/1 接口因为错误而被关闭。非法设备移除后（在 R1 上的 fastEthernet
0/0 接口上，执行 no mac-address 12.12.12），在交换机的 fastEthernet0/1 接口下执行 shutdown
和 no shutdown 命令可以重新打开该接口。
```

（5）下面试试另一违规模式 restrict 的效果。

```
R1(config)#interface fastEthernet 0/0
R1(config-if)#shutdown
R1(config-if)#no mac-address 12.12.12
R1(config-if)#no shutdown
//以上先把 R1 的 f0/0 接口 MAC 地址恢复为原来的地址
S1(config)#interface fastEthernet 0/1
S1(config-if)#switch port-security violation restrict
//以上把违规模式改为 restrict。测试从 R1 ping 172.16.1.1，应该正常 ping 通
R1(config)#interface fastEthernet 0/0
R1(config-if)#shutdown
R1(config-if)#mac-address 12.12.12
```

```
R1(config-if)#no shutdown
//以上重新修改 R1 的 f0/0 接口 MAC 地址，再测试从 R1 ping 172.16.1.1，不能 ping 通。同
时交换机上会出现：
 *Mar100:24:08.435:  %PORT_SECURITY-2-PSECURE_VIOLATION:security   violation
occurred，caused by MAC address 0012.0012.0012 on port FastEthernet0/1.
 *Mar100:24:14.441:  %PORT_SECURITY-2-PSECURE_VIOLATION:security   violation
occurred，caused by MAC address 0012.0012.0012 on port FastEthernet0/1.
```

结果表明：restrict 违规模式不影响原有的计算机通信，但是导致违规发生的计算机的通信不被允许。

（6）配置交换机端口安全（动态安全 MAC 地址）。

动态安全 MAC 地址和静态安全 MAC 地址的差别仅仅在于：前者少配置"switchport port-secuRity mac-address 0023.3364.4fc8"命令。交换机完整的配置如下：

```
S1(config)#default interface fastEthernet0/1
//把 fastEthernet0/1 接口上的配置恢复到默认配置(即出厂时的配置)
S1(config)#interface fastEthernet0/1
S1(config-if)#shutdown
S1(config-if)#switch mode access
S1(config-if)#switch port-security
S1(config-if)#switch port-security maximum 1
S1(config-if)#switch port-security violation shutdown
S1(config-if)#no shutdown
```

这样当交换机 fastEthernet0/1 接口的第一台计算机接入时，该计算机的 MAC 将作为 STATIC 类型添加到 MAC 表中。第二台计算机接入时，由于交换机 fastEthernet0/1 接口最大 MAC 地址数为 1，该计算机将被认为是入侵，交换机关闭该接口。最终的效果是：交换机的 fastEthernet0/1 接口只能有一台计算机接入（但是并不限制是哪个 MAC）。

测试步骤和步骤（3）类似。

（7）配置交换机端口安全（黏滞安全 MAC 地址）。

静态安全 MAC 地址可以使得交换机的接口 fastEthernet0/1 只能接入某一固定的计算机，然而需要使用 switchport port-security mac-address 0023.3364.4fc8 命令，这样就需要一一查出计算机的 MAC 地址，这是一个工作量巨大的事情，黏滞安全 MAC 地址可以解决这个问题。交换机完整的命令如下：

```
S1(config)#default interface fastEthernet0/1
S1(config)#interface fastEthernet0/1
S1(config-if)#shutdown
S1(config-if)#switch mode access
S1(config-if)#switch port-security
S1(config-if)#switch port-security maximum 1
S1(config-if)#switch port-security violation shutdown
S1(config-if)#switch port-security mac-address sticky
S1(config-if)#no shutdown
//配置交换机接口自动黏滞 MAC 地址
```

从 R1 ping 交换机 172.16.1.1，然后在交换机上配置命令：

```
S1#show running-config interface fastEthernet0/1
Building configuration....
Current configuration : 188 bytes
```

```
interface FastEthemet0/1
switchport mode access switchport port-security
switchport port-security mac-address sticky
switchport port-security mac-address sticky 0023.3364.4fc8
//可以发现, 交换机自动把 R1 的 MAC 地址黏滞在该接口下了, 这时相当于执行了 switchport
port-security mac-address 0023. 3364. 4fc8命令, 以后该接口只能接入 R1 路由器
```

实际工作中可以这样配置:

```
S1(config)#interface range fastEthernet0/1 -24
//批量配置 FastEthernet0/1 - fastEthemet0/24 接口。在有的 IOS 中, 破折号前需要有空格
S1(config-if)#shutdown
S1(config-if)#switch mode access
S1(config-if)#switch port-security
S1(config-if)#switch port-security maximum 1
S1(config-if)#switch port-security violation shutdown
```

然后等交换机 fastEthernet0/1 — fastEthernet0/24 接口上的计算机都开过机后, 在交换机上检查确认已经黏滞了 MAC 地址后, 把配置保存下来 (44copy running-config startup- config 命令)。

提示:

当交换机发现有入侵时关闭了接口, 需要管理员手工重新打开接口, 也可以配置接口自动恢复:

```
S1(config)#errdisable recovery cause psecure-violation//允许交换机自动恢复因为
端口安全而关闭的接口                             .
S1(config)#errdisable recovery interval 60 //配置交换机 60 s 后自动恢复接口
```

4. 实验调试

```
S1 #show port-security
Secure Port MaxSec ureAddr CurrentAddr Security Violation Security Action
(Count)        (Count)           (Count)
- - - - - - - - - - - - - - - - - - - - - - - - - - - - - - - - - - - - - - -
 Fa0/1   1            1                1    shutdown
- - - - - - - - - - - - - - - - - - - - - - - - - - - - - - - - - - - - - - -
Total Addresses in System(excluding one mac per port): 0
 Max Addresses limit in System(excluding one mac per port): 6144
//以上可以查看端口安全的设置情况, 各列的含义已经很明了。
Sl#show port-security interface fastethernet0/1
Port Security               :Enabled        //接口启用了安全
Port Status                 :Secure-up      //当前接口的状态
Violation Mode              :Shutdown       //违规模式
Aging Time                  :0 mins
Aging Type                  :Absolute
SecureStatic Address Aging  :Disabled
Maximum MAC Addresses       :1              //最大 MAC 地址数量
Total MAC Addresses         :1              //当前接口的 MAC 地址数
Configured MAC Addresses    :1              //手工配置的 MAC 地址数量
Sticky MAC Addresses        :0              //粘贴的 MAC 地址数量
Last Source Address: VLAN   :0023. 3364. 4fc8: 1
Security Violation Count    :0              //违规次数
```

习　题

1. 填空题

（1）生成树协议是开放系统互连参考模型层次中＿＿＿＿＿层的管理协议。

（2）链路的带宽越高，开销就越＿＿＿＿＿。在根网桥以外的每个网桥上选举到＿＿＿＿＿开销的一个端口作为根端口。

（3）网桥 ID 越小，越可能成为根网桥。两个桥优先级一样的网桥互连，MAC 地址值＿＿＿＿＿的网桥，会成为根网桥。

（4）运行 STP 的交换机端口的四种状态分＿＿＿＿＿、＿＿＿＿＿、＿＿＿＿＿和＿＿＿＿＿。

（5）可以运行＿＿＿＿＿协议来解决局域网中的环路问题

（6）IEEE 802.1d 生成树协议可以有＿＿＿＿＿棵生成树实例，PVST 可以有＿＿＿＿＿树实例。

（7）启用生成树协议在＿＿＿＿＿模式下执行 spanning-tree enable 命令。

（8）运行 STP 的交换机主备份端口切换时间默认情况下大约需要＿＿＿＿＿秒。

（9）端口 ID 由端口＿＿＿＿＿和端口＿＿＿＿＿两部分组成。

2. 选择题

（1）根桥的选举，下面描述正确的是（　　　　）。

A. 网桥 ID 值最大的成为根桥

B. 网桥 ID 值最小的成为根桥

C. 网桥优先级值最大的成为根桥

D. 网桥 MAC 地址值最小的成为根桥

（2）某网段指定网桥的选举，下面描述正确的是（　　　　）。

A. 到根桥开销最大的网桥，最可能成为指定网桥

B. 到根桥开销一样的两个网桥中，网桥 ID 小的更可能成为指定网桥

C. 到根桥开销一样、网桥 ID 也一样的两个网桥中，网桥端口号大的更可能成为指定网桥

D. 网桥 ID 最小的就是指定网桥

（3）下列描述正确的是（　　　　）。

A. VTP 协议可以解决网络中的环路问题　　　B. STP 协议可以解决网络中的环路问题

C. HDLC 协议可以解决网络中的环路问题　　D. IEEE 802.1q 协议可以解决网络中的环路问题

（4）下面的命令正确的是（　　　　）。

A. switch#spanning-tree enable

B. switch(config)#spanning-tree VLAN 10 root primary

C. switch(config-if)#spanning-tree VLAN 10 priority 4098

D. switch(config-if)#spanning-tree backbonefast

（5）下面的命令正确的是（　　　　）。

A. switch#spanning-tree VLAN 1 port- priority 16

B. switch(config)#spanning-tree VLAN 1 port- priority 256

C. switch(config-if)#spanning-tree VLAN 1 port- priority 16

D.　switch(config-if)#spanning-tree VLAN 1 port- priority 256

3．操作题

用模拟器（Packet Tracer）或真实设备搭建如图 4-20 所示网络拓扑，并给相关设备配置 IP 地址，然后用相关的网络测试命令进行测试。

图 4-20　操作题

基本要求：

①按训练拓扑图连接交换机 SWA 和 SWB。

②将交换机 SWA 和 SWB 的第 17、24 号端口设置成主干道接口。

③用双绞线连接 SWA 和 SWB 的第 17 号端口。

④用双绞线连接 SWA 和 SWB 的第 24 号端口。

⑤在 SWA 和 SWB 上查看运行的生成树协议，并进行如下诊断：STP 的根的是什么？阻塞的端口是什么？

⑥断开处于转发状态的主干道接口，再次查看生成树协议的相关信息：阻塞的端口是否启用？端口状态经历几次变化？

项目5 路由器基础

项目导读

所谓"路由",是指把数据从一个地方传送到另一个地方的行为和动作,在路上,至少遇到一个中间节点。而路由器,正是执行这种行为动作的机器,它的英文名称为 Router。它会根据信道的情况自动选择和设定路由。然后以最佳路径,按前后顺序发送信号。路由器是互联网络的枢纽"交通警察"。目前路由器已经广泛应用于各行各业,各种不同档次的产品已成为实现各种主干网内部连接、主干网间互连和主干网与互联网互联互通业务的主力军。路由和交换机之间的主要区别就是交换机发生在 OSI 参考模型第二层(数据链路层),而路由发生在第三层,即网络层。

本项目将详细介绍路由的概念、路由器的概念及作用,路由器配置的基本方法;路由器在实现网络互连时的工作原理、简单的直连路由如何实现、单臂路由、三层交换机的路由功能、静态路由、默认路由、浮动静态路由的配置等。

通过对本项目的学习,应做到:

- 了解:路由的概念、路由器的作用、类型、结构等。
- 熟悉:路由的工作原理、直连路由、单臂路由的配置方法。
- 掌握:静态路由、默认路由、浮动静态路由的特点及应用环境。

5.1 路由器概述

5.1.1 路由与路由器

所谓"路由",是指把数据从一个地方传送到另一个地方的行为和动作,在路上,至少遇到一个中间节点。而路由器,正是执行这种行为动作的机器,它的英文名称为 Router。路由器的基本功能如下:

(1)网络互连:路由器支持各种局域网和广域网接口,主要用于互连局域网和广域网,实现不同网络互相通信。

(2)数据处理:提供包括分组过滤、分组转发、优先级、复用、加密、压缩和防火墙等功能。

(3)网络管理:路由器提供路由器配置管理、性能管理、容错管理和流量控制等功能。

5.1.2 路由器的分类

(1)从结构上分,路由器可分为固定配置路由器与模块化路由器,如图 5-1 和图 5-2 所示。

图 5-1　固定配置路由器

图 5-2　模块化路由器

（2）按不同的应用环境，可将路由器分为骨干级路由器，企业级路由器和接入级路由器，如图 5-3 所示（系列值越大，级别越高）。

图 5-3　骨干级、企业级、接入级路由器

5.1.3　路由器的结构

与计算机类似，路由器主要结构包含以下三部分，如图 5-4 所示。

（1）中央处理单元（Central Processor Unit，CPU）。

（2）存储器：只读内存（ROM）、闪存（FLASH）、随机存取内存（RAM）、非易失性 RAM （NVRAM）。

（3）接口：路由器能够进行网络互连是通过接口完成的，它可以与各种各样的网络进行物理连接，路由器的接口技术很复杂，接口类型也很多。路由器的接口主要分局域网接口、广域网接口和配置接口三类。每个接口都有自己的名字和编号，在路由器上均有标注。根据路由器产品的不同，其接口数目和类型也不相同，如图 5-5 所示。

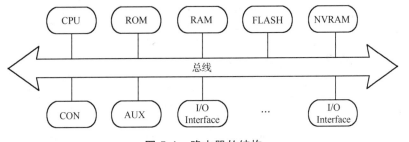

图 5-4　路由器的结构

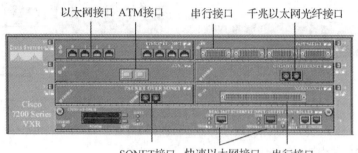

以太网接口 ATM接口　　串行接口　千兆以太网光纤接口

SONET接口　快速以太网接口　串行接口

图 5-5　路由器常用接口

5.1.4　路由器的外观

与交换机的接口都在前面板不同，路由器的接口大都是在后面板上，路由器的前面板仅有一些指示灯，Cisco3600 的路由器将 Console 配置口（控制台端口）和 Aux 配置口（辅助端口）放在前面板上，因此在实验室常常将路由器反过来安装，以便于接线。有些路由器带 2 个同步串口，有些路由器有多个网络接口卡插槽及模块插槽，如图 5-6 和图 5-7 所示。

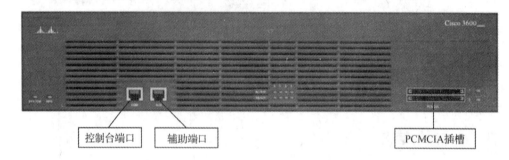

控制台端口　　辅助端口　　　　　　　　　　　　　PCMCIA插槽

图 5-6　Cisco 路由器的前面板

网络模块插槽　　　网络接口卡插槽#2　网络接口卡插槽#1

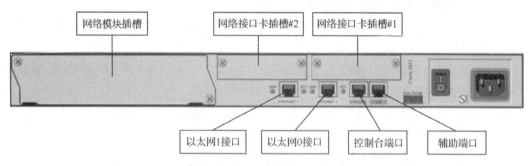

以太网1接口　　以太网0接口　　控制台端口　　辅助端口

图 5-7　Cisco 路由器的后面板

5.1.5　路由器的模块化

由图 5-7 可以看到，路由器的背面有"网络模块插槽"，目前许多路由器都有这样的插槽，这种交换机称为模块化路由器。

模块化路由器主要是指该路由器的接口类型及部分扩展功能是可以根据用户的实际需求来配置

的路由器，这些路由器在出厂时一般只提供最基本的路由功能，用户可以根据所要连接的网络类型来选择相应的模块，不同的模块可以提供不同的连接和管理功能。例如，绝大多数模块化路由器可以允许用户选择网络接口类型，有些模块化路由器可以提供 VPN 等功能模块，有些模块化路由器还提供防火墙的功能，等等。

利用模块化路由器，用户可以根据自身业务需求，对路由器的可靠性、端口密度、多业务应用及模块的吞吐量等方面进行灵活配置，个性化提供不同服务。不同模块的选择，实现不同的功能。更重要的是，模块化路由器还能够根据未来业务的增长和变化，通过增加模块实现网络的平滑扩充和升级，最大程度地减少对网络架构和现有设备的调整，充分保护原有投资。

如图 5-8 和 5-9 所示的广域网 WIC-1T、WIC-2T 的模块。

图 5-8　WIC-1T 模块

图 5-9　WIC-2T 模块

5.1.6　路由器的线缆

线缆是路由设备互连的重要配件，一般常用到的线缆主要有以下三种，如图 5-10～图 5-12 所示。

（1）以太网线缆：用于计算机或交换机之间连接到路由器的以太网接口。

（2）控制台线缆：用于对路由器作初始化配置。

（3）串行广域网线缆：用于远距离路由器与路由器进行连接。

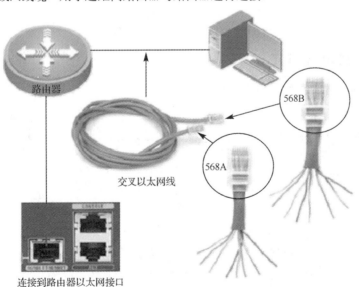
图 5-10　以太网线缆

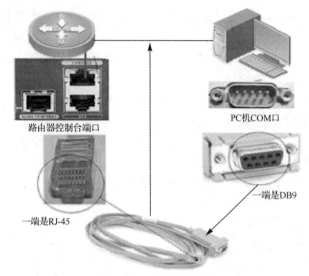

PC机COM口

路由器控制台端口

一端是DB9

一端是RJ-45

图 5-11　控制台线缆

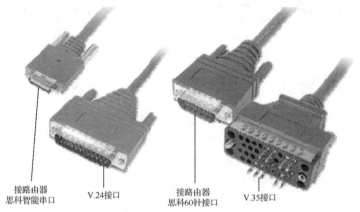

接路由器
思科智能串口

V.24接口

接路由器
思科60针接口

V.35接口

图 5-12　串行广域网线缆

5.1.7　路由器的配置方式

常用的路由器配置方式有以下四种，如图 5-13 所示。

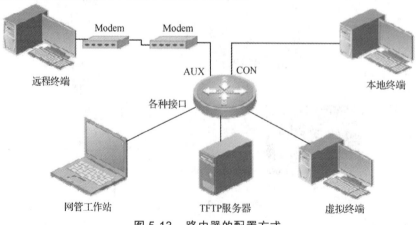

Modem　　Modem

远程终端

AUX　　CON

本地终端

各种接口

网管工作站

TFTP服务器

虚拟终端

图 5-13　路由器的配置方式

（1）控制台方式。

（2）远程登录（Telnet）方式。

（3）网管工作站方式。

（4）TFTP 服务器方式。

5.2　路由器配置基础

5.2.1　配置模式

1. 路由器的配置模式

与交换机配置模式类似，路由器的配置模式有以下几种：

（1）用户模式（User Mode），提示符为 router>。

（2）特权模式（Privileged Mode），提示符为 router#。

（3）全局模式（Global config mode），提示符为 router(config)#。

（4）子模式（sub-mode）#。

（5）接口模式（interface mode），提示符为 router(config-if)#。

（6）线路模式（line mode），提示符为 router(config-line)#。

（7）路由模式（router mode），提示符为 router(config-router)#。

2. 各模式之间转换

连接到路由器后，默认进入用户模式，系统提示">"。执行相应的命令进入特权模式、全局模式、子模式，并在这些模式中切换，熟练掌握不同模式下的常用的命令。

```
Router>                    //用户模式
Router>enable
Router#                    //特权模式
Router# configure terminal
Router(config)#            //全局模式
Router(config)#interface fa0/0
Router(config-if)#         //接口配置模式
```

方法 1：在子模式下输入 exit，直接退到全局配置模式。

```
Router(config-if)#exit//子模式，接口模式
Router(config)#
```

方法 2：在子模式下输入 end 退到特权模式，再输入 config terminal 进入全局配置模式。

```
Router(config)#end
Router#config t
Router(config)#router RIP
```

方法 3：在子模式下输入 end 退到特权模式。

```
Router(config-router)#end//子模式，路由器模式
Router#
```

方法 4：在特权模式下输入 disable 进入用户模式。

```
Router#disable//特权模式
Router>//用户模式
```

各模式之间的切换如图 5-14 所示。

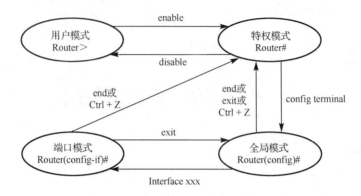

图 5-14　模式之间切换

5.2.2　常用的配置命令举例

（1）命名路由器（bane the router）。

```
Router>enable
Router#configure terminal
Router(config)# Router(config)#hostname lab-a //命名路由器，lab-a
```

（2）配置进入特权模式的密码，即 enable 密码。

```
Lab-a(config)#enable password cisco //明文密码
Lab-a(config)#show run
Enable password cisco              //明文，未加密
Lab-a(config)#enable secret cisco  //密文密码
Lab-a(config)#show run
Enable secret 5￥1￥emBK￥Wxqlahy7YO//密码被加密
```

（3）配置 telnet 登录密码（configuring console passwords）。

```
Lab-a(config)#line vty 0 4         //进入控制线路配置模式
Lab-a(config)#login                //开启登录密码保护
Lab-a(config)#password cisco
```

（4）配置串行口（configuring a serial interface）。

```
Lab-a config t                     //键入 TAB，可能补全命令
Lab-a(config)#interface s0/0       //进入串行口模式
Lab-a(config-if)#clock rate 64000  //DCE 端配置时钟
Lab-a(config-if)#ip address 192.168.100.1 255.255.255.0 //配置接口 IP 地址和网
络掩码
Lab-a(config-if)# no shut          //开启接口
```

（5）配置以太口。

```
Lab-a(config)# interface fa 0/0    //进入以太口模式
Lab-a(config-if)# ip address10.1.1.1 255.255.255.0 //配置接口 IP 地址和网络掩码
Lab-a(config-if)# no shut          //开启接口
```

（6）配置登录提示信息。

```
Lab-a# config t
Lab-a(config)# banner motd #Welcome to MyRouter# //"#":特定的分隔符号
```

（7）路由器 show 命令解释（show command）。

show 命令可以同时在用户模式和特权模式下运行，用"show？"命令来提供一个可利用的 show 命令列表。

```
Lab-a# show interfaces
//显示所有路由器端口状态，如果想要显示特定端口的状态，我们可以输入 show interfaces 后面
跟上特定的网络接口和端口号即可。
    Lab-a# show controllers serial   //显示特定接口的硬件信息
    Lab-a# show clock                //显示路由器的时间设置
    Lab-a# show hosts                //显示主机名和地址信息
    Lab-a# show users                //显示所有连接到路由器的用户
    Lab-a# show history              //显示键入过的命令历史列表
    Lab-a# show flash                //显示 flash 存储器信息以及存储器中的 IOS 映象文件
    Lab-a# show version              //显示路由器信息和 IOS 信息
    Lab-a# show arp                  //显示路由器的地址解析协议列表
    Lab-a# show protocol             //显示全局和接口的第三层协议的特定状态
    Lab-a# show startup-configuration    //显示存储在非易失性存储(NVRAM)的配置文件
    Lab-a# show running-configuration    //显示存储在内存中的当前正确配置文件
    Lab-a# show interfaces s 1/2     //查看端口状态
    Lab-a# show ip interface bR1ef    //显示端口的主要信息
```

（8）使用"？"。

```
    Lab-a# clock
    Lab-a# clock ?                        //使用"?"进行逐级命令提示
    Lab-a# clock set ?
    Lab-a# clock set 10: 30: 30 ?
    Lab-a# clock set 10: 30: 30 20 oct ?
    Lab-a# clock set 10: 30: 30 20 oct 2002 ?
    Lab-a# show clock
```

5.2.3　配置文件和 IOS 文件管理

1. IOS 文件管理

IOS（Internetwork Operating System）是公司开发的互联网络操作系统。IOS 提供与 Windows、Linux 相似的功能，即控制和管理路由器运行时全部软硬件资源，并提供用户与路由器之间的界面，从而使用户能够执行命令以配置和管理路由器。

为了安全起见，一定要备份 IOS 文件，IOS 管理工作的基本手段就是利用 TFTP 服务器（见图 5-15）。

2. 配置文件

路由器配置文件中包括用于配置路由器的命令及其相关参数，它是由网络管理人员通过操作命令来生成和维护。

配置文件平时存放在 NVRAM 中，称为启动配置（Startup Config）。启动配置在路由器启动时被复制到 RAM 中。RAM 中的配置直接作用于操作系统的运行，所以称为运行配置（Running Config）。此外配置文件也可以保存在一台 TFTP 服务器中，作为维护工作中的一种后备。

存放在 RAM、NVRAM、TFTP 服务器中的配置文件相互复制的命令如图 5-16 所示。

路由器配置文件常用的命令如表 5-1 所示。

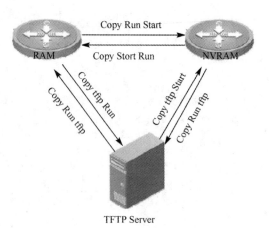

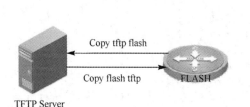

图 5-15 利用 TFTP 服务器备份 IOS 文件

图 5-16 配置文件相互复制

表 5-1 路由器配置文件命令

命　　令	作　　用
Route# write route# write memory route# copy running-config startup-config	保存当前配置，也就是将当前配置文件复制到初始配置文件中
Route# write network route#copy running-config tftp	将当前配置文件保存到 TFTP 服务器上
Route# copy startup-config running-config	将初始配置文件复制到当前配置文件中，覆盖当前配置文件
Route# copy startup-config tftp	将初始配置文件复制到 TFTP 服务器上
Route# copy tftp　startup-config	将 TFTP 服务器上保存的配置文件覆盖到初始配置文件上
Route# copy tftp　running-config	将 TFTP 服务器上保存的配置文件覆盖到当前配置文件上
Route# write erase 或 Route# erase startup-config	擦除初始配置文件，注意不能用 erase flash 命令，该命令为删除路由器主体程序

5.2.4 路由器的配置

对路由器进行初始化配置，网络拓扑图如图 5-17 所示，步骤如下：

1．连接硬件设备

使用配置线连接路由器 Router 的 Console 口和普通 PC 的串口，使用交叉双绞线连接路由器的 Fastethernet 0/0 接口和普通 PC 的网卡。

配置普通 PC 相应的 IP 地址、子网掩码等参数。

启动超级终端程序，单击"开始"→"程序"→"附件"→"通讯"→"超级终端"命令，并设置相关参数，如图 5-18 所示。

2．启动路由器

（1）上电前检查。

为了避免损坏路由器，在上电之前，要对路由器进行如下检查：

①电源线、接地线连接是否正确。

②供电电压与路由器的要求是否一致。

③配置电缆连接是否正确，配置用微机或终端是否已经打开并设置完毕。

图 5-18　启动超级终端程序

图 5-17　对路由器进行初始化配置

（2）路由器上电。

①打开路由器供电电源开关。

②打开路由器电源开关，将路由器电源开关置于"ON"位置。

③路由器上电自检成功后，出现系统的提示符 Router>，表示已启动成功，等待接收用户命令。

3. 配置同步串口

（1）配置同步串口 s0/1 的 IP 地址为 10.1.1.1，子网掩码为 255.255.255.0。

```
Router(config)# interface s0/0
Router(config-if)# ip address 10.1.1.1 255.255.255.0
```

（2）打开同步串口 s0/1。

```
Router(config-if)# no shutdown
```

（3）删除网络地址。

```
Router(config-if)#no ip address
```

（4）设置时钟频率（只在 DCE 端）。

```
Router(config-if)#clock rate 64000
```

（5）查看端口信息。

```
Router# show ip interface
```

4. 配置以太网端口

（1）配置以太网端口 Fe0/1 的 IP 地址为 192.168.1.1，子网掩码为 255.255.255.0。

```
Router(config)# interface fastethernet 0/1
Router(config-if)# ip address 192.168.1.1 255.255.255.0
```

（2）打开以太网端口 Fe0/1。

```
Router(config-if)# no shutdown
```

（3）删除网络地址。

```
Router(config-if)#no ip address
```

（4）查看端口信息。

```
Router# show ip interface fastethernet 0/1
```

5. 备份 IOS 文件

（1）在 PC 上配置好 IP 地址，然后安装好 TFTP-Server 软件。

（2）在路由器中输入命令：

```
Router#copy flash tftp
```

然后根据提示输入 IOS 文件名、PC 的 IP 地址即可。

6. 备份配置文件

（1）将存储在 RAM 的正确配置复制到路由器的 NVRAM 中。

```
Router#copy running-config startup-config
```

（2）将 RAM 中正确的配置文件复制到 TFTP 服务器上。

```
Router#copy running-config tftp
```

当网络管理员输入命令并键入回车后，路由器会要求输入 TFTP 服务器的 IP 地址，在正确地输入服务器 IP 地址后，路由器还会要求网络管理员提供需要备份的配置文件名。

（3）从 TFTP 服务器中复制备份的配置文件。

如果路由器不能从 NVRAM 中正常装载配置文件，可以通过从 TFTP 中复制正确的配置文件。

```
Router#copy tftp running-config!
```

7. 配置路由器支持 Telnet

网络拓扑结构图如图 5-19 所示。

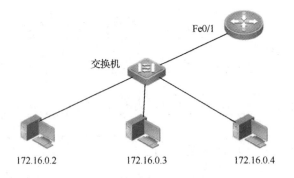

图 5-19　路由器 telnet 配置

配置路由器支持 Telnet 的步骤：

（1）启动路由器，利用超级终端进入路由器的配置模式。

（2）在路由器上配置 IP 地址。输入下述命令：

```
Router>enable
Router # configure terminal
Router(config)# hostname RouterA
RouterA(config)#
```

（3）配置路由器远程登录密码：

```
RouterA(config)# line vty 0 4
RouterA(config-line)# Password lnjx
RouterA(config-line)# login
RouterA(config-line)#exit
```

（4）配置路由器以太口的 IP 地址：

```
RouterA(config)# interface fastethernet 0/1
RouterA(config-if)# ip address 172.16.0.1  255.255.255.0
RouterA(config-if)# no shutdown
```

（5）设置计算机的 IP 为 172.16.0.2。

（6）验证计算机可以经由 Telnet 远程登录到路由器：

```
C: > telnet 172.16.0.1    验证成功了
```

（7）保存路由器配置。

用 show running-configure 查看当前配置：

```
RouterA# show running-configure
RouterA# copy running-config startup-config 或 RouterA# write memory
```

（8）在路由器特权模式下，分别执行下列检测命令：

```
show interface fastethernet 0/1
show ip interface
show running-config
show mac-address-table
```

🛜 5.3 路由器工作原理

路由器是一种用于网络互连的计算机设备，它工作在 OSI 参考模型的第三层（网络层），为不同的网络之间报文寻径并存储转发，如图 5-20 所示。作为路由器，必须具备：

（1）两个或两个以上的接口：用于连接不同的网络。

（2）协议至少实现到网络层：只有理解网络层协议才能与网络层通信。

（3）至少支持两种以上的子网协议：异种子网互连。

（4）具有存储、转发、寻径功能：实现速率匹配与路由寻径。

（5）一组路由协议：包括域内路由协议和域间路由协议。

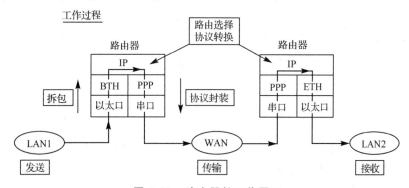

图 5-20 路由器的工作原理

物理层从路由器的一个端口收到一个报文，上送到数据链路层。然后，数据链路层去掉链路层封装，根据报文的协议域上送到网络层。网络层首先看报文是否是送给本机的，若是，去掉网络层封装，送给上层。若不是，则根据报文的目的地址查找路由表，若找到路由，将报文送给相应端口的数据链路层，数据链路层封装后，发送报文。若找不到路由，则报文丢弃。

路由器提供了将异构网互连的机制，实现将一个数据包从一个网络发送到另一个网络。路由就是指导 IP 数据包发送的路径信息。

5.3.1 路由决策原则

路由器根据路由表中的信息，选择一条最佳的路径，将数据转发出去。

如何确定最佳路径，是路由选择的关键。路由决策原则按以下次序：

（1）首先，按最长匹配原则，当有多条路径到达目标时，以其 IP 地址或网络号最长匹配的作为最佳路由。例如：10.1.1.1/8，10.1.1.1/16，10.1.1.1/24，10.1、1.1/32，IP 地址中，将选 10.1.1.1/32（具体 IP 地址），如图 5-21 所示。

```
R    10.1.1.1/32 [120/1] via 192.168.3.1, 00:00:16, Serial 1/1
R    10.1.1.0/24 [120/1] via 192.168.2.1, 00:00:21, Serial 1/0
R    10.1.0.0/16 [120/1] via 192.168.1.1, 00:00:13, Serial 0/1
R    10.0.0.0/8  [120/1] via 192.168.0.1, 00:00:03, Serial 0/0
S    0.0.0.0/0   [120/1] via 172.167.9.2, 00:00:03, Serial 2/0
```

图 5-21　最长掩码匹配原则

（2）其次，按最小管理距离优先。在相同匹配长度的情况下，按照路由的管理距离：管理距离越小，路由越优先。例如：S　10.1.1.1/8 为静态路由，R　10.1.1.1/8 为 RIP 产生的动态路由，静态路由的默认管理距离值为 1，而 RIP 默认管理距离值为 120，因而选 S　10.1.1.1/8。

常用的路由信息源的默认管理距离值如表 5-2 所示。

表 5-2　常用路由信息源的默认管理距离值表

路 由 来 源	管 理 距 离
直连接口	0
静态路由	1
EIGRP 汇总路由	5
外部 BGP	20
内部 EIGRP	90
OSPF	110
IS-IS	115
RIP	120
外部 EIGRP	170
内部 BGP	200
未知	255

（3）最后，按度量值最小优先。当匹配长度和管理距离都相同时，比较路由的度量值（Metric）或称代价，度量值越小越优先。例如：S　10.1.1.1/8 [1/20]，其度量值为 20；S　10.1.1.1/8 [1/40]，其度量值为 40，因而选 S　10.1.1.1/8 [1/20]。

5.3.2 路由表

路由表是路由选择的重要依据，不同的路由协议，其路由表中的路由信息也不尽相同。但大都会包括以下一些字段，如图 5-22 所示。

（1）目标网络地址/掩码字段：指出目标主机所在的网络地址和子网掩码信息。

（2）管理距离/度量值字段：指出该路由条目的可信程度及到达目标网络所花的代价。

（3）下一跳地址字段：指出被路由的数据包将送到的下一路由器的入口地址。

（4）路由更新时间字段：指出上一次收到此路由信息所经过的时间。

（5）输出接口字段：指出到目标网络中的数据包从本路由器中的哪个接口发出。

```
Router#show ip route
Codes: C - connected. s - static, I - IGRP, R - RIP, M - mobile, B - BGD
       D - EIGRP, EX - EIGRP, external, O - OSPF, IA - OSPF inter area
       N1 - OSPF NSSA external type 1, N2 - OSPF NSSA external type 2
       E1 - OSPF external type 1, E2 - OSPF external type 2, E - EGP
       i - IS-IS, L1 - IS-IS level-1, L2 - IS-IS level 1-2, ia - IS-IS inter area
       * - candidate default, U - per-user static route, o - ODR
       p - periodic downloaded static route

Gateway of last resort is 172.16.12.1 to network 0.0.0.0

     172.16.0.0/24 is subnetted, 1 subnets
C       172.16.12.0 is directly connected, FastEthernet0/1
R    192.168.1.0/24 [120/1] via 172.16.12.1, 00:00:18, FastEthernet0/1
C    192.168.2.0/24 is directly connected, FastEthernet0/1
S    192.168.3.0/24 [1/0] via 172.16.12.1
S*   0.0.0.0/0 [1/0] via 172.16.12.1
Router#
```

图 5-22　路由表

在路由器的下半部分是路由信息表，它将列出本路由器中所有已配置的路由条目。图 5-23 显示了路由表的下半部分。

图 5-23　路由表的路由条目

路由表的上半部分是路由来源代码符号表，它给出路由表中每个条目的第一列字母所代表的路由信息来源。通常 C 代表直连路由，S 代表静态路由（Static Route），S* 代表默认路由，R 代表 RIP，O 代表 OSPF 等。

图 5-22 显示了路由表的全部信息。路由器是如何转发数据的呢？图 5-24～图 5-28 显示了路由器是如何根据路由表转发数据的。

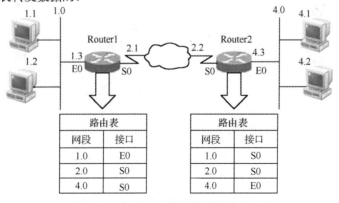

图 5-24　主机 1.1 要发数据到主机 4.2

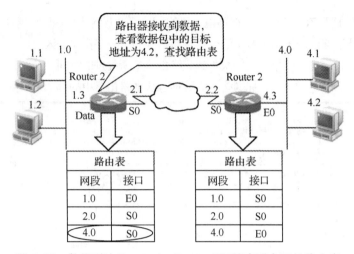

图 5-25　数据到达 Router1，Router1 开始查看自己的路由表

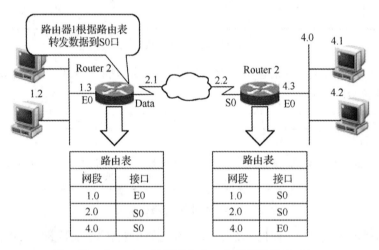

图 5-26　Router1 根据路由表，将数据转发至 S0 口

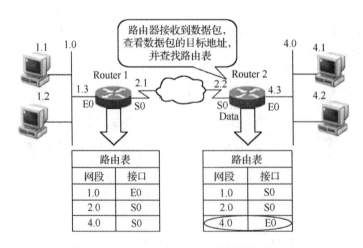

图 5-27　Router2 根据路由表进行数据转发

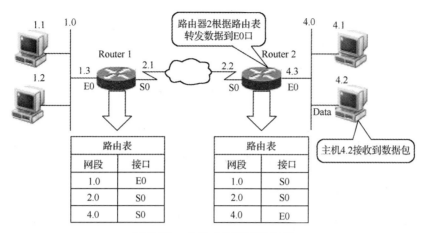

图 5-28　主机 4.2 收到数据包

🛜 5.4　直　连　路　由

直连路由是由链路层协议发现的，一般指去往路由器的接口地址所在网段的路径，该路径信息不需要网络管理员维护，也不需要路由器通过某种算法进行计算获得，只要该接口处于活动状态（Active），路由器就会把通向该网段的路由信息填写到路由表中去，直连路由无法使路由器获取与其不直接相连的路由信息。

在配置过程中，一旦定义了路由器的接口 IP 地址，并激活了此接口，路由器就会自动产生激活端口 IP 所在网段的直连路由信息，即直连路由。

路由器的每个接口都必须单独占用一个网段，几个接口不能同属一个网段，对有类别路由协议而言要特别注意这一点，如对有类别路由协议，三个路由端口不能定义为 10.1.1.1，10.2.1.1，10.3.1.1，或三个路由端口不能定义为 172.16.1.1，172.16.2.1，172.16.3.1。

直连路由的配置，图 5-29 显示了路由器各接口的 IP 地址及连接。

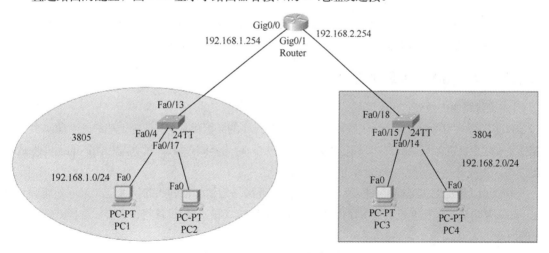

图 5-29　直连路由接口信息

配置命令如下:

```
Router>enable
Router#conf t
Router(config)#interface gigabitEthernet 0/0
Router(config-if)#ip address 192.168.1.254 255.255.255.0
Router(config-if)#no shutdown
Router(config-if)#ex
Router(config)#interface gigabitEthernet 0/1
Router(config-if)#ip address 192.168.2.254 255.255.255.0
Router(config-if)#no shutdown
Router(config-if)#ex
Router#show ip route
Codes: L - local, C - connected, S - static, R - RIP, M - mobile, B - BGP
       D - EIGRP, EX - EIGRP external, O - OSPF, IA - OSPF inter area
       N1 - OSPF NSSA external type 1, N2 - OSPF NSSA external type 2
       E1 - OSPF external type 1, E2 - OSPF external type 2, E - EGP
       i - IS-IS, L1 - IS-IS level-1, L2 - IS-IS level-2, ia - IS-IS inter area
       * - candidate default, U - per-user static route, o - ODR
       P - periodic downloaded static route

Gateway of last resort is not set
     192.168.1.0/24 is variably subnetted, 2 subnets, 2 masks
C       192.168.1.0/24 is directly connected, GigabitEthernet0/0
L       192.168.1.254/32 is directly connected, GigabitEthernet0/0
     192.168.2.0/24 is variably subnetted, 2 subnets, 2 masks
C       192.168.2.0/24 is directly connected, GigabitEthernet0/1
L       192.168.2.254/32 is directly connected, GigabitEthernet0/1
```

对于不直连的网段,路由器无法自动感知,需要用静态路由或动态路由,将网段添加到路由表中。

🛜 5.5 单 臂 路 由

当企业网段较多,这些不同网段划分了 VLAN,但企业用于网络建设的资金较少,只有一台路由器一个接口可以提供给内部网段进行互连,此时就需要用到单臂路由技术。

5.5.1 单臂路由原理及特点

1. 单臂路由的原理

通过 VLAN 划分网络固然可以解决安全和广播风暴的频繁出现,但是对于那些既希望隔离又希望对某些客户机进行互通的公司来说,划分 VLAN 的同时为不同 VLAN 建立互相访问的通道也是必要的。

虽然可以使用三层交换机来实现,但是大多企业网络搭建初期购买的仅仅是二层可管理型交换机,如果要购买三层交换机实现 VLAN 互通功能的话,以前的二层设备将被丢弃,这样就造成了极大的浪费。

将路由器的一个物理接口当成多个逻辑接口来使用时,需要在该接口上启用子接口。通过一个个的逻辑子接口实现物理端口以一当多的功能。

2．单臂路由的特点

（1）优点：

①节省开支。

②配置简单。

③维护方便。

（2）缺点：

①路由器 CPU 与内存的资源消耗大。

②网络数据包传输的效率受影响，特别是大流量。

③对于连接线路要求比较高。

④VLAN 间安全性降低。

3．单臂路由的常见问题

①不要对物理以太口进行任何配置，只需要对其子接口进行划分和设置即可。

②不要忘记将物理以太口开启，使用命令 no shutdown，这样所有子接口会同时开启。

③如果有防病毒 ACL 等列表的话不要忘记在最后添加到物理以太口上。

④由于单臂路由数据包进出都使用同一个接口，必然对该路由器的硬件要求比较高，在实际使用中不要随便找一台低端路由器充数，稳定和较大内存是担当单臂路由器的设备所必需的。

⑤在设置 Trunk 类型时候要根据实际情况选择，是 ISL 还是 IEEE 802.1q 协议。

5.5.2 单臂路由应用举例

某企业下属三个部门划分不同的 VLAN，为了使不同部门能够相互通信并节约成本，购买了一台路由器和一台二层交换机。假设你是公司的网络管理员，请对路由器和交换机作相关配置，以实现这一要求，如图 5-30 所示。

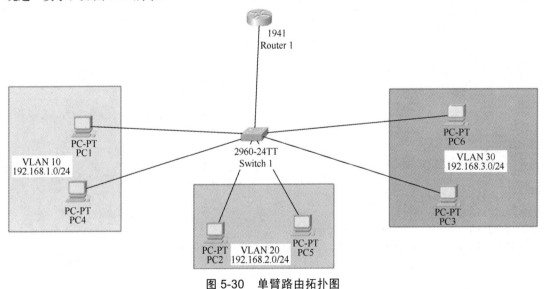

图 5-30　单臂路由拓扑图

1．二层交换机的配置

```
Switch>
```

```
Switch>enable
Switch#conf t
Enter configuration commands, one per line. End with CNTL/Z.
Switch(config)#vlan 10
Switch(config-vlan)#ex
Switch(config)#vlan 20
Switch(config-vlan)#ex
Switch(config)#vlan 30
Switch(config-vlan)#ex
Switch(config)#interface range fastEthernet 0/1-2
Switch(config-if-range)#switchport mode access
Switch(config-if-range)#switchport access vlan 10
Switch(config-if-range)#ex
Switch(config)#interface range fastEthernet 0/3-4
Switch(config-if-range)#switchport mode access
Switch(config-if-range)#switchport access vlan 20
Switch(config-if-range)#ex
Switch(config)#interface range fastEthernet 0/5-6
Switch(config-if-range)#switchport mode access
Switch(config-if-range)#switchport access vlan 30
Switch(config-if-range)#ex
Switch(config)#exit
Switch#
Switch#show vlan brief
10   VLAN0010                         active    Fa0/1, Fa0/2
20   VLAN0020                         active    Fa0/3, Fa0/4
30   VLAN0030                         active    Fa0/5, Fa0/6
Switch#conf t
Switch(config)#interface fastEthernet 0/7
Switch(config-if)#switchport mode trunk
```

2. 路由器的配置

```
Router>enable
Router#conf t
Router(config)#interface gigabitEthernet 0/0.1
Router(config-subif)#encapsulation dot1Q 10
Router(config-subif)#ip address 192.168.1.254 255.255.255.0
Router(config-subif)#exi
Router(config)#interface gigabitEthernet 0/0.2
Router(config-subif)#encapsulation dot1Q 20
Router(config-subif)#ip address 192.168.2.254 255.255.255.0
Router(config-subif)#ex
Router(config)#interface gigabitEthernet 0/0.3
Router(config-subif)#encapsulation dot1Q 30
Router(config-subif)#ip address 192.168.3.254 255.255.255.0
Router(config-subif)#ex
Router(config)#
Router(config)#interface gigabitEthernet 0/0
Router(config-if)#no shutdown
Router#show ip route
Codes: L - local, C - connected, S - static, R - RIP, M - mobile, B - BGP
```

```
        D - EIGRP, EX - EIGRP external, O - OSPF, IA - OSPF inter area
        N1 - OSPF NSSA external type 1, N2 - OSPF NSSA external type 2
        E1 - OSPF external type 1, E2 - OSPF external type 2, E - EGP
        i - IS-IS, L1 - IS-IS level-1, L2 - IS-IS level-2, ia - IS-IS inter area
        * - candidate default, U - per-user static route, o - ODR
        P - periodic downloaded static route
Gateway of last resort is not set
     192.168.1.0/24 is variably subnetted, 2 subnets, 2 masks
C       192.168.1.0/24 is directly connected, GigabitEthernet0/0.1
L       192.168.1.254/32 is directly connected, GigabitEthernet0/0.1
     192.168.2.0/24 is variably subnetted, 2 subnets, 2 masks
C       192.168.2.0/24 is directly connected, GigabitEthernet0/0.2
L       192.168.2.254/32 is directly connected, GigabitEthernet0/0.2
     192.168.3.0/24 is variably subnetted, 2 subnets, 2 masks
C       192.168.3.0/24 is directly connected, GigabitEthernet0/0.3
L       192.168.3.254/32 is directly connected, GigabitEthernet0/0.3
```

从路由表可以看出，各部门不同网段、不同 VLAN 通过路由器的子接口进行了直连，实现了连通。

5.6 三层交换机实现 VLAN 间路由

5.6.1 三层交换机

1. 认识三层交换机

三层交换技术就是二层交换技术加三层转发技术。它解决了局域网中网段划分之后，网段中子网必须依赖路由器进行管理的局面，解决了传统路由器低速、复杂所造成的网络瓶颈问题。

2. 三层交换原理

一个具有三层交换功能的设备，是一个带有第三层路由功能的第二层交换机，但它是二者的有机结合，并不是简单地把路由器设备的硬件及软件叠加在局域网交换机上。

假设两个使用 IP 协议的站点 A、B 通过第三层交换机进行通信，发送站点 A 在开始发送时，把自己的 IP 地址与 B 站的 IP 地址比较，判断 B 站是否与自己在同一子网内。若目的站 B 与发送站 A 在同一子网内，则进行二层的转发。

若两个站点不在同一子网内，如发送站 A 要与目的站 B 通信，发送站 A 要向"默认网关"发出 ARP（地址解析）封包，而"默认网关"的 IP 地址其实是三层交换机的三层交换模块。

由于仅仅在路由过程中才需要三层处理，绝大部分数据都通过二层交换转发，因此三层交换机的速度很快，接近二层交换机的速度，同时比相同路由器的价格低很多。

3. 三层交换机与两层交换机的区别

（1）主要功能不同。二层交换机和三层交换机都可以交换转发数据帧，但三层交换机除了有二层交换机的转发功能外，还有 IP 数据包路由功能。

（2）使用的场所不同。二层交换机是工作在 OSI 参考模型第二层的设备，而三层交换机是工作在 OSI 参考模型第三层的设备。

（3）处理数据的方式不同。二层交换机使用二层交换转发数据帧，而三层交换的路由模块使用三层交换 IP 数据包。

4．三层交换机与路由器的区别

交换机一般用于 LAN-WAN 的连接，交换机归于网桥，是数据链路层的设备，有些交换机也可实现第三层的交换。

路由器用于 WAN-WAN 之间的连接，可以解决异性网络之间转发分组，作用于网络层。它们只是从一条线路上接收输入分组，然后向另一条线路转发。这两条线路可能分属于不同的网络，并采用不同协议。

相比较而言，路由器的功能较交换机要强大，但速度相对也慢，价格昂贵，第三层交换机既有交换机限速转发报文能力，又有路由器良好的控制功能，因此得以广泛应用。

5．三层交换机的基本配置与管理

三层交换机的基本配置与二层交换机、路由器的基本配置大体是相同的，在此不再赘述。三层交换机可通过以下 3 种方式进行路由：使用默认路由、使用静态路由、使用动态路由。

（1）启用 3 层路由端口。

```
no switchport
```

（2）启用路由选择协议。

①启用静态路由：

命令：ip route [目的 IP 网段] [目的子网掩码]　　　　[forwarding 路由器的 IP 地址]

②启用动态路由协议：

命令：router [路由协议]

③路由协议包括 RIP 协议和 OSPF 协议。

声明网段

命令：network [网段]

查看状态：

命令：show-running config

　　　show ip route

5.6.2　三层交换机实现 VLAN 间通信举例

下面我们通过一个例子来说明三层交换机的路由功能，某企业网络结构如图 5-31 所示，现在需要通过配置三层交换机实现 VLAN 间的路由，具体步骤如下：

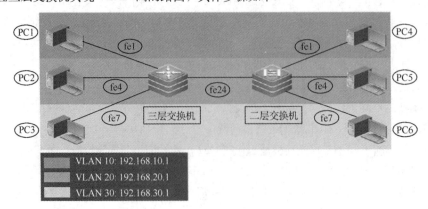

图 5-31　三层交换机实现 VLAN 通信

1. 按照网络拓扑结构图连接路由器和各工作站

(1) 端口划分:

fe0/1、fe0/2、fe0/3 划分到 VLAN 10。

fe0/4、fe0/5、fe0/6 划分到 VLAN 20。

fe0/7、fe0/8、fe0/9 划分到 VLAN 30。

两台交换机通过 fe0/24 相连。

(2) PC 划分:

PC1 和 PC4 属于 VLAN 10。

PC2 和 PC5 属于 VLAN 20。

PC3 和 PC6 属于 VLAN 30。

(3) 各 PC 与 VLAN 的 TCP/IP 参数,如表 5-3 所示。

表 5-3　各 PC 与 VLAN 的 TCP/IP 参数

设　备	接　口	IP 地址	子 网 掩 码	网　关
PC1	NIC	192.168.10.2	255.255.255.0	192.168.10.1
PC2	NIC	192.168.20.2	255.255.255.0	192.168.20.1
PC3	NIC	192.168.30.2	255.255.255.0	192.168.30.1
PC4	NIC	192.168.10.3	255.255.255.0	192.168.10.1
PC5	NIC	192.168.20.3	255.255.255.0	192.168.20.1
PC6	NIC	192.168.30.3	255.255.255.0	192.168.30.1
VLAN 10		192.168.10.1	255.255.255.0	
VLAN 20		192.168.20.1	255.255.255.0	
VLAN 30		192.168.30.1	255.255.255.0	

2. 配置每台 PC 的网络接口卡的 IP 地址、子网掩码和网关 (见图 5-32)

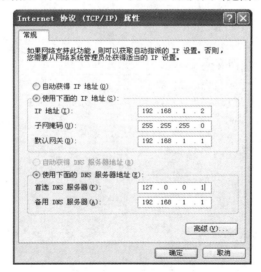

图 5-32　PC 的网络接口配置

(1) 二层交换机基本配置。

```
Switch(config)#hostname Sw2L
Sw2L(config)#vlan 10
Sw2L(config)#vlan 20
Sw2L(config)#vlan 30
Sw2L(config)#interface range fastEthernet 0/1-3
Sw2L(config-if-range)#switchport access vlan 10
Sw2L(config-if-range)#no shutdown
Sw2L(config-if-range)#exit
Sw2L(config)#interface range fastEthernet 0/4-6
Sw2L(config-if-range)#switchport access vlan 20
Sw2L(config-if-range)#no shutdown
Sw2L(config-if-range)#exit
Sw2L(config)#interface range fastEthernet 0/7-9
Sw2L(config-if-range)#switchport access vlan 30
Sw2L(config-if-range)#no shutdown
Sw2L(config-if-range)#exit
```

（2）三层交换机基本配置。

```
Switch(config)#hostname Sw3L
Sw3L(config)#vlan 10
Sw3L(config)#vlan 20
Sw3L(config)#vlan 30
Sw3L(config)#interface range fastEthernet 0/1-3
Sw3L(config-if-range)#switchport access vlan 10
Sw3L(config-if-range)#no shutdown
Sw3L(config-if-range)#exit
Sw3L(config)#interface range fastEthernet 0/4-6
Sw3L(config-if-range)#switchport access vlan 20
Sw3L(config-if-range)#no shutdown
Sw3L(config-if-range)#exit
Sw3L(config)#interface range fastEthernet 0/7-9
Sw3L(config-if-range)#switchport access vlan 30
Sw3L(config-if-range)#no shutdown
Sw3L(config-if-range)#exit
```

（3）启用三层交换机的虚拟交换接口。

```
Sw3L(config)#interface vlan 10
Sw3L(config-if)# ip address 192.168.10.1 255.255.255.0
Sw3L(config-if)# no shutdown
Sw3L(config-if)#exit
Sw3L(config)#interface vlan 20
Sw3L(config-if)# ip address 192.168.20.1 255.255.255.0
Sw3L(config-if)# no shutdown
Sw3L(config-if)#exit
Sw3L(config)#interface vlan 30
Sw3L(config-if)# ip address 192.168.30.1 255.255.255.0
Sw3L(config-if)# no shutdown
Sw3L(config-if)#exit
```

（4）设置 Trunk 链路，实现跨交换机的 VLAN。

①二层交换机上配置 Trunk 链路。

```
Sw2L(config)# interface fastEthernet 0/24
Sw2L(config-if)#switchport mode trunk
Sw2L(config-if)#switchport trunk allowed vlan all
Sw2L(config-if)#exit
```

②三层交换机上配置 Trunk 链路。

```
Sw3L(config)# interface  fastEthernet 0/24
Sw3L(config-if)#switchport mode trunk
Sw3L(config-if)#switchport trunk allowed vlan all
Sw3L(config-if)#exit
```

（5）测试验证，验证各计算机连通情况。如 PC1 用 ping 命令测试与 PC3 的连接情况，同样的方法测试其他 PC 的连通情况，如果都是连通的，则表示配置是正确的。

（6）显示配置结果。

①显示二层交换的运行结果：

```
sw2l#show running-config
```

②显示三层交换的运行结果：

```
Sw3l#show running-config
```

🛜 5.7　静态路由、默认路由和浮动静态路由

5.7.1　静态路由概述

1. 静态路由的概念

静态路由是指由网络管理员手工配置的路由信息。当网络的拓扑结构或链路的状态发生变化时，网络管理员需要手工去修改路由表中相关的静态路由信息。静态路由信息在默认情况下是私有的，不会传递给其他的路由器。

2. 静态路由的应用环境

（1）小型网际网络的定义是 2～10 个网络。

（2）单路径表示网际网络上的任意两个终点之间只有一条路径用于传送数据包。

（3）静态表示网际网络的拓扑结构不随时间的变化而更改。

3. 静态路由的特点

（1）静态路由的优点。

①不需要动态路由选择协议，减少路由器的日常开销。

②在小型网络上很容易配置。

③可以控制路由选择。

④安全性比较高，允许网络管理员指定在有限的网络划分中哪些是可以公开，哪些可以隐藏起来。

（2）静态路由的缺点。

①不能容错。如果路由器或链接宕机，静态路由器不能感知故障并将故障通知到其他路由器。这事关大型的公司网际网络，而小型办公室（在 LAN 链接基础上的两个路由器和 3 个网络）不会经常宕机，也不用因此而配置多路径拓扑和路由协议。

②管理开销较大。如果对网际网络添加或删除一个网络，则必须手动添加或删除与该网络连通的路由。如果添加新路由器，则必须针对网际网络的路由对其进行正确配置，因而维护较为麻烦。

③路由表不会自动更新。

④不适合于结构复杂的网络。

4．静态路由的一般配置步骤

（1）为路由器每个接口配置 IP 地址。

（2）确定本路由器有哪些直连网段的路由信息。

（3）确定整个网络中还有哪些属于本路由器的非直连网段。

（4）添加所有本路由器要到达的非直连网段相关的路由信息。

5．静态路由描述转发路径的两种方式

（1）指向本地接口（即从本地某接口发出）。

（2）指向下一跳路由器直接连接口的 IP 地址（即将数据包交给 X.X.X.X）。

6．静态路由配置命令

（1）配置静态路由用命令 IP Route 命令。

router(config)##ip　route［网络编号］［子网掩码］［转发路由器的地址／本地接］，比如：router(config)##ip　route192.168.10.0　255.255.255.0　172.16.2.1，这个配置语句的意思是，要从当前 router 去 192.168.10.0/2 网段，下一跳是 172.16.2.1。

（2）删除静态路由命令用［网络编号］［子网掩码］。

例：router(config)##ip route　192.168.10.0 255.255.255.0 serial 1/2

```
router(config)##no  ip route
```

5.7.2　静态路由的配置举例

网络拓扑结构如图 5-33 所示。

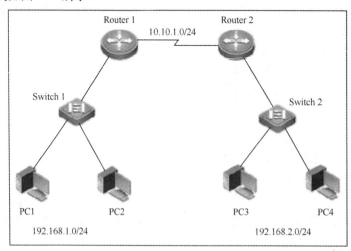

图 5-33　静态路由配置举例

按照网络拓扑结构图连接路由器和各工作站。各主机、设备的 IP 地址、子网掩码、网关等信息如表 5-4 所示。

表 5-4　各设备的地址信息

设　备	接　口	IP 地　址	子 网 掩 码	网　关
PC1	NIC	192.168.1.2	255.255.255.0	192.168.1.1
PC2	NIC	192.168.1.3	255.255.255.0	192.168.1.1
PC3	NIC	192.168.2.2	255.255.255.0	192.168.2.1
PC4	NIC	192.168.2.3	255.255.255.0	192.168.2.1
Router1	E1/0	192.168.1.1	255.255.255.0	
	S1/2	10.10.1.1	255.255.255.0	
Router2	E1/0	192.168.2.1	255.255.255.0	
	S1/2	10.10.1.2	255.255.255.0	

1. 配置每台 PC 的网络接口卡的 IP 地址、子网掩码和网关（见图 5-34）

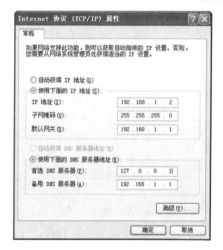

图 5-34　配置相关参数

2. 配置路由器接口的基本参数

（1）配置路由器 Router1 接口的基本参数。

```
Router>enable
Router#configure terminal
Router(config)#hostname R1
R1(config)#Interface S1/2
R1(config-if)#IP address 10.10.1.1 255.255.255.0
R1(config-if)#no shutdown
R1(config-if)#clock rate 64000
R1(config-if)#exit
R1(config)#interface fastethernet 1/0
R1(config-if)#ip address 192.168.1.1 255.255.255.0
R1(config-if)#no shutdown
R1(config-if)#exit
```

（2）配置路由器 Router2 接口的基本参数。

```
Router>enable
```

```
Router#configure terminal
Router(config)#hostname R2
R2(config)#Interface S1/2
R2(config-if)#IP address 10.10.1.2 255.255.255.0
R2(config-if)#no shutdown
R2(config-if)#clock rate 64000
R2(config-if)#exit
R2(config)#interface fastethernet 1/0
R2(config-if)#ip address 192.168.2.1 255.255.255.0
R2(config-if)#no shutdown
R2(config-if)#exit
```

3. 配置路由器 Router1 和 Router2 上的静态路由

（1）静态路由命令格式。

IP route [dest IP] [dest SubMask] [Next Hop IP]]

dest IP：所要到达目的网络的 IP 地址。

dest SubMask：所要到达目的网络的子网掩码。

Next Hop IP：下一个跳的 IP 地址，即相邻路由器的端口地址。

（2）删除静态路由。

```
Router(config)#no ip route network mask
```

（3）配置 Router1 路由器的静态路由。

```
R1(config)# ip route 192.168.2.0 255.255.255.0 10.10.1.2
```

（4）配置 Router2 路由器的静态路由。

```
R2(config)#ip route 192.168.1.0 255.255.255.0 10.10.1.1
```

4. 测试验证

验证各计算机连通情况。如 PC1 用 ping 命令测试与 PC3 的连接情况，同样的方法测试其他 PC 的连通情况，如果都是连通的，则表示静态路由配置是正确的。

5. 显示配置结果

（1）显示路由器 Router1 的运行结果。

```
R1#show running-config
```

（2）显示路由器 Router2 的运行结果。

```
R2#show running-config
```

5.7.3 默认路由

1. 默认路由的概念

默认路由（Default route），是对 IP 数据包中的目的地址找不到存在的其他路由时，路由器所选择的路由。目的地不在路由器的路由表里的所有数据包都会使用默认路由。这条路由一般会连去另一个路由器，而这个路由器也同样处理数据包：如果知道应该怎么路由这个数据包，则数据包会被转发到已知的路由；否则，数据包会被转发到默认路由，从而到达另一个路由器。每次转发，路由都增加了一跳的距离。

当到达了一个知道如何到达目的地址的路由器时，这个路由器就会根据最长前缀匹配来选择有效的路由。子网掩码匹配目的 IP 地址而且由最长的网络被选择。用无类别域间路由标记表示的 IPv4

默认路由是 0.0.0.0/0。因为子网掩码是/0，所以它是最短的可能匹配。当查找不到匹配的路由时，自然而然就会使用这条路由。同样地，在 IPv6 中，默认路由的地址是：：/0. 一些组织的路由器一般把默认路由设为一个连接到网络服务提供商的路由器。这样，目的地为该组织的局域网以外——一般是互联网、城域网或者 VPN 的数据包都会被该路由器转发到该网络服务提供商。当那些数据包到了外网，如果该路由器不知道该如何路由它们，它就会把它们发到它自己的默认路由里，而这又会是另一个连接到更大的网络的路由器。同样地，如果仍然不知道该如何路由那些数据包，它们会去到互联网的主干线路上。这样，目的地址会被认为不存在，数据包就会被丢弃。

2．指定默认路由（last resort gateway）的命令

```
ip route 0.0.0.0 0.0.0.0
ip default-network
ip default-gateway
default-information originate
ip default-gateway
```

当路由器上的 ip routing 无效时，使用它指定默认路由，用于 RXBoot 模式（no ip routing）下安装 IOS 等。或者关闭 ip routing 让路由器当主机用，此时需要配置默认网关。另外此命令常用于二层交换机上，因为在二层交换机上没有第三层路由表项。

3．ip default-network 和 ip route 0.0.0.0 0.0.0.0

两者都用于 ip routing 有效的路由器上，区别主要在于路由协议是否传播这条路由信息。比如：IGRP 无法识别 0.0.0.0，因此传播默认路由时必须用 ip default-network。

当用 ip default-network 指令设定多条默认路由时，administrative distance 最短的成为最终的默认路由；如果有复数条路由 distance 值相等，那么在路由表（show ip route）中靠上的成为默认路由。

同时使用 ip default-network 和 ip route 0.0.0.0 0.0.0.0 双方设定默认路由时，如果 ip default-network 设定的网络是直连（静态且已知）的，那么它就成为默认路由；如果 ip default-network 指定的网络是由交换路由信息得来的，则 ip route 0.0.0.0 0.0.0.0 指定的表项成为默认路由。

4．默认路由配置实例

某企业网络拓扑如图 5-35 所示，现要对路由器做默认路由配置，实现校园网络主机相互通信。

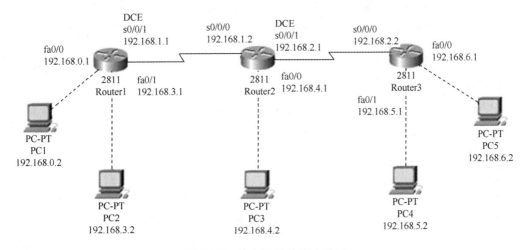

图 5-35 路由器默认路由配置

任务实施:

(1) Router1 的基本配置。

```
R1#conf
R1#(config)# int fa0/0
R1#(config-if)# ip add 192.168.0.1 255.255.255.0
R1#(config-if)# exit
R1#(config)# int fa0/1
R1#(config-if)#ip add 192.168.3.1 255.255.255.0
R1#(config-if)#exit
R1#(config)# int s0/0/0
Rl#(config-if)# ip add192.168.1.1255.255.2550
R1#(config-if)# no shut
R1#(config-if)# clock rate 64000
```

(2) Router2 的基本配置。

```
R2#conf t
R2(config)# int fao/0
R2(config-if)ip add 192.168.4.1 255.255.255.0
R2(config-if)# exit
R2(config)# int s0/0/0
R2(config-if)#ip add 192.168.1.2 255.255.255.0
R2(config-if)# no shut
R2(config-if)# exit
R2(config)# int s0/0/0
R2(config-if)# ip add 192.168.1.2 255.255.255.0
R2(config-if)# no shut
R2(config-if)# exit
R2(config)# int s0/0/1
R2(config-if)# ip add 192.168.2.1 255.255.255.0
R2(config-if)# no shut
R2(config-if)# clock rate 64000
```

(3) Router3 的基本配置。

```
R3#conf t
R3#(config)# int fa0/0
R3#(config-if)#ip ad 192.168.6.1 255.255.255.0
R3#(config-if)# exit
R3#(config)# int fa0/1
R3#(config-if)# ip add 192.168.5.1 255.255.255.0
R3#(config-if)# exit
R3#(config)# int s0/0/1
R3#(config-if)#ip ad 192.168.2.2 255.255.255.0
R3#(config-if)# no shut
```

(4) 分别对 3 台路由器进行默认路由配置。

```
R1(config)# Ip route 0.0.0.00.0.0.0 192.168.1.2
R2(config)# Ip route 0.0.0.00.0.0.0 192.168.1.1
R2(config)# Ip route 0.0.0.00.0.0.0192.1682.2
R3(config)# Ip route 0.0.0.00.0.0.0 192.168.2.1
```

5.7.4　浮动静态路由

1. 浮动静态路由概述

浮动静态路由是一种特殊的静态路由。由于浮动静态路由的优先级很低，在路由表中，它属于候补选项，它仅仅在首选路由失败时才发生作用，即在一条首选路由发生失败的时候，浮动静态路由才起作用，因此浮动静态路由主要考虑链路的冗余性能。

浮动静态路由通过配置一个比主路由的管理距离更大的静态路由，保证网络中主路由失效的情况下，提供备份路由，但在主路由存在的情况下它不会出现在路由表中，浮动静态路由主要用于拨号备份。

浮动静态路由的配置方法与静态路由相同，要注意 preference-value 为该路由的优先级别，即管理距离，可以根据实际情况指定，范围为 0～255。其配置格式如下：

```
[no] ip route ip-address { mask | mask-length } { interface-name | gateway-
address } [preference-value ] [ reject | blackhole ]
```

管理距离是指一种路由协议的路由可信度。每一种路由协议按可靠性从高到低，依次分配一个信任等级，这个信任等级就称为管理距离。对于两种不同的路由协议到一个目的地的路由信息，路由器首先根据管理距离决定相信哪一个协议。

一般管理距离是一个 0～255 的数字，值越大，则优先级越小。一般优先级顺序为：直连路由 > 静态路由 > 动态路由协议，不同协议的管理距离不一样，同一协议生成的路由管理距离也可能不一样，例如，几种 OSPF 协议的管理距离就不同，区域内路由 > 区域间路由 > 区域外路由，如表 5-5 所示。

表 5-5　各种路由协议的默认管理距离

路 由 协 议	管 理 距 离
直连路由	0
静态路由	1
EIGRP 汇总路由	5
外部 BGP	20
内部 EIGRP	90
IGRP	100
OSPF	110
IS-IS 自治系统	115
RIP	120
EGP 外部网关协议	140
ODR	160
外部 EIGRP	170
内部 BGP	200

2. 浮动静态路由配置（见图5-36）

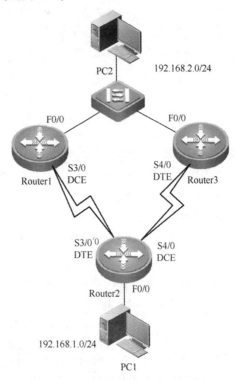

图 5-36 浮动静态路由配置拓扑图

（1）IP 地址规划与配置（见表5-6）

表 5-6 IP 地址规划与配置

设 备 名 称	IP 地 址	子 网 掩 码	网 关	接 口
PC1	192.168.1.1	255.255.255.0	192.168.1.254	F0/0 口
PC2	192.168.2.1	255.255.255.0	192.168.2.254	F0/0 口
Router1 的 F0/0 口	192.168.2.254	255.255.255.0		
Router1 的 S3/0 口	10.10.10.1	255.0.0.0		
Router2 的 F0/0 口	192.168.1.254	255.255.255.0		
Router2 的 S3/0 口	10.10.10.2	255.0.0.0		
Router2 的 S4/0 口	172.16.1.1	255.255.0.0		
Router3 的 F0/0 口	192.168.2.253	255.255.255.0		
Router3 的 S4/0 口	172.16.1.2	255.255.0.0		

（2）实施步骤。

①配置接口 IP 地址。

在 Router1 上进行配置：

```
Router(config)#hostname R1
R1(config)#interface fastEthernet 0/0
R1(config-if)#ip address 192.168.2.254 255.255.255.0
R1(config-if)#no shutdown
```

```
R1(config-if)#exit
R1(config)#interface serial 3/0
R1(config-if)#ip address 10.10.10.1 255.255.255.0
R1(config-if)#clock rate 64000
R1(config-if)#no shutdown
R1(config-if)#end
```

在 Router2 上进行配置:

```
Router(config)#hostname R2
R2(config)#interface serial 3/0
R2(config-if)#ip address 10.10.10.2 255.0.0.0
R2(config-if)#no shutdown
R2(config-if)#exit
R2(config)#interface fastEthernet 0/0
R2(config-if)#ip address 192.168.1.254 255.255.255.0
R2(config-if)#no shutdown
R2(config-if)#exit
R2(config)#interface serial 4/0
R2(config-if)#ip address 172.16.1.1 255.255.0.0
R2(config-if)#clock rate 64000
R2(config-if)#no shutdown
R2(config-if)#end
R2#show ip interface brief
```

在 Router3 上进行配置:

```
Router(config)#hostname R3
R3(config)#interface fastEthernet 0/0
R3(config-if)#ip address 192.168.2.253 255.255.255.0
R3(config-if)#no shutdown
R3(config)#interface serial 4/0
R3(config-if)#ip address 172.16.1.2 255.255.0.0
R3(config-if)#no shutdown
R3(config-if)#end
```

验证测试:

```
R1#ping 10.10.10.2
Sending 5, 100-byte ICMP Echoes to 10.10.10.2, timeout is 2 seconds:
  < press Ctrl+C to break >
Success rate is 100 percent(5/5), round-trip min/avg/max = 30/32/40 ms
!!!!!      确保 R1 与 R2 之间能 ping 通
R2#ping 172.16.1.2
Sending 5, 100-byte ICMP Echoes to 172.16.1.2, timeout is 2 seconds:
  < press Ctrl+C to break >
Success rate is 100 percent(5/5), round-trip min/avg/max = 30/30/30 ms
!!!!!      确保 R2 与 R3 之间能 ping 通
```

②配置主链路路由。

```
R1(config)#ip route 192.168.1.0 255.255.255.0 10.10.10.2
R2(config)#ip route 192.168.2.0 255.255.255.0 10.10.10.1
```

验证测试:

```
从 PC2 ping PC1
```

```
C:\>ping 192.168.1.1
Pinging 192.168.1.1 with 32 bytes of data:
Reply from 192.168.1.1: bytes=32 time<10ms TTL=126
Reply from 192.168.1.1: bytes=32 time<10ms TTL=126
Reply from 192.168.1.1: bytes=32 time<10ms TTL=126
Reply from 192.168.1.1: bytes=32 time<10ms TTL=126
!!!!!    确保 PC2 与 PC1 之间能 ping 通
```

此时 Router2 路由表的状态：

```
R2#show ip route
Codes:  C - connected, S - static, R - RIP B - BGP
        O - OSPF, IA - OSPF inter area
        N1 - OSPF NSSA external type 1, N2 - OSPF NSSA external type 2
        E1 - OSPF external type 1, E2 - OSPF external type 2
        i - IS-IS, su - IS-IS summary, L1 - IS-IS level-1, L2 - IS-IS level-2
        ia - IS-IS inter area, * - candidate default
Gateway of last resort is no set
C    192.168.1.0/24 is directly connected, FastEthernet 0/0
C    192.168.1.254/32 is local host.
C    10.0.0.0/8 is directly connected, serial 3/0
C    10.10.10.2/32 is local host.
C    172.16.0.0/16 is directly connected, serial 4/0
C    172.16.1.1/32 is local host.
S    192.168.2.0/24 [1/0] via 10.10.10.1, 00:01:58, serial 3/0
```

③配置备份链路路由。

```
R2(config)#ip route 192.168.2.0 255.255.255.0 172.16.1.2 25
! 配置备份路由的管理距离必须大于主路由的管理距离，由于静态路由管理距离为1，在这里将浮动静
态路由的管理距离指定为25。
R3(config)#ip route 192.168.1.0 255.255.255.0 172.16.1.1 25
! 配置Router3的浮动静态路由
```

此时路由表的状态：

```
R2#show ip route
Codes:  C - connected, S - static, R - RIP B - BGP
        O - OSPF, IA - OSPF inter area
        N1 - OSPF NSSA external type 1, N2 - OSPF NSSA external type 2
        E1 - OSPF external type 1, E2 - OSPF external type 2
        i - IS-IS, su - IS-IS summary, L1 - IS-IS level-1, L2 - IS-IS level-2
        ia - IS-IS inter area, * - candidate default
Gateway of last resort is no set
C    192.168.1.0/24 is directly connected, FastEthernet 0/0
C    192.168.1.254/32 is local host.
C    10.0.0.0/8 is directly connected, serial 3/0
C    10.10.10.2/32 is local host.
C    172.16.0.0/16 is directly connected, serial 4/0
C    172.16.1.1/32 is local host.
S    192.168.2.0/24 [1/0] via 10.10.10.1, 00:01:58, serial 3/0
!!!!!    路由表未发生变化
```

验证测试：

当主链路 down 的时候，可以通过备份链路通信。

```
R2(config)#interface serial 3/0
R2(config-if)#shutdown
从 PC2 ping PC1
C:\>ping 192.168.1.1
Pinging 192.168.1.1 with 32 bytes of data:
Reply from 192.168.1.1: bytes=32 time<10ms TTL=126
Reply from 192.168.1.1: bytes=32 time<10ms TTL=126
Reply from 192.168.1.1: bytes=32 time<10ms TTL=126
Reply from 192.168.1.1: bytes=32 time<10ms TTL=126
!!!!!    确保 PC2 与 PC1 之间能 ping 通
```

注意：当 R2 到 R1 的 S3/0 端口 down 掉的时候，表示主链路已失效，R2 可以通过到达 R3 的浮动静态路由到达 192.168.1.0/24 网段。

此时路由表的状态：

```
R2#show ip route
Codes:  C - connected, S - static, R - RIP B - BGP
        O - OSPF, IA - OSPF inter area
        N1 - OSPF NSSA external type 1, N2 - OSPF NSSA external type 2
        E1 - OSPF external type 1, E2 - OSPF external type 2
        i - IS-IS, su - IS-IS summary, L1 - IS-IS level-1, L2 - IS-IS level-2
        ia - IS-IS inter area, * - candidate default
Gateway of last resort is no set
C    192.168.1.0/24 is directly connected, FastEthernet 0/0
C    192.168.1.254/32 is local host.
C    172.16.0.0/16 is directly connected, serial 4/0
C    172.16.1.1/32 is local host.
S    192.168.2.0/24 [25/0] via 172.16.1.2, 00:01:58, serial 4/0
!!!!!    路由表中 serial 3/0 的直连路由已消失，首选路由已被替换
```

当主链路 up 的时候，仍然用主链路通信。

```
R2(config)#interface serial 3/0
R2(config-if)#no shutdown
R2#clear ip route *
从 PC2 ping PC1
C:\>ping 192.168.1.1
Pinging 192.168.1.1 with 32 bytes of data:
Reply from 192.168.1.1: bytes=32 time<10ms TTL=126
Reply from 192.168.1.1: bytes=32 time<10ms TTL=126
Reply from 192.168.1.1: bytes=32 time<10ms TTL=126
Reply from 192.168.1.1: bytes=32 time<10ms TTL=126
!!!!!    确保 PC2 与 PC1 之间能 ping 通
```

注意：当 R2 到 R1 的 S3/0 端口 UP 的时候，表示主链路已恢复，路由采用 R1 和 R2 两个路由器构成的通信链路。

此时路由表的状态：

```
R2#show ip route
Codes:  C - connected, S - static, R - RIP B - BGP
        O - OSPF, IA - OSPF inter area
        N1 - OSPF NSSA external type 1, N2 - OSPF NSSA external type 2
        E1 - OSPF external type 1, E2 - OSPF external type 2
```

```
        i - IS-IS, su - IS-IS summary, L1 - IS-IS level-1, L2 - IS-IS level-2
        ia - IS-IS inter area, * - candidate default
Gateway of last resort is no set
C    192.168.1.0/24 is directly connected, FastEthernet 0/0
C    192.168.1.254/32 is local host.
C    10.0.0.0/8 is directly connected, serial 3/0
C    10.10.10.2/32 is local host.
C    172.16.0.0/16 is directly connected, serial 4/0
C    172.16.1.1/32 is local host.
S    192.168.2.0/24 [1/0] via 10.10.10.1, 00:01:58, serial 3/0
!!!!!    路由表中已恢复主路由
```

注意:

配置备份路由的管理距离必须大于主路由的管理距离。

在测试通信链路时,可以使用 tracert 192.168.1.1 可以获得更为直观的效果。

习 题

1. 填空题

(1) 路由器的两大功能是_____和_____。

(2) 使用_____键可以重复执行上一条命令。

(3) 路由器的接口可以使_____命令来打开接口状态。

(4) 在 CLI 中,用_____键来补全命令。

(5) _____知道自己的路由器接口是 DTE 端还是 DCE 端。

2. 选择题

(1) (   ) 可以屏蔽过量的广播流量。

A. 交换机   B. 路由器   C. 集线器   D. 防火墙

(2) 在路由器的物理接口配置多个逻辑接口的方式完成 VLAN 间路由,这种方式称为(   )。

A. VLAN 线路复用   B. 逻辑端口

C. 单臂路由   D. 线路复用

(3) 交换机和路由器相比,主要的区别有(   )。

A. 交换机工作在 OSI 参考模型的第二层

B. 路由器工作在 OSI 参考模型的第三层

C. 交换机的一个端口划分一个广播域的边界

D. 路由器的一个端口划分一个冲突域的边界

(4) 以下不会在路由表里出现的是(   )。

A. 下一跳地址   B. 网络地址   C. 度量值   D. MAC 地址

(5) 路由器是一种用于网络互连的计算机设备,并不具备的是(   )。

A. 支持多种路由协议   B. 多层交换功能

C. 支持多种可路由协议   D. 具有存储、转发、寻址功能

(6) 路由器在转发数据包到非直连网段的过程中,依靠数据包中的(   )来寻找下一跳地址。

A．帧头　　　　　　B．IP报文头部　　　C．SSAP字段　　　D．DSAP字段

（7）路由器中时刻维持着一张路由表，这张路由表可以是静态配置的，也可以是由（　　　）产生。

A．生成树协议　　　B．链路控制协议　　C．动态路由协议　　D．被承载网络层协议

（8）下列关于路由的描述中，哪一项较为接近静态路由的定义（　　　）。

A．明确了目的地网络地址，但不能指定下一跳地址时采用的路由

B．由网络管理员手工设定的，明确指出了目的地网络和下一跳地址的路由

C．数据转发的路径没有明确指定，用特定的算法来计算一条最化转发路径

D．其他说法都不正确

（9）以下对于默认路由描述正确的是（　　　）。

A．默认路由是优先被使用的路由　　　B．默认路由是最后一条被使用的路由

C．默认路由是一种特殊的静态路由　　D．默认路由是一种特殊的动态路由

3．操作题

用模拟器（Packet Tracer）或真实设备搭建如图5-37所示网络拓扑，并给相关设备配置IP地址，然后用相关的网各测试命令进行测试。

基本要求：

①3台路由器连接5个网段，R2为DCE端。

②R1、R2、R3路由器基本配置。

③配置静态路由和默认路由，R1添加默认路由，R2添加静态路由，R3添加默认路由。

④测试：show edp 显示CDP信息；show cdp interface 显示该端口的CDP信息；show cdp traffic 显示CDP所用的数据包的信息；show cdp neighbor 查看邻居路由信息；show cdp neighbors detail 查看所有邻居的详细信息。

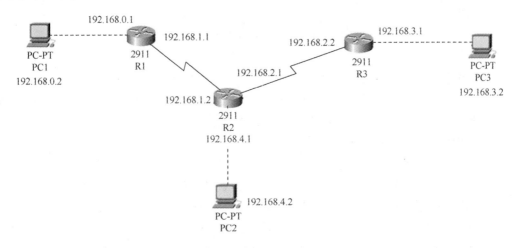

图5-37　能力拓展练习

项目 6
动态路由协议

项目导读

　　静态路由都是由管理员在路由器中手动配置的固定路由，除非网络管理员干预，否则一般不会发生变化。静态路由只适合事先已经熟悉网络状况和拓扑结构的情况，随着网络规模的扩大，未知的网段和拓扑结构已经越来越多，只用静态路由已经不能满足我们的要求，于是动态路由应运而生。

　　动态路由是网络中的路由器之间相互通信，传递路由信息，利用收到的路由信息计算路由并更新路由表的过程。它能实时地适应网络结构的变化。动态路由适用于网络规模大、网络拓扑复杂的网络。动态路由协议的工作原理和适用范围各不相同，并不同程度地占用网络带宽和 CPU 资源。

　　本项目将详细介绍动态路由的概念、特点，常见的动态路由协议 RIP、OSPF、EIGRP 等，路由重发布等概念及操作配置。

　　通过对本项目的学习，应做到：

- 了解：动态路由的概念及特点。
- 熟悉：动态路由协议 RIP、OSPF、EIGRP 的原理及特点。
- 掌握：各种动态路由协议的配置方法。

6.1　动态路由简介

　　路由，就是广域网数据包的寻址方式。在广域网上，由于站点很多，因此不能使用局域网上常用的广播寻址方法。在广域网上，路由器中的路由进程是动态的。路由器每收到一个数据包均交给路由进程处理，路由进程确定一个最佳的路径并将数据包发送出去。

　　路由进程确定路径的方法有两种：

　　（1）通过配置好的路由表来传送，这种需要由系统管理员手工配置路由表并指定每条路由线路的方法称为静态路由。由于系统管理员指定了静态路由器的每条路由，因而具有较高的安全系数，比较适合较小型的网络使用。一般来说，静态路由不向外广播。

　　（2）由路由器按指定的协议格式在网上广播和接收路由信息，通过路由器之间不断交换的路由信息动态地更新和确定路由表，并随时向附近的路由器广播，这种方式称为动态路由。动态路由器通过检查其他路由器的信息，并根据开销、链接等情况自动决定每个包的路由途径。动态路由方式仅需要手工配置第一条或最初的极少量路由线路，其他的路由途径则由路由器自动配置。动态路由由于较具灵活性，使用配置简单，因此成为目前主要的路由类型。

　　在 Cisco 路由器上可以配置三种路由：

（1）静态路由：管理员手工定义到一个目的地网络或者几个网络的路由。

（2）动态路由：路由器根据路由选择协议所定义的规则来交换路由信息，并且独立地选择最佳路径。

（3）默认路由：默认路由是指当路由表中与包的目的地址之间无匹配的表项时路由器能够做出的选择。

一般地，路由器查找路由的顺序为静态路由、动态路由，如果以上路由表中都没有合适的路由，则通过默认路由将数据包传输出去，可以综合使用三种路由。

静态路由和默认路由已经学习过，下面学习动态路由。

6.1.1　动态路由的来源

分析如图 6-1 所示的网络，根据它是静态配置还是动态配置，从而得出拓扑结构变化的结果是不同的。

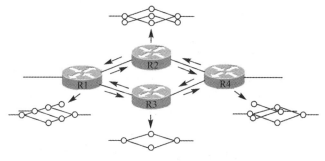

图 6-1　路由配置实例

静态路由允许路由器恰当地将数据包从一个网络传送到另一个网络。本例中，路由器 R1 总是把目标为路由器 R2 的数据发送到路由器 R4。路由器引用路由选择表并根据表中的静态信息把数据包转发到路由器 R4，路由器 R4 用同样的方法将数据包转发到路由器 R3，路由器 R3 把数据包转发到目的主机。

如果路由器 R1 和路由器 R4 之间的路径断开了，那么路由器 R1 将不能通过静态路由把数据包转发给路由器 R4。在通过人工重新配置路由器 R1 把数据包转发到路由器 R2 之前，要与目的网络进行通信是不可能的。动态路由提供了更多的灵活性，根据路由器 R1 生成的路由选择表，数据包可以经过有限的路由通过路由器 R4 到达目的地。

当路由器 R1 意识到通向路由器 R4 的链路断开时，它就会调整路由选择表，使得通过路由器 R2 的路径成为优先路径。路由器可以通过这条链路继续发送数据包。

当路由器 R1 和路由器 R4 之间的链路恢复工作时，路由器 R1 会再次改变路由选择表，指示通过路由器 R4 和 R3 的逆时针方向的路径是到达目的网络的优先选择。动态路由选择协议也可以在网络里引导流量，使用不同的路径到达同一目标，这被称为负载均衡（Load Sharing）。

6.1.2　动态路由选择工作原理

动态路由的成功依赖于路由器的两个基本功能：

（1）维护路由选择表。

（2）以路由更新的形式将信息及时地发布给其他路由器。

动态路由依靠一个路由选择协议和其他路由器共享信息。一个路由选择协议定义一系列规则，当路由器和相邻路由器通信时就使用这些规则。举例来说，一个路由选择协议描绘了：

①如何发送更新信息。

②更新信息里包含哪些内容。

③什么时候发送这些信息。

④如何定位更新这些信息的接收者。

RIP、EIGRP 和 OSPF 都能够正常进行动态路由的操作。如果没有这些动态路由协议，因特网是无法实现通信的。

6.1.3 动态路由协议基础

1．自治域系统

自治域系统是指处在一个统一管理的域下的一组网络的集合，一般情况下，从协议的方面来看，可以把运行同一种路由协议的网络看做是一个自治域系统；从地理区划方面来看，一个电信运营商或者具有大规模网络的企业可以被分配一个或多个自治域系统。

根据是否在一个自治域内部使用，动态路由协议分为内部网关协议（IGP）和外部网关协议（EGP）。自治域内部采用的路由选择协议称为内部网关协议，常用的有 RIP、IGRP、EIGRP、OSPF。外部网关协议主要用于多个自治域之间的路由选择，常用的是 BGP 和 BGP-4，其中 IGP 又分为距离矢量和链路状态，距离矢量是定期向相邻的路由器交流整个路由表的信息，如 RIPV1、IGRP。而链路状态只在链路状态发生改变时向所有的路由器交流链路状态信息，如 OSPF。而像 EIGRP 则同时具有两种协议的特点，具体如图 6-2 所示，其中一些协议的关系如图 6-3 所示。

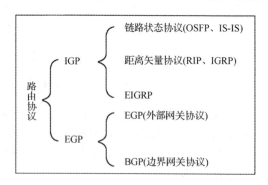

图 6-2 动态路由协议分类

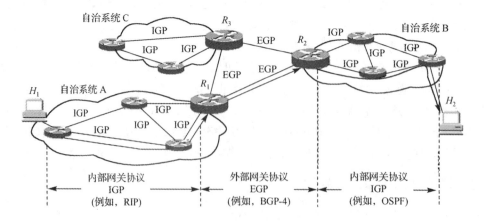

图 6-3 动态路由协议之间的关系

2．路由协议的分类

路由协议的分类方法很多，前面介绍过两种，在这里按是否能够学习到子网分类把路由协议分为有类（Classful）的路由协议和无类（Classless）的路由协议两种。

（1）有类的路由协议。有类的路由协议包括 RIPV1、IGRP 等。这一类的路由协议不支持可变长度的子网掩码，不能从邻居那里学到子网，所有关于子网的路由在被学到时都会自动变成子网的主类网（按照标准的 IP 地址分类）。

（2）无类的路由协议。这一类的路由协议支持可变长度的子网掩码，能够从邻居那里学到子网，所有关于子网的路由在被学到时都不用被变成子网的主类网，而以子网的形式直接进入路由表。

3．邻居关系

邻居关系对于运行动态路由协议的路由器来说，是至关重要的，如图 6-4 所示。在使用比较复杂的动态路由协议（如 OSPF 或 EIGRP）的网络里，一台路由器 A，必须先同自己的邻居路由器 B 建立起邻居关系（Peers Adjacency）。这样，它的邻居路由器 B 才会把自己知道的路由或拓扑链路的信息告诉路由器 A。

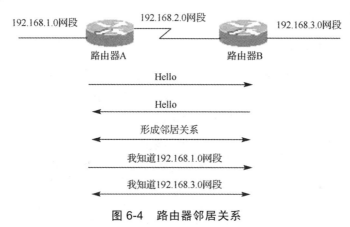

图 6-4　路由器邻居关系

路由器之间想要建立和维持邻居关系，互相之间也需要周期性地保持联络，这就是路由器之间为什么会周期性地发送一些 Hello 包的原因。这些包是路由器之间在互相联络以持邻居关系。链路状态路由协议和混合型的路由协议使用 Hello 包维持邻居关系。一旦在路由协议所规定的时间里（这个时间一般是 Hello 包发送周期的 3 倍或 4 倍），路由器没有收到某个邻居的 Hello 包，它就会认为那个邻居已经坏掉了，从而开始一个触发的路由收敛过程，并且发送消息把这一事件告诉其他邻居路由器。

4．网络路径的度量

在网络里面，为了保证网络的畅通，通常会连接很多的冗余链路。这样当一条链路出现故障时，还可以有其他路径把数据包传递到目的地。当一个路由选择算法更新路由选择表时，它的主要目标是确定路由选择表要包含最佳的路由信息。每个路由选择算法都认为自己的方式是最好的，这就用到了度量值。

所谓度量值（Value），就是路由器根据自己的路由算法计算出来的一条路径的优先级。当有多条路径到达同一个目的地时，度量值最小的路径是最佳路径，应该进入路由表。

路由器中最常用的度量值包括：

（1）带宽（Bandwidth）：链路的数据承载能力。

（2）延迟（Delay）：把数据包从源端送到目的端所需的时间。

（3）负载（Load）：在网络资源（如路由器或链路）上的活动数量。

（4）可靠性（Reliability）：通常指的是每条网络链路上的差错率。

（5）跳数（Hop Count）：数据包到达目的端所必须通过的路由器个数。

（6）滴答数（Ticks）：用 IBM PC 的时钟标记（大约 55 ms 或 1/8 s）计数的数据链路延迟。

（7）开销（Cost）：一个任意的值，通常基于带宽以及花费的钱数或其他一些由网络管理员指定的度量方法。

5．收敛时间

路由选择算法对动态路由选择来说是基础。只要因为网络升级、重新配置或故障而改变，网络信息库就必须随之改变。信息需要以精确的、一致的观点反映新的拓扑结构。这个精确的、一致的观点就称为收敛（Convergence）。当一个互联网中的所有路由器都运行着相同的信息时，就称为该网络已收敛。快速收敛是网络希望具有的特征，因为它可以尽量避免路由器利用过时的信息做出错误的或无效的路由判断。

6.1.4 动态路由协议举例

如图 6-5～图 6-8 所示，R1 会将直连网段 10.0.0.0 和 20.0.0.0 的信息向 R2 发送，R2 就能够学习到 10.0.0.0 网段，R2 将 10.0.0.0 保存到自己的路由表中，还会向 R3 发送 10.0.0.0，20.0.0.0 和 30.0.0.0 网段的信息，这样，R3 就能学习到 10.0.0.0 和 20.0.0.0 网段。

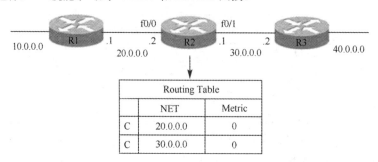

图 6-5　初始状态，路由表中只有直连路由

图 6-6　动态路由不需要手工添加，路由器之间能够互相学习

动态路由适用于网络规模大、网络拓扑复杂的网络，动态路由的特点十分明显：

（1）减少了管理任务：因为动态路由的过程完全是路由器自己完成的，管理员只需做简单的配置即可，路由学习、路由转发和路由维护的任务都是由动态路由来完成的。配置了动态路由后，当网络拓扑发生变化时，不需要进行重新配置，动态路由会自己了解这些变化，从而修改路由表。

（2）占用了网络的带宽：因为动态路由是通过与其他路由表通信来了解网络的，每个路由器都要告诉其他路由器自己所知道的网络信息，同时还要从其他路由器学习自己所不知道的网络信息。这样就不可避免地发送包，而这些路由信息包会占用一定的网络流量。

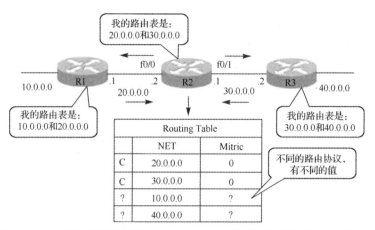

图 6-7　R2 向邻居分享自己的路由表，同时也接收邻居们分享给它的路由表

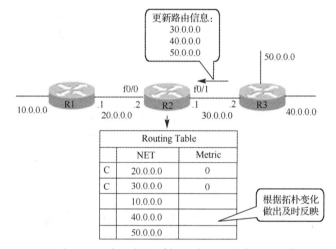

图 6-8　当非直连网段有更新的时候，路由器也会根据拓扑及时反映

📶 6.2　RIP 路由协议

RIP（Routing Information Protocols，路由信息协议）是最早的距离矢量路由协议。尽管 RIP 缺少许多更为高级的路由协议所具备的复杂功能，但其简单性和使用的广泛性使其具有很强的生命力。RIP 不是"即将被淘汰"的协议。实际上，现在已经出现了一种支持 IPv6 的 RIP，称为 RIPng（ng 是 next generation 的缩写，意为"下一代"）。

6.2.1　RIP 协议概述

RIP 是应用较早、使用较普通的内部网关协议，适用于小型同类网络，是典型的距离矢量（Distance-vector）协议。RIP 是基于 UDP，端口 520 的应用层协议，主要有以下特征：

（1）RIP 是一种距离矢量路由协议。

（2）RIP 使用跳数作为路径选择的唯一度量。

（3）将跳数超过 15 的路由通告为不可达。

（4）每30 s广播一次消息工作过程：如图6-9所示链接路由器，在为路由器配置了接口的IP地址，并且在接口配置了RIP路由的情况下，每个路由器的路由表中会出现直连路由条目。如果为路由器配置了RIP路由协议，路由器之间就会互相发送自己的路由表信息。

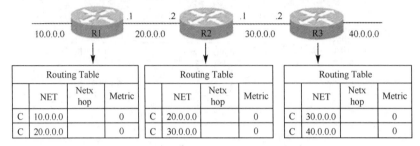

图6-9　初始情况下，路由表中只有直连路由

更新周期30 s时，路由器会向邻居发送路由表，路由器接收到相邻路由器发送来的路由信息，会与自己路由表中的条目进行比较，如果路由表中已经有这条路由信息，则路由器会比较新收到的路由信息是否优于现有的条目；如果优于现有的条目，则路由器会用新的路由信息替换原有的路由条目，反之，则路由器比较这条路由信息与原有的条目是否来自同一个源，如果来自同一个源，则更新，否则就忽略这条路由信息。

如图6-10所示，R1将自己路由表中的网段10.0.0.0和20.0.0.0发送给R2，20.0.0.0是R2与R1共享的直连网段，R2接收到R1的路由信息，将跳数加1后进行比较，忽略R1发来的20.0.0.0的信息，学习10.0.0.0网段。

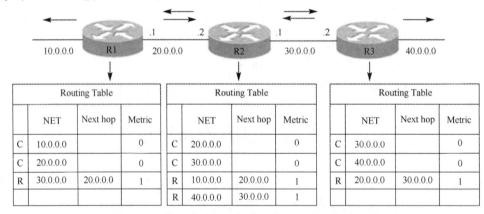

图6-10　第1个更新周期后，每个路由器的路由表

再过30 s，第二个更新周期到了，每个路由器向自己的邻居再次发送路由表，路由器之间互相发送和学习接收路由信息，在第一个更新周期结束后，路由器的路由表如图6-10所示，此时，R1已经能够访问30.0.0.0网段，但40.0.0.0网段还没有学习到，R2已经学习到了这个网络中的所有网段，R3还没有学习到10.0.0.0网段。

到第二个更新周期时，路由器之间再次发送自己的路由表信息，与上一个更新周期相同，各个路由器接收路由信息后进行比较，并学习和更新路由表中的条目。此时这个网络中的所有路由器已经学习到了所有网段，这个状态称为收敛，如图6-11所示，网络收敛后，路由器为了维护路由表，并且为了能够及时发现网络拓扑的改变，仍然每隔一定的时间发送路由更新信息。

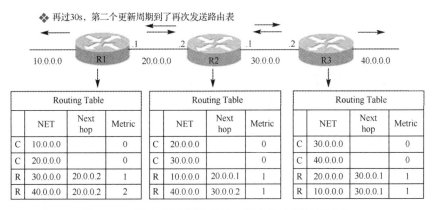

图 6-11　第 2 个更新周期后，每个路由器的路由表

6.2.2　RIP 的分类

RIP 有两个不同的版本，RIPv1 和 RIPv2，如图 6-12 和图 6-13 所示，它们的主要区别是：

（1）RIPv1 是有类路由协议，RIPv2 是无类路中协议。

（2）RIPv1 没有认证的功能。RIPv2 可以支持认证，并且有明文和 MD5 两种认证。

（3）RIPv1 没有手工汇总的功能，RIPv2 可以在关闭自动汇总的前提下，进行手工汇总。

（4）RIPv1 是广播更新，RIPv2 是组播更新。

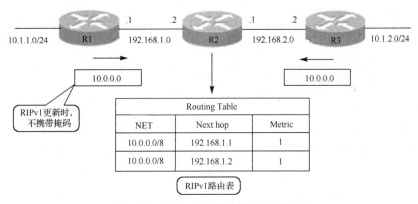

图 6-12　RIPv1 不携带子网掩码更新

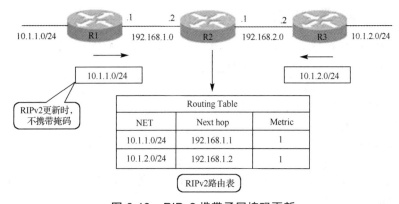

图 6-13　RIPv2 携带子网掩码更新

6.2.3 RIP 配置

配置步骤如下:

(1) 开启 RIP 路由协议进程。

```
Router(config)#router RIP
```

(2) 申请本路由器参与 RIP 协议的直连网段信息。

```
Router(config)#network network-num
```

(3) 指定 RIP 协议的版本。(默认版本是 v1)

```
Router(config)#version 2
```

(4) 任 RIPv2 版本中关闭自动汇总。

```
Router(config)#no anto-summary
```

验证 RIP 的配置:

```
Router#show ip protocols
```

显示路由器的信息:

```
Router#show ip route
```

清除 IP 路由表的信息:

```
Router#clear ip route
```

在控制台显示 RIP 的工作状态:

```
Router#debug ip RIP
```

路由聚合是指同自然网段内的不同子网的路由在向外(其他网段)发送时聚合成一条自然掩码的路由发送。例如,路由器中有如下两条路由:

```
10.1.1.0/24 [120/2]  via 10.3.3.2
10.2.2.0/24 [120/2]  via 10.3.3.2
```

经过路由聚合后,路由器对应的路由为:

```
10.0.0.0/8 [120/2] via 10.3.3.2
```

路由聚合减少了路由表中的路由信息量,也成少了路由交换的信息量。RIPv1 只发送自然掩码的路由,即总是以路由聚合形式向外发送路由,关闭路由聚合对 RIPv2 不起作用。

RIPv2 支持无类别路由(即传送路由更新时带有子网掩码),当需要将子网的路 RIPv2 支持无类别路由(即传送路由更新时带有子网掩码),当需要将子网的路由播出去时,可关闭 RIPv2 的路由聚合功能。默认情况下,允许 RIPv2 进行路由聚合。

6.2.4 RIPv1 基本配置举例

拓扑图如图 6-14 所示,在路由 RTA 和 RTB 上配置 RIPv1,使全网互通。

两台路由器配置如下(省略端口 IP 地址配置):

```
RTA(config)#router RIP
RTA(config)#network 192.168.0.0
RTA(config)#network 192.168.1.0
RTA(config)#router RIP
RTB(config)#network 192.168.2.0
RTB(config)#network 192.168.1.0
```

然后可以在 RTA 和 RTB 上查看路由表,已经看到类型为"R"的路由,就是由 RIP 协议产生,并且两个路由器都已经实现了全网互通。

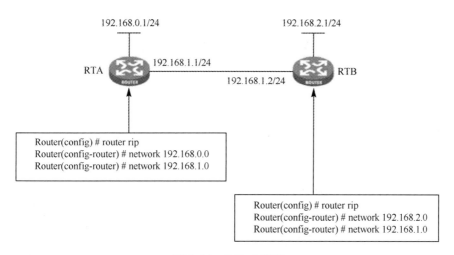

图 6-14   RIPv1 配置

6.2.5 RIPv2 基本配置举例

拓扑图如图 6-15 所示，在路由器 RTA 和 RTB 上配置 RIPv2，使得全网互通。

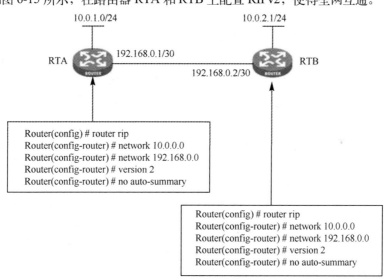

图 6-15   RIPv2 应用举例

两台路由器的配置如下（省略端口 IP 地址配置）：

```
RTA(config)#router RIP
RTA(config)#network 192.168.0.0
RTA(config)#network 10.0.0.0
RTA(config)#version 2
RTA(config)#no auto-summary
RTB(config)#router RIP
RTB(config)#network 192.168.0.0
RTB(config)#network 10.0.0.0
RTB(config)#version 2
RTB(config)#no auto-summary
```

6.3 OSPF 路由协议

6.3.1 OSPF 协议概述

1. OSPF 概念

OSPF（Open Shortest Path First）是一个内部网关协议（Interior Gateway Protocol，IGP），用于在单一自治系统（Autonomous System，AS）内决策路由。与 RIP 相对，OSPF 是链路状态路由协议，而 RIP 是距离向量路由协议。链路是路由器接口的另一种说法，因此 OSPF 也称为接口状态路由协议。OSPF 通过路由器之间通告网络接口的状态来建立链路状态数据库，生成最短路径树，每个 OSPF 路由器使用这些最短路径构造路由表。

作为一种链路状态的路由协议，OSPF 将链路状态组播数 LSA（Link State Advertisement）传送给在某一区域内的所有路由器，以此来了解整个网络的拓扑结构在链路状态信息中包含有哪些链路，这些链路与哪个路由器相连，连接的路径成本是多少等信息。因此，在链路状态路由协议收敛后，一个路由器可以了解本区域完整的链路信息。

2. 基本概念和术语

（1）链路状态。OSPF 路由器收集其所在网络区域上各路由器的连接状态信息，即链路状态信息（Link-State），生成链路状态数据库（Link-State Database）。路由器掌握了该区域上所有路由器的链路状态信息，也就等于了解了整个网络的拓扑状况。OSPF 路由器利用最短路径优先算法（Shortest Path First，SPF），独立地计算出到达任意目的地的路由。

（2）区域。OSPF 协议引入"分层路由"的概念，将网络分割成一个"主干"连接的一组相互独立的部分，这些相互独立的部分被称为"区域"（Area），"主干"的部分称为"主干区域"。每个区域就如同一个独立的网络，该区域的 OSPF 路由器只保存该区域的链路状态。每个路由器的链路状态数据库都可以保持合理的大小，路由计算的时间、报文数量都不会过大。

（3）OSPF 网络类型。根据路由器所连接的物理网络不同，OSPF 将网络划分为四种类型：

①广播多路访问型（Broadcast multiAccess），如 Ethernet、Token Ring、FDDI。

②非广播多路访问型（None Broadcast MultiAccess，NBMA），如 Frame Relay、X.25、SMDS。

③点到点型（Point-to-Point），如 PPP、HDLC。

④点到多点型（Point-to-MultiPoint）。

3. 协议操作

（1）建立路由器的邻接关系。所谓"邻接关系"（Adjacency）是指 OSPF 路由器以交换路由信息为目的，在所选择的相邻路由器之间建立的一种关系。

路由器首先发送拥有自身 ID 信息（Loopback 端口或最大的 IP 地址）的 Hello 报文。与之相邻的路由器如果收到这个 Hello 报文，就将这个报文内的 ID 信息加入到自己的 Hello 报文内。如果路由器的某端口收到从其他路由器发送的含有自身 ID 信息的 Hello 报文，则它根据该端口所在网络类型确定是否可以建立邻接关系。在点对点网络中，路由器将直接和对端路由器建立起邻接关系。

（2）发现路由器。在这个步骤中，路由器与路由器之间首先利用 Hello 报文的 ID 信息确认主从关系，然后主从路由器相互交换部分链路状态信息。每个路由器对信息进行分析比较，如果收到的信息有新的内容，路由器将要求对方发送完整的链路状态信息。这个状态完成后，路由器之间建立完全相邻（Full Adjacency）关系，同时邻接路由器拥有自己独立的、完整的链路状态数据库。

在 Point-to-Point 网络内，相邻路由器之间交换链路状态信息。

（3）选择适当的路由器。当一个路由器拥有完整独立的链路状态数据库后，它将采用 SPF 算法计算并创建路由表。OSPF 路由器依据链路状态数据库的内容，独立地用 SPF 算法计算出到每一个目的网络的路径，并将路径存入路由表中。

OSPF 利用量度（Cost）计算目的路径，Cost 最小者即为最短路径。在配置 OSPF 路由器时可根据实际情况，如链路带宽、时延或经济上的费用设置链路 Cost 大小。Cost 越小，则该链路被选为路由的可能性越大。

（4）维护路由信息。当链路状态发生变化时，OSPF 通过 Flooding 过程通告网络上其他路由器。OSPF 路由器接收到包含有新信息的链路状态更新报文，将更新自己的链路状态数据库，然后用 SPF 算法重新计算路由表。在重新计算过程中，路由器继续使用旧路由表，直到 SPF 完成新的路由表计算。新的链路状态信息将发送给其他路由器。值得注意的是，即使链路状态没有发生改变，OSPF 路由信息也会自动更新，默认时间为 30 分钟。

4．OSPF 的工作过程

运行 RIP 的路由器只需要保存一张路由表，而用 OSPF 路由协议的路由器需要保存 3 张表：

（1）邻居列表：列出每台路由器已经建立邻接关系的全部邻居路由器。

（2）链路状态数据库（LSDB）：列出网络中其他路由器的信息，由此显示了全网的网络拓扑。

（3）路由表：列出通过 SPF 算法（Shortest Path Tree，最短路径优先算法），迪克斯加算法（Dijkstra）计算出到达每个相连网络的最佳路径。

3 张表的作用及其关系如图 6-16 所示。

OSPF 的路由器试图与临近的路由器建立邻接关系，在邻居之间互相同步链路状态数据库，使用最短路径算法，从链路状态信息计算得到一个以自己为树根的"最短路径树"，到最后，每一台路由器都将从最短路径树中构建出自己的路由表。

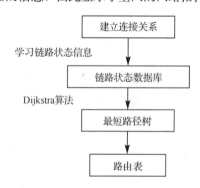

图 6-16　OSPF 路由协议路由表的形成

5．OSPF 的度量值

OSPF 用来度量路径优劣的度量值称为代价（Cost），是指从该接口发送出来的数据包的出站接口代价，Cisco 使用的默认代价是 $10^8/BW$。其中 BW 是指在该接口上配置的带宽，10^8 是 Cisco 使用的参考带宽。几种常用接口的 cost 值如表 6-1 所示。

表 6-1　几种常用接口的 cost 值

接 口 类 型	cost 值
环回口	1
serial 口	64
标准以太接口	10
快速以太接口	1

OSPF 度量值 cost ＝所有链路入接口的 cost 之和。

6. 关于 DR 和 BDR

如果网络上的路由器数量很大，每两台路由器之间都要传递 LSA 信息，这势必会占用很多网络资源以及影响路由器性能。

为了解决这个问题，在多路访问网络过程中，OSPF 协议指定一台路由器为指定路由器 DR（Designated Router，DR）和一台备份指定路由器（Backup Designated Router，BDR）来负责传递信息。所有的路由器都只将路由信息发送给 DR 和 BDR，再由 DR 将路由信息发送给本网段内的其他路由器。两台不是 DR 的路由器之间不再建立邻接关系，也不再交换任何路由信息。

BDR 实际上是对 DR 的一个备份，在选举 DR 的同时也选举出 BDR，BDR 也和本网段内的所有路由器建立邻接关系并交换路由信息。当 DR 失效后，BDR 会立即成为 DR，由于不需要重新选举，并且邻接关系事先已建立，所以这个过程是非常短暂的。当然这时还需要重新选举出一个新的BDR，虽然一样需要较长的时间，但并不会影响路由计算。

DR 和 BDR 是由同一网段中所有的路由器根据路由器优先级以及 Router ID 通过 Hello 报文选举出来的，只有优先级大于 0 的路由器才具有选取资格。进行 DR/BDR 选举时，每台路由器将自己选出的 DR 写入 Hello 报文中，发给网段上的每台运行 OSPF 协议的路由器。当处于同一网段的两台路由器同时宣布自己是 DR 时，路由器优先级高者胜出。如果优先级相等，则 Router ID 大者胜出。如果一台路由器的优先级为 0，则它不会被选举为 DR 或 BDR。

7. OSPF 区域划分的原因

OSPF 路由协议与 RIP 相比，OSPF 适合更大型的网络环境，那么 OSPF 是如何实现适合大型网络环境的要求的呢？

首先，OSPF 是一种链路状态型的路由协议，不会产生环路问题，因此不需要使用最大跳数等限制来防止环路的产生。

其次，OSPF 将自制系统分割成多个小的区域，OSPF 的路由器只在区域内部学习完整的链路状态信息，而不必了解整个自治系统内部所有的链路状态。

如图 6-17 所示，区域 0 为骨干区域，用来连接自治系统内部的所有其他区域，用来连接骨干区域和其他区域的路由器叫作区域边界路由器，它了解所连接的两个区域的完整的链路状态信息，并将链路状态信息汇总后发给区域内的其他路由器，这样减少了路由器保存的链路状态数据库的大小，可以解决路由器内存容量有限的问题。

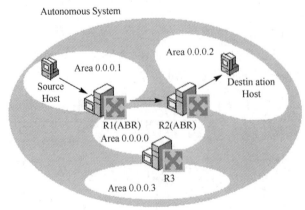

图 6-17　OSPF 的 Area

8. 区域 ID

区域是通过一个 32 位的区域 ID 来标识的，可以表示成一个十进制的数字，也可以表示成一个点分十进制的数字。

区域 0 是为骨干区域保留的区域 ID 号，骨干区域是一个特殊的 OSPF 区域，它担负着区域间路由信息传播的重任。

9. 动态路由 OSPF 的特点

（1）OSPF 协议主要优点：

①OSPF 是真正的 LOOP-FREE（无路由自环）路由协议：源自其算法本身的优点。（链路状态及最短路径树算法）

②OSPF 收敛速度快：能够在最短的时间内将路由变化传递到整个自治系统。

③提出区域划分的概念，将自治系统划分为不同区域后，通过区域之间对路由信息的摘要，大大减少了需传递的路由信息数量。也使得路由信息不会随网络规模的扩大而急剧膨胀。

④将协议自身的开销控制到最小。

⑤通过严格划分路由的级别（共分四级），提供更可信的路由选择。

⑥良好的安全性：OSPF 支持基于接口的明文及 md5 验证。

⑦OSPF 适应各种规模的网络，最多可达数千台。

（2）OSPF 的缺点：

①配置相对复杂。由于网络区域划分和网络属性的复杂性，需要网络分析员有较高的网络知识水平才能配置和管理 OSPF 网络。

②路由负载均衡能力较弱。OSPF 虽然能根据接口的速率、连接可靠性等信息，自动生成接口路由优先级，但通往同一目的的不同优先级路由，OSPF 只选择优先级较高的转发，不同优先级的路由，不能实现负载分担。只有相同优先级的，才能达到负载均衡的目的，不像 EIGRP 那样可以根据优先级不同，自动匹配流量。

6.3.2 OSPF 基本配置命令

（1）启动 OSPF 进程，与配置 RIP 不同的是，在配置 OSPF 时候需要配置进程号，进程号是本地路由器的进程号，用来标识一台路由器的多个 OSPF 进程，其值范围 1～65 535。

```
Router(config)#router ospf process-id
```

（2）宣告 OSPF 协议运行的接口和所在的区域。

```
Router(config-router)#network address inverse-mask area area-id
```

Address：网络号，可以是网段地址、子网地址或者一个路由器接口的地址，用于指出路由器所要通告的链路，网段地址后面跟反掩码形式。

用于诊断的查看命令：

①查看路由表：show ip route。

②查看 OPSF 的配置：show ip ospf。

③查看 OSPF 接口的数据结构：show ip opsf interface type number。

④查看 OSPF 指定进程的信息：show ip ospf process-id。

附加:

（1）Loopback 接口: 是为了运行 OSPF 的路由器配置一个 loopback 接口, 用来作为 Router ID, loopback 接口是一种纯软件性质的虚拟接口, 接口序号取值范围为 0~1 023, 最多可创建 1 024 个 loopback 接口。

（2）Router ID: 因为运行 OSPF 的路由器要了解每条链路是连接在哪个路由器上的, 因此就需要一个唯一的标识来标记 OSPF 网路中的路由器, 这个标识就是 Router ID。

6.3.3　OSPF 应用举例

OSPF 应用举例拓扑图如图 6-18 所示。

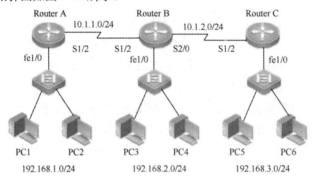

图 6-18　OSPF 应用举例

项目实施和步骤:

1. 连接路由器和各工作站

按照网络拓扑结构图连接路由器和各工作站, 如表 6-2 所示。

表 6-2　各设备 IP 信息

设　备	接　口	IP 地　址	子网掩码	网　关
PC1	NIC	192.168.1.2	255.255.255.0	192.168.1.1
PC2	NIC	192.168.1.3	255.255.255.0	192.168.1.1
PC3	NIC	192.168.2.2	255.255.255.0	192.168.2.1
PC4	NIC	192.168.2.3	255.255.255.0	192.168.2.1
PC5	NIC	192.168.3.2	255.255.255.0	192.168.3.1
PC6	NIC	192.168.3.3	255.255.255.0	192.168.3.1
RouterA	fe1/0	192.168.1.1	255.255.255.0	
	S1/2	10.1.1.1	255.255.255.0	
RouterB	fe1/0	192.168.2.1	255.255.255.0	
	S1/2	10.1.1.2	255.255.255.0	
	S2/0	10.1.2.1	255.255.255.0	
RouterC	fe1/0	192.168.3.1	255.255.255.0	
	S1/2	10.1.2.2	255.255.255.0	

2. 配置每台 PC 的网络接口卡的 IP 地址、子网掩码和网关（见图 6-19）

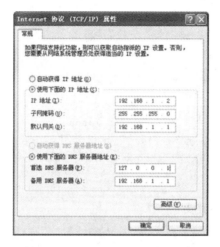

图 6-19　设置 PC 的 IP 信息

3. 配置路由器接口的基本参数

（1）配置 RouterA 的接口的基本参数。

```
Router>enable
Router#config terminal
Router(config)#hostname RA
RA(config)#Interface S1/2
RA(config-if)#IP address 10.1.1.1 255.255.255.0
RA(config-if)#no shutdown
RA(config-if)#clock rate 64000
RA(config-if)#exit
RA(config)#interface fastethernet 1/0
RA(config-if)#ip address 192.168.1.1 255.255.255.0
RA(config-if)#no shutdown
RA(config-if)#exit
```

（2）配置 RouterB 的接口的基本参数。

```
Router>enable
Router#config terminal
Router(config)#hostname RB
RB(config)#Interface S1/2
RB(config-if)#IP address 10.1.1.2 255.255.255.0
RB(config-if)#no shutdown
RB(config-if)#clock rate 64000
RB(config-if)#exit
RB(config)#interface fastethernet 1/0
RB(config-if)#ip address 192.168.2.1 255.255.255.0
RB(config-if)#no shutdown
RB(config-if)#exit
RB(config)#Interface S2/0
RB(config-if)#IP address 10.1.2.1 255.255.255.0
RB(config-if)#no shutdown
RB(config-if)#clock rate 64000
RB(config-if)#exit
```

（3）配置 RouterC 的接口的基本参数。

```
Router>enable
Router#config terminal
Router(config)#hostname RC
RC(config)#Interface S1/2
RC(config-if)#IP address 10.1.2.2 255.255.255.0
RC(config-if)#no shutdown
RC(config-if)#clock rate 64000
RC(config-if)#exit
RC(config)#interface fastethernet 1/0
RC(config-if)#ip address 192.168.3.1 255.255.255.0
RC(config-if)#no shutdown
RC(config-if)#exit
```

（4）配置 RouterA 的 OSPF 路由。

```
RA(config)# router OSPF
RA(config-router)#network 10.1.1.0 0.0.0.255 Area 0
RA(config-router)#network 192.168.1.0 0.0.0.255 Area 0
```

（5）配置 RouterB 的 OSPF 路由。

```
RB(config)# router OSPF
RB(config-router)#network 10.1.1.0 0.0.0.255 Area 0
RB(config-router)#network 192.168.2.0 0.0.0.255 Area 0
RB(config-router)#network 10.1.2.0 0.0.0.255 Area 0
```

（6）配置 RouterC 的 OSPF 路由。

```
RC(config)# router OSPF
RC(config-router)#network 10.1.2.0 0.0.0.255 Area 0
RC(config-router)#network 192.168.3.0 0.0.0.255 Area 0
```

4．测试验证

验证各计算机连通情况。如 PC1 用 ping 命令测试与 PC3 的连接情况，同样的方法测试其他 PC 的连通情况，如果都是连通的，则表示动态路由配置 OSPF 是正确的。

5．显示配置结果

（1）显示 RouterA 的运行结果。

```
RA#show running-config
```

（2）显示 RouterB 的运行结果。

```
RB#show running-config
```

（3）显示 RouterC 的运行结果。

```
RC#show running-config
```

🛜 6.4　EIGRP 协议

　　EIGRP（Enhanced Interior Gateway Routing Protocol）即"增强内部网关路由协议"，也翻译为"加强型内部网关路由协议"。EIGRP 是 Cisco 公司的私有协议，是 IGRP 的升级版，IGRP 是较早的有类距离矢量路由协议，自 IOS12.3 后已被淘汰。EIGRP 结合了链路状态和距离矢量型路由选择

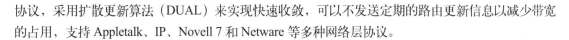

协议，采用扩散更新算法（DUAL）来实现快速收敛，可以不发送定期的路由更新信息以减少带宽的占用，支持 Appletalk、IP、Novell 7 和 Netware 等多种网络层协议。

6.4.1　EIGRP 的特点

EIGRP 是由距离矢量和链路状态两种路由协议混合而成的一种协议。与距离矢量协议一样，EIGRP 从它的相邻路由器那里得到更新信息；也像链路状态协议那样，保存着一个拓扑表，然后通过自己的 DUAL 算法选择一个最优的无环路径。EIGRP 不像传统的距离矢量协议，EIGRP 有着很快的收敛时间，而且它不用发送定期的路由更新；也不像链路状态协议，EIGRP 并不知道整个网络是什么样的，它只能靠邻居公布的信息。EIGRP 使用 DUAL（扩散更新算法），DUAL 机制是 EIGRP 的核心，通过它可以实现五环路径。内部 EIGRP 管理距离为 90，支持等价和非等价负载均衡。

该协议的特点包括：

1．快速收敛

EIGRP 采用 DUAL 来实现快速收敛。运行 EIGRP 的路由器储存了邻居的路由表，因此能够快速适应网络中的变化。如果本地路由表中没有合适的路由且拓扑表中没用合适的备用路由，EIGRP 将查询邻居以发现替代路由。查询将不断传播，直到找到替代路由或者确定不存在替代路由为止。

2．部分更新

EIGRP 发送部分更新而不是定期更新，且仅在路由表路径或者度量值发生变化时才发送。更新中只包含已变化的链路信息，而不是整个路由表，可以减少带宽的占用。此外，还自动限制这些部分更新的传播，只将其传递给需要的路由器，这种行为也不同于链路状态协议，后者将更新发送给区域内的所有路由器。

3．支持多种网络层协议

EIGRP 使用协议相关模块来支持 IPv4、IPv6、Apple Talk 和 IPX，以满足特定网络层需求。

4．使用多播和单播

EIGRP 在路由器之间通信时使用多播和单播而不是广播，因此终端不受路由更新和查询的影响。EIGRP 使用的多播地址是 224.0.0.10。

5．支持变长子网掩码

EIGRP 是一种无类路由协议，它将通告每个目标网络的子网掩码，支持不连续子网和 VLSM。

6．无缝连接数据链路层协议和拓扑结构

EIGRP 不要求对 OSI 参考模型第二层协议做特别的配置，EIGRP 能够有效地工作在 LAN 和 WAN 中，而且 EIGRP 保证网络不会产生环路（Loop-free）；而且配置起来很简单；支持 VLSM；还可以做非等价的路径的负载平衡。

7．配置简单

使用 EIGRP 协议组建网络，路由器配置非常简单，它没有复杂的区域设置，也无须针对不同网络接口类型实施不同的配置方法。使用 EIGRP 协议只需使用 router eigrp 命令，在路由器上启动 EIGRP 路由进程，然后再使用 network 命令使能网络范围内的接口即可。

6.4.2　EIGRP 的 metric 的计算

与 RIP 仅仅使用跳数作为度量值不同，EIGRP 采用混合的度量值计算方式，综合考虑带宽、延

迟、可靠性、负载、MTU 这几个因素。EIGRP 使用一个长度为 32bit 的 metric 值，具体算法如图 6-20～图 6-22 所示。

$$BW = \frac{10^7}{\text{接口最小带宽(kbit/s)}} \times 256 \text{(kbit/s)}$$ 带宽取值沿路所有数据沿路出接口（或路由入口）的接口带宽的最小值

图 6-20　带宽计算公式

$$DLY = \frac{\text{延迟}(\mu s)}{10} \times 256 (\mu s)$$ 延迟取值沿路所有数据沿路出接口（或路由入口）的接口延迟的累加

图 6-21　延迟计算公式

$$BW = \frac{10^7}{\text{接口最小带宽(kbit/s)}} \times 256 \text{(kbit/s)}$$ 带宽取值沿路所有数据沿路出接口（或路由入口）的接口带宽的最小值

$$DLY = \frac{\text{延迟}(\mu s)}{10} \times 256 (\mu s)$$ 延迟取值沿路所有数据沿路出接口（或路由入口）的接口延迟的累加

$$metric = \left[k1 \times BW + \frac{k2 \times BW}{259 - LOAD} + k3 \times DLY \right] \times \left[\frac{k5}{RELIA + k4} \right]$$

图 6-22　metric 值计算公式

默认 $K1=1$，$K2=0$，$K3=1$，$K4=0$，$K5=0$，所以 EIGRP 的路由 metric 默认为延迟+带宽。注意：接口的带宽、延迟、MTU 等值均可以在接口模式下用 show interface 命令查看。例如，图 6-23 所示的路由器 A 到网段 3.0 的 metric 应该如何计算呢？

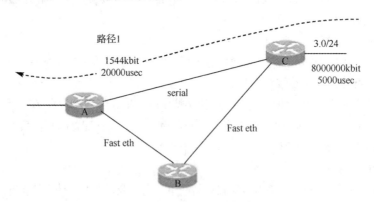

图 6-23　metric 值计算举例

路由器 A 上，看到的 3.0 网段的 metric（从路径 1 走）：

```
BW=10^7/1544*256=6476(去掉小数)*256=1657856
DLY=20000/10*256+5000/10*256=640000
Metric=640000+1657856=2297856
```

所以在路由表中经常会看到类型为 D（Dual）的路由条目，metric 值比较大，这些条目都是 EIGRP 协议产生的路由，如图 6-24 所示。

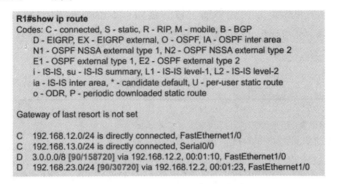

图 6-24　EIGRP 协议生成的路由条目

6.4.3　EIGRP 的工作原理

EIGRP 协议的运行需要 3 张表：邻居表（Neighbor Table）、拓扑表（Topology Table）和路由表（Routing Table）。

初始运行 EIGRP 的路由器都要经历发现邻居、了解网络及选择路由的过程，在这个过程中同时建立 3 张独立的表格。其中 Neighbor Table 保存了和路由器建立了邻居关系且直连的路由器；Topology Table 包含路由器学习到的到达目的地的所有路由条目；Routing Table 则是最佳路径的路由表，详情如图 6-25 所示。

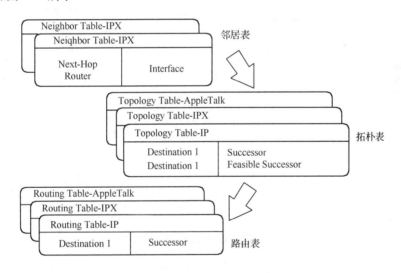

图 6-25　EIGRP 的 3 张表

这 3 张表的建立依赖于 EIGRP 的数据包，EIGRP 共有 5 种数据包，分别是 HELLO 分组，更新包，查询包，应答包和确认（ACK）包，如表 6-3 所示。

图 6-26 显示了 EIGRP 邻居关系建立的过程。可以看出接收者需要对 update、reply 和 query 这些有序号的报文进行确认，这些发送的路由更新报文采用可靠传输，如果没有收到确认信息则重新发送，直至确认。EIGRP 使用可靠传输协议 RTP（Reliable Transport Protocol），RTP 确

保每一个 EIGRP 分组都必须得到确认，只有前一个分组得到确认后才会发送下一个分组，RTP 的重传机制使得发送给邻居的可靠报文在 RTO（Retransmit Time Out）超出以后，还没得到确认的话，则 RTP 会将分组重传（重传为单播，目的是为了不影响那些已经正常确认的路由），最多重传 16 次，如果 16 次之后还没有确认则重置邻居关系，直到邻居关系保持时间（Hold Time）超出，宣布邻居不可达。

表 6-3　EIGRP 的数据包

HELLO 分组	以 224.0.0.10 发送，无须确认 HELLO 包； EIGRP 依靠分组来实现、验证和重新发现邻居 router； 以固定的时间发送 HELLO 包，该时间间隔与接口带宽有关； LAN 上默认为 5
更新	EIGRP 协议的这些更新数据包只在必要的时候传递必要的信息，而且仅仅传递给需要路由信息的路由器，当只有某一指定的路由器需要路由更新时，更新数据包就是单播发送的；当有多台路由器需要路由更新时，更新数据包就是组播发送的； 以可靠的方式发送，需要确认
查询	当某条路由丢失，向邻居查询关于路由信息，通常靠组播方式发送，有时也用单播重传；可靠地发送
应答	响应查询分组，单播；可靠方式发送
确认（ACK）	以单播发送的 HELLO 包（不包含数据），包含确认号，用来确认更新、查询和应答。ACK 本事不需要确认

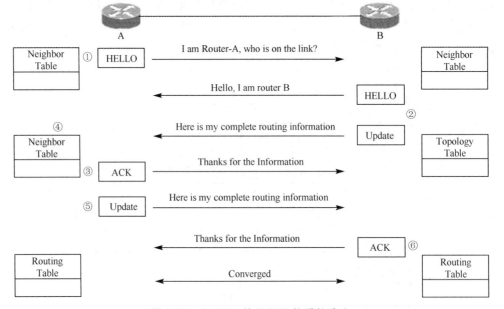

图 6-26　EIGRP 协议邻居关系的建立

EIGRP 使用 DUAL 提供最佳的无环路径和无环备份路径。DUAL 会用到若干术语，本节将详细讨论这些术语：

这些术语和概念是 DUAL 的环路避免机制的核心。

（1）后继路由器（Successor，S）：是指用于转发数据包的一台相邻路由器，该路由器是通向目的网络的开销最低的路由。后继路由器的 IP 地址显示在路由表条目中，紧随单词 via，其实就是从当前位置出发的下一跳。

（2）可行距离（Feasible Distance，FD）：计算出的通向目的网络的最低度量。FD 是路由表条目中所列的度量，就是括号内的第二个数字。与其他路由协议中的情况一样，它也称路由度量，具体如图 6-27 所示。

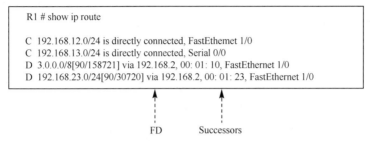

```
R1 # show ip route

C  192.168.12.0/24 is directly connected, FastEthemet 1/0
C  192.168.13.0/24 is directly connected, Serial 0/0
D  3.0.0.0/8[90/158721] via 192.168.2, 00: 01: 10, FastEthernet 1/0
D  192.168.23.0/24[90/30720] via 192.168.2, 00: 01: 23, FastEthernet 1/0
```

图 6-27 路由表中的可行距离和后继

（3）可行后继（Feasible Successor，FS）：可行后继是一个邻居路由器，通过它可以到达目的地，不使用这个路由器是因为通过它到达目的地的路由的度量值比其他路由器高，但它的通告距离小于可行距离，因而被保存在拓扑表中，用作备用路由，如图 6-28 所示。

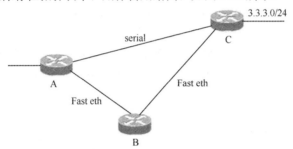

图 6-28 后继和可行后继应用举例

对于路由器 A 而言，去往 3.3.3.0 网段，后继路由器是路由器 B，路由器 C 是 FS。

（4）通告距离（Advertise Distance，AD）：相邻路由器所通告的相邻路由器自己到达某个目的地的最短路由的度量值，如图 6-29 所示。

（5）可行条件（Feasible Condition，FC）：上述 4 个术语，构成了可行条件，是 EIGRP 路由器更新路由表和拓扑表的依据。可行条件可以有效地阻止路由环路，实现路由的快速收敛。

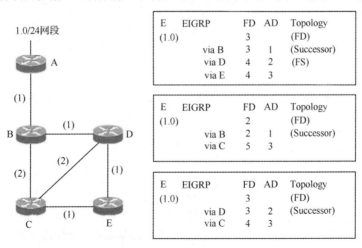

图 6-29 理解 FD 和 AD

6.4.4 EIGRP 的配置

EIGRP 的配置非常简单，只需要在路由器上启动 EIGRP 路由进程，然后启用参与路由协议的接口，并且通告网络即可。

1. Router(config)router eigrp autonomous-system

Autonomous-system 是"自治系统"编号。在单台路由器上可以支持多个 AS 共存，EIGRP 使用自治系统来区别可共享路由信息的路由器集合。在不同的自治系统号之间的路由器不会自动共享路由信息，并且它们也不会成为邻居。当然路由信息可以通过"重发布"在不同的 AS 之间进行共享。

2. Router(config-router)#network network-number [wildcard-mask]

宣告直连口，跟 RIP 协议一样，直接宣告直连网段的主类网络（掩码可以随路由更新一同被发送）。当然如果想要更精确地界定哪些接口启用 EIGRP 协议，可以配上通配符掩码。

配置的时候注意：

（1）EIGRP 协议在通告网段时，如果是主类网络（即标准 A、B、C 类的网络，或者说没有划分子网的网络），只需输入此类网络地址；如果是子网，则最好在网络号后面写子网掩码或者反掩码，这样可以避免将所有的子网都加入 EIGRP 进程中。

（2）反掩码是用广播地址（255.255.255.255）减去子网掩码所得到的。如掩码地址是 255.255.248.0，则反掩码地址是 0.0.7.255。在高级的 IOS 中也支持网络掩码的写法。

6.4.5 EIGRP 应用举例

如图 6-30 所示，路由器 R1、R2 通过串口相连，请在该网络中配置 EICRP 协议，使得路由器可以实现全网可达，AS 号自定。

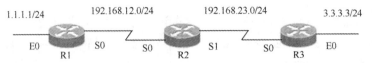

1.1.1.1/24   192.168.12.0/24   192.168.23.0/24   3.3.3.3/24

E0   R1   S0   S0   R2   S1   S0   R3   E0

图 6-30 EIGRP 协议应用举例

路由器的配置如下（接口 IP 地址配置省略）：

```
R1(config)#trouter eigrp 100
R1(config router)#network1.1. 1.00.0.0. 255
R1(config -router)#network 192. 168. 12.0
R2(config)#router eigrp 100
R2(config -router)#network 192. 168. 23.0
R2(config -router)#network 192. 168. 12. 0
R3(config)#router eigrp 100
R3(config-router)#network 192. 168. 23. 0
R3(config-router)#network3. 3.3. 00.0.0.255
```

配置完毕之后，可以在特权模式下运行一些命令查看配置：

```
Router#show ip route            //查看路由表
Router#show ip eigp neighbors   //查看 EIGRP 邻居表
Router#show ip eigrp topology   //查看拓扑表，里面显示了到达目的所有路径
Router#show ip route eigrp      //显示 eigrp 路由表，里面有最优路径和次优
Router#show ip eigrp tafff      //显示 eigrp 接收和发送包的数量
```

6.5　路由重发布

在大型的企业中，可能在同一网内使用到多种路由协议，为了实现多种路由协议的协同工作，路由器使用路由重发布（Routing Redistribution）将其学习到的一种路由协议的路由通过路由协议广播出去，这样网络的所有部分都可以连通了，为了实现重发布，路由器必须同时运行多种路由协议。这样，每种路由协议才可以取路由表中的所有或部分其他协议的路由来进行广播。

6.5.1　路由重发布的概述

在实际的组网中，可能会遇到这样一个场景：在一个网络中同时存在两种或者两种以上的路由协议。如客户的网络原先是纯 Cisco 的设备，使用 EIGRP 协议将网络的路由打通。但是后来网络扩容，增加了一批华为的设备，而华为的设备是不支持 EIGRP 的，因此可能就在扩容的网络中跑一个 OSPF，但是这两部分网络依然是需要路由互通的，这就面临一个问题。因为这毕竟是两个不同的路由协议域，而在两个域的边界，路由信息是相互独立和隔离的，那么如何将全网的路由打通呢？这就需要用到路由重发布了。在图 6-31 中，R1 与 R2 之间运行 RIP 交互路由信息，R2 通过 RIP 学习到了 R1 发布的 192.168.1.0/24 及 2.0/24 的 RIP 路由，装载进路由表并标记为 R（RIP）。同时 R2 与 R3 又运行 OSPF，建立起 OSPF 邻接关系，R2 也从 R3 通过 OSPF 学习到了两条路由：192.168.3.0 及 192.168.4.0/24，也装载进了路由表，标记为 0（OSPF 区域内部路由）。那么这样一来，对于 R2 而言，它自己就有了去往全网的路由，但是在 R2 内部，我们可以这么形象地理解：它不会将从 RIP 学习过来的路由"变成"OSPF 路由告诉给 R3，也不会将从 OSPF 学习来的路由，变成 RIP 路由告诉给 R1。对于 R2 而言，虽然它自己的路由表里有完整的路由信息，但是，R 和 O 的条目之间有道鸿沟，无法逾越。而 R2 也就成了 RIP 及 OSPF 域的分界点，称为 ASBR（AS 边界路由器）。

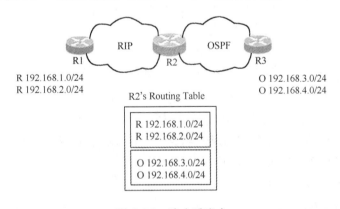

图 6-31　路由重发布

那么如何能够让 R1 学习到 OSPF 域中的路由，让 R3 学习到 RIP 域中的路由呢？关键点在于 R2，通过在 R2 上部署路由重发布又被称为路由重分发，可以实现路由信息在不同路由选择域间的传递。

图 6-32 是初始状态，R2 同时运行两个路由协议进程：RIP 及 OSPF。它通过 RIP 进程学习到 RIP 路由，又通过 OSPF 进程学习到 OSPF 域内的路由，但是这两个路由协议进程是完全独立的，其路由信息是相互隔离的。

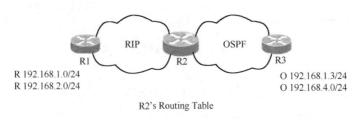

R 192.168.1.0/24
R 192.168.2.0/24

O 192.168.1.3/24
O 192.168.4.0/24

R2's Routing Table

R 192.168.1.0/24   O 192.168.1.3/24
R 192.168.2.0/24   O 192.168.4.0/24

RIP进程   OSPF进程

图 6-32　路由重发布初始状况

现在开始在 R2 上执行重发布的动作，将 OSPF 的路由注入 RIP 路由协议进程中，如图 6-33 所示，R2 就会将 192.168.3.0/24 及 192.168.4.0/24 这两条 OSPF 路由"翻译"成 RIP 路由，然后通过 RIP 通告给 R1。R1 也就能够学习到 192.168.3.0/24 及 192.168.4.0/24 路由了。注意，重发布的执行点是在 R2 上，也就是在路由域的分界点（ASBR）上执行的；另外，路由重发布是有方向的，例如，刚才执行完相关动作后，OSPF 路由被注入 RIP，但是 R3 还是没有 RIP 域的路由，需要进一步在 R2 上将 RIP 路由重发布进 OSPF，才能让 R3 学习到 192.168.1.0/24 及 192.168.2.0/24 路由。

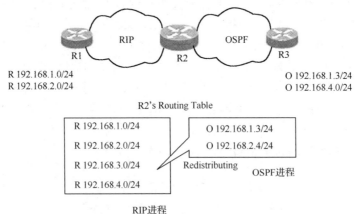

R 192.168.1.0/24
R 192.168.2.0/24

O 192.168.1.3/24
O 192.168.4.0/24

R2's Routing Table

R 192.168.1.0/24   O 192.168.1.3/24

R 192.168.2.0/24   O 192.168.2.4/24

R 192.168.3.0/24   Redistributing   OSPF进程

R 192.168.4.0/24

RIP进程

图 6-33　OSPF 路由"注入"RIP 路由

路由重发布是一种非常重要的技术，在实际的项目中时常能够见到。由于网络规模比较大，为了使整体路由的设计层次化，并且适应不同业务逻辑的路由需求，会在整个网络中设计多个路由协议域，而为了实现路由的全网互通，就需要在特点设备上部署路由重发布。另外在执行路由重发布的过程中，又可以搭配工具来部署路由策略，或者执行路由汇总，如此一来，路由重发布会带来一个对路由极富弹性和想象力的操作手柄。

6.5.2　路由重发布实施要点

1．管理距离问题

如图 6-34 所示，R5 将 192.168.1.0 宣告进了 RIP，R3 及 R4 能够学习到这条路由，并且装载进自己的路由表。为了让 OSPF 域能够学习到 RIP 域内的路由，在 R3 及 R4 上都部署 RIP 到 OSPF 的重发布。理想中的情况是 OSPF 域内的路由器能同时从 R3 及 R4 学习到注入进来的路由，但是情况却不尽如人意。

假设在 R3 上先完成重发布配置，因此 192.168.1.0 这条路由将被 R3 注入 OSPF 中，并被更新给 R1，再由 R2 更新给 R4。此刻，R4 同时从 OSPF 及 RIP 都学习到了这条路由，它会做何优选？当然优选 OSPF 的，因为其 AD 小，所以它的路由表里关于 192.168.14.0 的路由是 OSPF 的下一跳 R2。这样一来，对于 R4 而言，它去往 192.168.1.0 网络就存在次优路径，即绕远路了，走的是 R2—R1—R3—R5 这条路径。

并且由于 R4 路由表里没了关于 192.168.1.0 的 RIP 路由，自然 RIP 向 OSPF 的重发布就失败了。因为我们说过，只有当路由存在于路由表中时，才能够将该路由注入其他路由协议中。

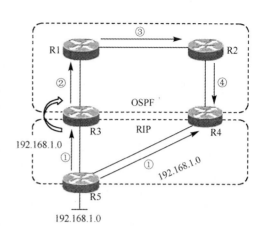

图 6-34 RIP 到 OSPF 的重发布

以上就是双点路由重发布的模型中最容易出现的一个问题：次优路径问题，其根本原因还是出在管理距离上。

解决次优路径的方法有不少，例如可以在 R4 上，将 OSPF 外部路由的管理距离从默认的 110 修改为 130，比 RIP 的管理距离 120 更大，这样一来，关于 192.168.1.0 的路由，R4 一方面从 R2 学习到类型为 OSPF 外部路由，另一方面又可从 RIP 学习到，而此时在 R4 上 OSPF 外部路由管理距离被修改为 130 比 RIP 要大，因此 R4 优选来自 RIP 的 192.168.1.0 路由，并将 RIP 路由装载到路由表，次优路径问题即可解决，而且一旦 192.168.1.0 的 RIP 路由出现在路由表后，R4 的 RIP 到 OSPF 重发布就能够成功。

2. metric 问题

要知道，每一种路由协议，对路由 metric（度量值）的定义是不同的，如图 6-35 所示，OSPF 采用开销来衡量一条路由的优劣，RIP 是用跳数，EIGRP 是用混合的各种元素，那么当将一些路由从某一中路由协议重发布到另一种路由协议中时，这些路由的 metric 会做何变化呢？

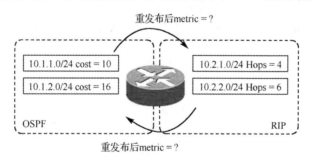

图 6-35 重发布后 metric 值的计算问题

方式一：可以在执行重发布的动作时，手工制定重发布后的 metric 值，具体改变什么值，要看实际的环境需求，这个我们后面会举例。

方式二：采用默认的动作，也就是在路由协议之间重发布时使用的种子度量值。所谓种子度量值，指的就是当我们将一条路由从外部路由选择协议重发布到本地路由选择协议中时，所使用的默认值 metric 值。

表 6-4 是 Cisco IOS 平台上的种子度量值，可在路由协议进程中使用 default-metric 修改；不同网络设备厂商的种子度量值有所不同。

表 6-4　Cisco IOS 平台的种子度量值

路由重发布协议	默认种子度量值
RIP	视为无穷大
IGRP/EIGRP	视为无穷大
OSPF	BGP 路由为 1，其他路由为 20，在 OSPF 不同时行之间重分发时，区域内路由和区域间路由的度量值不变
IS-IS	0
BGP	BGP 度量值被设置为 IGP 度量值

注意：以上是其他动态路由协议重发布进该路由协议时的默认 metric。如果是重发布本地直连路由或静态路由到给路由协议，情况就不是这样，如果发布直连或静态到如表 6-5 中的路由协议时，其种子度量值如表 6-5 所示。

表 6-5　重发布直连或静态到如下路由协议的种子度量值

RIP	重发布直连如果没有设置 metric，则默认 1 跳传给邻居（邻居直接使用这个 1 跳作为 metric）；重发布静态路由默认 metric=1，使用 default-metric 可以修改这个默认值，这条命令对重发布直连接口的 metric 无影响
OSPF	重发布直连接口默认 cost=20；重发布静态路由默认 cost=20；使用 default-metric 可以修改重发布静态路由以及其他路由协议的路由进 OSPF 后默认 cost，只不过这条命令对重发布接口无效

6.5.3　配置实现

路由重发布是有方向的，将路由从 A 路由协议注入到 B 路由协议中，要在 B 路由协议的进程中进行配置，例如，要将其他路由协议重发布到 RIP，那么配置如下（重发布到其他路由协议大同小异）：

```
Router(config)#router RIP
Router(config-router)#redistribute bgp/eigrp/isis/ospf/RIP
```

1. OSPF 与 RIP 路由的重发布

R1 与 R2 运行 RIPV2；R2 与 R3 建立 OSPF 邻接关系。初始化情况下 R2 的路由表中各条目，如图 6-36 所示，而 R1 的路由表中，只有 2 个条目，也就是两个直连链路。现在在 R2 上做重发布动作，将 OSPF 路由重发布到 RIP，配置如下：

```
R2(config)#router RIP
R2(config-router)#redistribute ospf 1 metric 3
```

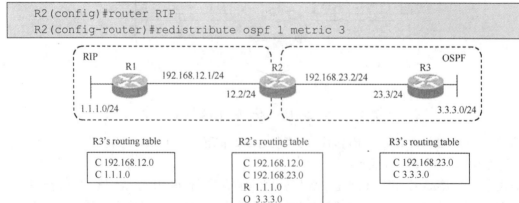

图 6-36　OSPF 与 RIP 的重发布

上面的命令中 ospf1 也就是指的进程 1，是 R2 用于和 R3 形成邻接关系的 OSPF 进程号。而 metric 3 则是将 OSPF 路由注入 RIP 所形成的 RIP 路由的 metric 值。

如此一来，R2 的路由表中 OSPF 路由 3.3.3.0/24，以及激活 OSPF 的直连接口所在网段 192.168.23.0/24，都被注入 RIP，而 R1 通过 RIP 就能够学习到这两条路由，如图 6-37 所示。

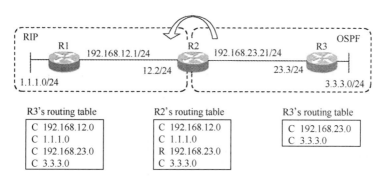

图 6-37　OSPF 路由注入 RIP 协议

当然，这个时候 1.1.1.0 是无法访问 3.3.3.0 的，因为 R3 并没有 RIP 路由选择域中的路由（也就是说回程路由有问题，数据通信永远要考虑来回路径），所以如果要实现全网互通，那么需在 R2 上，将 RIP 路由注入 OSPF，如图 6-38 所示。

```
R2(config)#router ospf 1
R2(config-router)#redistribute RIP subnets
```

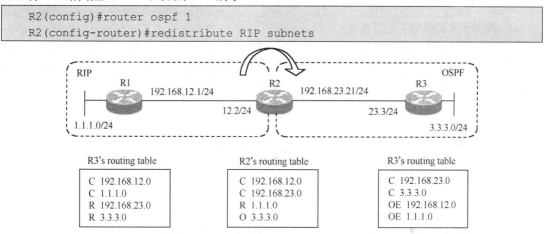

图 6-38　RIP 路由注入到 OSPF 协议

如此一来，就实现了全网互通。注意，当重发布路由到 OSPF 时，redistribute RIP subnets 的 subnets 关键字要加上，否则只有主类路由会被注入 OSPF 中，因此如果不加关键字 subnets，则本例中的子网路由 1.1.1.0/24 就无法被顺利地注入 OSPF。因此在配置其他路由协议到 OSPF 的重发布时，这个关键字一般都是要加上的。

2. OSPF 与 EIGRP 的重发布（见图 6-39）

初始情况同上一个实验，接下来我们先将 OSPF 路由重发布进 EIGRP AS100，而配置还是在 R2 上进行，进入 R2 的 EIGRP 路由进程为：

```
R2(config)#router eigrp 100
R2(config-router)#redistribute ospf 1 metric 100000 100 2551 1500
```

注意，EIGRP 的 metric 是混合型的，metric 10000010025511500 这里指定的参数，从至右依次是带宽、延迟、负载、可靠性、MTU，可根据实际需要灵活地进行设定。上述配置完成后，R2 就会将路由表中 OSPF 的路由，包括 3.3.3.0 以及宣告进 OSPF 的直连网段 192.168.23.0/24 注入 EIGRP 进程，这样 R1 就能够学习到这两条外部路由。

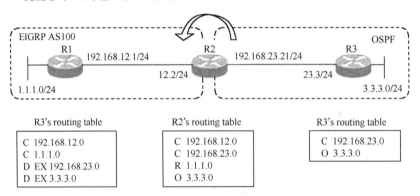

图 6-39　OSPF 与 EIGRP 的重发布

接下来是 EIGRP 到 OSPF 的重发布：

```
R2(config)#router ospf 1
R2(config-router)#redistribute eigrp 100 subnets
```

3. 重发布直连路由（见图 6-40）

在图 6-39 中，R1 的 Fa1/0 口并没有在 OSPF 进程中使用 network 命令激活 OSPF，也就是说 R2 及 R3 是无法通过 OSPF 学习这个接口的直连路由。对于目前的整个 OSPF 域而言，1.1.1.0/24 这条 R1 的直连路由就是域外的路由，且整个域并不知晓。

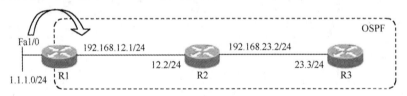

图 6-40　重发布直连路由

现在可以在 R1 上部署重发布，将 R1 的直连路由注入 OSPF 域中，形成 OSPF 外部路由，然后通告给域内的其他路由器，如图 6-41 所示。在这里要注意区分使用 network 命令激活接口与使用重发布直连将接口路由注入 OSPF 的区别。

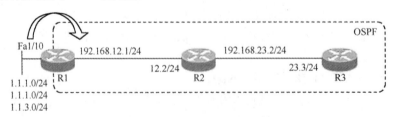

图 6-41　重发布直连路由

当在 R1 上执行 OSPF 的 network 命令将 Fa1/0 接口激活 OSPF 时，实际上是触发了两个事件：

一是这个接口会激活 OSPF，于是开始尝试发送组播的 Hello 消息去发现链路上的其他 OSPF 路由器；二是这个接口会参与 OSPF 计算和操作，R1 会将描述这个接口的相关信息通过 OSPF 扩散给其他的路由器，以便它们能够学习到 1.1.1.0/24 的路由，而且这些路由是 OSPF 内部路由。

当在 R1 上不执行 network 命令去激活 Fal/0 口，而是直接执行 redistribute connected subnets 命令将直连路由注入 OSPF 时，情况就不一样了。一是这个接口的直连路由会以外部路由的形式注入 OSPF 中，这将联动地产生许多细节上的不同；二是这个接口并不激活 OSPF，也就是说接口不会收发 Hello 包。redistribute connected subnets 一旦在 R1 上被部署，则 R1 上所有未被 OSPF network 命令激活 OSPF 的接口的直连路由都会被注入 OSPF 中：

```
R2(config)#router ospf 1
R2(config-router)#redistribute connected subnets
```

上面这条命令就是将本地所有直连路由（除了已经被 network 宣告的路由）注入 OSPF 中。所有的动态路由协议都支持将直连路由重发布进路由域，命令都是类似的：redistribute connected。

4．重发布静态路由

在如图 6-42 所示的场景中，R2 与 R3 建立 OSPF 邻接关系，而 R1 可能由于不支持 OSPF 或者其他原因，没有运行 OSPF。为了让 R2 能够访问 1.1.0/24 网络，给 R2 配置了一条静态路由：

```
R2(config)# ip route.1.1.0255.255.255.0 192.168.12.1
```

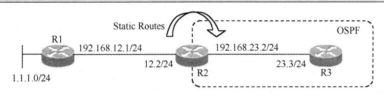

图 6-42 重发布静态路由

这样 R2 确实是能够访问 1.1.1.0/24 网络了，但是 R3 以及整个 OSPF 域内的其他路由器依然是无法访问的，而且一般不给所有的 OSPF 路由器们都配置一条静态路由去往 1.1.1.0/24。解决的办法很简单，在 R2 上部署静态路由重发布即可。命令如下：

```
R2(config)# router ospf 1
R2(config-router)# redistribute static subnets
```

上面这条命令的结果是，在 R2 的路由表中，有的静态路由都会被注入。SPF 中形成 OSPF 外部路由，并且通过 SPF 动态地传递到整个 OSPF 域。

🛜 6.6 任 务 实 战

6.6.1 RIPv2 实现校园网络主机相互通信

某高校今年扩大了办学规模，新建了一栋新的教学楼，现在要求新教学楼通过路由器能与校园网相连。现要对路由器做适当的配置，实现校园网络主机相互通信。

1．任务拓扑

任务拓扑如图 6-43 所示。

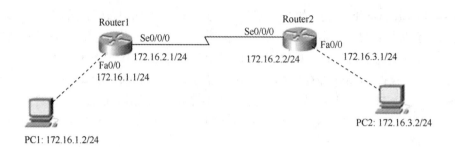

图 6-43　RIPv2 实现校园网络主机相互通信

2．任务目的

（1）在路由器上启动 RIPv2 路由进程。

（2）激活参与路由协议的接口，使之可发送和接收 RIPv2 更新。

（3）理解 RIP 路由表的含义。

（4）查看和调试 RIPv2 路由协议相关信息。

3．任务实施

（1）在路由器 Router1 上配置接口的 IP 地址和串口上的时钟频率。

```
Router 1(config)# int fa0/0
Router(config-if)# ip address 172 16.1.1 255. 255 255.0
Router(config-if)no shutdown
Router(config)# int s0/0/0
Router(config-if)ip address 172. 16. 2. 1 255. 255. 255. 0
Router(config-if)#clock rate 64000
Router(config-if)# no shutdown
```

（2）在路由器 Router2 上配置接口的 IP 地址和串口上的时钟频率。

```
Router2(config)# interface fastethernet 0/0
Router2(config-if)# ip address 172. 16. 3. 1 255. 255. 255.0
Router2(config-if)# no shutdown
Router2(config)# interface serial 0/0/0
Router2(config-if)# ip address 172. 16. 2. 2 255. 255 255.0
Router2(config-if)#no shutdown
```

（3）在路由器 Router1 上配置 RIPv2 路由协议。

```
Router 1(config)# router RIP        //开启 RIP 路由进程
Router 1(config-router)# version 2      //定义 RIP 版本
Router 1(config-router)# network 172.16.0.0        //定义关联网络(必须是直连的主类
网络地址)
Router 1(config-router)# no auto- summary       //关闭 auto- summary
```

（4）在路由器 Router2 上配置 RIPv2 路由协议。

```
Router2(config)# router RIP
Router2(config-router)#version 2
Router2(config-router)#network 172 16.0.0
Router2(config-router)# no auto-summary
```

（5）在路由器上尝试以下命令实验调试。

```
show ip route        //查看路由表
```

```
show ip protocols      //查看路由协议
C: \>ping 172. 16.3. 2// PCI ping PC2
```

6.6.2　OSPF 单区域实现网络主机相互通信

某高校今年扩大了办学规模，新建了一栋新的教学楼，现在要求新教学楼通过路由器能与校园网相连。现要对路由器做适当的配置，实现校园网络主机相互通信。

1．任务拓扑

任务拓扑如图 6-44 所示。

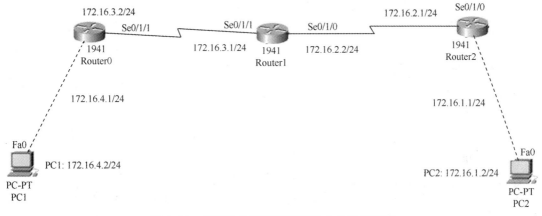

图 6-44　OSPF 单区域实现网络主机相互通信

2．任务目的

（1）在路由器上启动 RIPv2 路由进程。

（2）激活参与路由协议的接口，使之可发送和接收 RIPv2 更新。

（3）理解 RIP 路由表的含义。

（4）查看和调试 RIPv2 路由协议相关信息。

3．任务实施

（1）Router0 上的配置。

```
Router0#conf t
Router0(config)#int s0/0/1
Router0(config-if)#ip add 172 16.3.2 255.255.255.0
Router0(config-if)#clock rate 64000
Router0(config-if)#no shutdown
Router0(config-if#exit
Router0(config)#int fa0/0
Router0(Config-in)ip add 172. 16. 4. 1 255, 255, 255.0
2088.6
Router0(Config-if)#no shutdown
```

（2）Router1 上的配置。

```
Router1(config)#int s0/0/
Router1(config-if)#ip add 172. 16.3. 1 255.255.255.0
Router1(config-if)#clock rate 64000
Router1(config-if)#no shutdown
```

```
Router1(Config-if)#exit
Router1(config)#int s0/0/0
Router1(config-if)#ip add 172. 16. 2.2 255.255. 255.0
Router1(config-if)#clock rate 64000
Router1(config-i0)#no shutdown
Router1(config-if)#exit
```

（3）Router2 上的配置。

```
Router2(config)#int s0/0/0
Router2(Config-if)ip add 172.16.2.1  255.255.255.0
Router2(config-if)#clock rate 64000
Router2(config-if)#no shutdown
Router2(config-if)#exit
Router2(config)#int f0/0
Router2(config-if)#ip ad 172.16.1.1  255.255.255.0
Router2(config-if)#no shutdown
```

（4）在 Router0，Router1，Router2 上配置 OSPF 路由协议。

```
Router0(config)#router ospf 10
Router0(config-router)#network 172. 16. 4.0. 0.0.255. 255 area 0
Router0(config-router)#network 172. 16. 3. 0 0.0 255.255 area 0
Router1(config)#router ospf 10
Router1(config-router)#network 172. 16. 3.0  0.0. 255.255 area 0
Router1(config-router)#network 172,16.2.0  0.0.255. 255 area 0
Router2(config)#router ospf 10
Router2(config-router)#network 172. 16.0.0 0.0.255.255  area 0
Router2(Config-router)#network 172. 16. 1.0  0.0.255.255 area 0
```

（5）在路由器上尝试以下命令实验调试。

```
Show ip ospf neighbor        //查看邻居表
Show ip ospf database        //查看数据库
Show ip route(ospf)          //查看路由表
Show ip protocol             //可以查看 RID 等信息
```

6.6.3 OSPF 多区域实现网络主机相互通信

某高校今年扩大了办学规模，新建了一栋新的教学楼，现在要求新教学楼通过路由器能与校园网相连。现要对路由器做适当的配置，实现校园网络主机相互通信。

1. 任务拓扑

任务拓扑如图 6-45 所示。

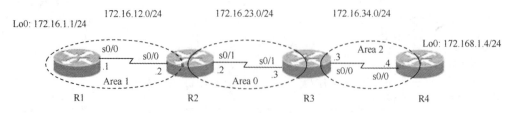

图 6-45　OSPF 多区域实现网络主机相互通信

2. 任务目的

（1）OSPF 三张表（邻居表，拓扑表和路由表）。

（2）OSPF 路由器类型。

（3）多区域 OSPF 配置和调试。

（4）重发布直连路由到 OSPF 区域任务实施。

3．任务实施

（1）配置路由器 R1。

```
R1(config)#interface Loopback()
R1(config-if)#ip ospf network point-to-point
R1(config-if)#
R1(config-if)#router ospf 1
R1(config-router)#router-id 1.1.1.1
R1(config-router)#network 172.16.1.1 0.0.0.0 area 1
R1(config-router)#network 172.16.12.1 0.0.0.0 area 1
```

（2）配置路由器 R2。

```
R2(config)#interface Loopback()
R2(config)#ip ospf network point-to-point
R2(config-if)#
R2(config-if)#router ospf 1
R2(config-router)#router-id 2.2.2.2
R2(config-router)#network 172.16.2.2 0.0.0.0 area 0
R2(config-router)#network 172.16.12.2 0.0.0.0 area 1
R2(config-router)#network 172.16.23.2 0.0.0.0 area 0
```

（3）配置路由器 R3。

```
R3(config)#interface Loopback()
R3(config)#ip ospf network point-to-point
R3(config-if)#
R3(config-if)#router ospf 1
R3(config-router)#router-id 3.3.3.3
R3(config-router)#network 172.16.3.3 0.0.0.0 area 0
R3(config-router)#network 172.16.23.3 0.0.0.0 area 0
R3(config-router)#network 172.16.34.3 0.0.0.0 area 2
```

（4）配置路由器 R4。

```
R4(config)#router ospf 1
R4(config-router)#router-id 4.4.4.4
R4(config-router)#redistribute connected subnets
R4(config-router)#network 172.16.34.4 0.0.0.0 area 2
```

（5）在路由器上尝试以下命令实验调试。

```
show ip protocols
show ip route ospf
show ip ospf database
```

6.6.4　OSPF 特殊区域配置实现网络主机相互通信

某高校今年扩大了办学规模，新建了一栋新的教学楼，现在要求新教学楼通过路由器能与校园网相连。现要对路由器做适当的配置，实现校园网络主机相互通信。

1．任务拓扑

任务拓扑如图 6-46 所示。

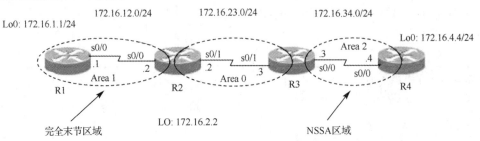

图 6-46　OSPF 特殊区域配置实现网络主机相互通信

2．任务目的

（1）OSPF 三张表（邻居表，拓扑表和路由表）。

（2）多区域 OSPF 配置和调试。

（3）末节区域配置。

（4）完全末节区域配置。

（5）NSSA 区域配置。

（6）末节区域和 NSSA 区域调试。

3．任务实施

（1）配置路由器 R1。

```
R1(config)#router ospf 1
R1(config-router)#router-id 1.1.1.1
R1(config-router)#area 1 stub
R1(config-router)#network 172.16.1.1.0.0.0.0 area 1
R1(config-router)#network 172.16.12.1.0.0.0.0 area 1
```

（2）配置路由器 R2。

```
R2(config)#router ospf 1
R2(config-router)#router-id 2.2.2.2
R2(config-router)#area 1 stub no-summary
R2(config-router)#area 1 default-cost 6
R2(config-router)#redistRibute connnected metRic-type 1 subnets
R2(config-router)#network 172.16.12.2 0.0.0.0 area 1
R2(config-router)#network 172.16.23.2 0.0.0.0 area 0
```

（3）配置路由器 R3。

```
R3(config)#router ospf 1
R3(config-router)#router-id 3.3.3.3
R3(config-router)#area 2 nssa default-information-originate no-summary
R3(config-router)#network 172.16.23.3 0.0.0.0 area 0
R3(config-router)#network 172.16.34.3 0.0.0.0 area 2
```

（4）配置路由器 R4。

```
R4(config)#router ospf 1
R4(config-router)#router-id 4.4.4.4
R4(config-router)#area 2 nssa
R4(config-router)# redistribute connnected subnets
```

```
R4(config-router)#network 172.16.34.4 0.0.0.0 area 2
```

（5）在路由器上尝试以下命令进行调试。

```
show ip protos
show ip route ospf
show ip ospf database
```

6.6.5　EIGRP 基本配置

某高校今年扩大了办学规模，新建了一栋新的教学楼，现在要求新教学楼通过路由器能与校园网相连。现要对路由器做适当的配置，实现校园网络主机相互连通。

1. 任务拓扑

任务拓扑如图 6-47 所示。

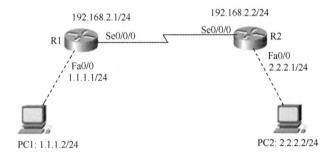

图 6-47　EIGRP 基本配置

2. 任务目的

（1）EIGRP 的三张表（路由表、拓扑表和邻居表）。

（2）EIGRP 基本配置和调试。

（3）末节区域配置。

3. 任务实施

（1）在 R1 上配置接口 IP 地址和时钟频率并宣告直连网段。

```
R1#conf t
R1(config)#int f0/0
R1(config-if)#ip add 1.1.1.1 255.255.255.0
R1(config-if)#no shut
R1(config)#int s0/0/0
R1(config-if)#clock rate 64000
R1(config-if)# ip add 192.168.2.1 255.255.255.0
R1(config-if)#no shut
R1(config)#route eigrp 100
R1(config-router)#net 1.1.1.0
R1(config-router)#net 192.168.2.0
```

（2）在 R2 上配置接口 IP 地址和时钟频率并宣告直连网段。

```
R1#conf t
R2(config)#int f0/0
R2(config-if)#ip add 2.2.2.1 255.255.255.0
R1(config-if)#no shut
```

```
R2(config)#int f0/0
R2(config-if)# ip add 192.168.6.1 255.255.255.0
R1(config-if)#no shut
R2(config-if)#int s0/0/0
R2(config-if)#ip add 192.168.2.2 255.255.255.0
R2(config-if)#no shu
R2(config-if)#exit
R2(config)#route eigrp 100
R2(config-router)#net 2.2.2.0
R2(config-router)#net 192.168.2.0
```

（3）在路由器上尝试以下命令实验调试。

```
Show ip eigrp nei
Show ip eigrp topology
Show ip eigrp interface
Debug eigrp neighbors
```

习　题

1．填空题

（1）RIP 更新周期为_____秒。

（2）RIP 用_____跳数_____作为度量值。

（3）RIP 的管理距离为_____。

（4）OSPF 路由协议采用_____作为度量标准。

（5）在点到点网络类型中 OSPF 的 hello interval 是_____秒，dead interval 是_____秒。

2．选择题

（1）下列关于路由的描述中，（　　）较为接近动态路由的定义。

A．明确了目的地网络地址，但不能指定下一跳地址时采用的路由

B．由网络管理员手工设定的，明确指出了目的地网络和下一跳地址的路由

C．数据转发路径没有明确指定，采用特定的算法来计算出一条最优转发路径

D．其他说法都不对

（2）下列属于距离矢量路由协议容易引起的问题是（　　）。

A．水平分割　　　　　　　　　　B．路径中毒

C．计数到无穷　　　　　　　　　D．抑制时间

（3）能够在路由器的（　　）使用 debug 命令。

A．用户模式　　　　　　　　　　B．特权模式

C．全局配置模式　　　　　　　　D．接口配置模式

（4）在默认的情况下，如果一台路由器在所有接口同时运行了 RIP 和 OSPF 两种动态路由协议，下列说法中正确的是（　　）。

A．针对到达同一网络的路径，在路由表中只会显示 RIP 发现的那一条，因为 RIP 协议的优先级更高

B. 针对到达同一网络的路径，在路由表中只会显示 OSPF 发现的那一条，因为 OSPF 协议的优先级更高

C. 针对到达同一网络的路径，在路由表中只会显示 RIP 发现的那一条，因为 RIP 协议的花费值更小

D. 针对到达同一网络的路径，在路由表中只会显示 RIP 发现的那一条，因为 RIP 协议的花费值更小

（5）解决路由环路问题的方法有（　　　）。

A. 水分分割　　　　B. 触发更新　　　　C. 路由器重启　　　D. 定义最大跳步数

3. 操作题

用模拟器或真实设备搭建如图 6-48 所示网络拓扑图，并给相关设备配置 IP 地址，然后用相关的网络测试命令进行测试。

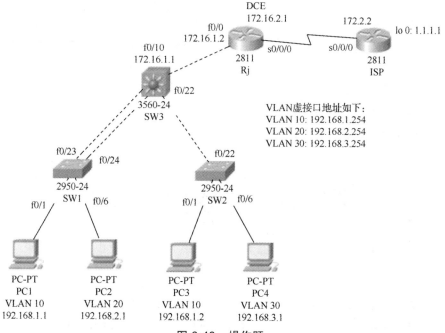

图 6-48　操作题

基本要求：

（1）SW1 划分两个 VLAN，即 VLAN 10、VLAN 20，其中 F0/1-5 属于 VLAN 10，F0/6-10 属于 VLAN 20。

（2）SW2 划分两个 VLAN，即 VLAN 10、VLAN 30，其中 F0/1-5 属于 VLAN 10，F0/6-10 属于 VLAN 30。

（3）SW1 利用两条链路接入核心交换机，采用 IEEE 802.3ad 提高链路带宽，提供冗余链路。

（4）S3 和出口路由器 Rj 相连，采用 SVI 方式进行配置。

（5）Rj 路由器和电信端路由器利用 V.35 直连，采用静态路由。

（6）局域网内部三层交换机和路由器间利用 RIPv2 实现全网互通，路由器连外网配置默认路由。

项目 7
访问控制列表
（ACL）

项目导读

访问控制是网络安全防范和保护的主要策略，它的主要任务是保证网络资源不被非法使用和访问，是保证网络安全最重要的核心策略之一。本项目将详细介绍访问控制列表（ACL）的概念、作用、工作原理、各种类型的应用及配置。

通过对本项目的学习，应做到：

- 了解：ACL 的概念、作用、工作原理。
- 熟悉：标准 ACL、扩展 ACL 的应用。
- 掌握：标准 ACL、扩展 ACL、命名 ACL 的配置。

7.1 访问控制列表概述

7.1.1 ACL 概述

1. ACL 的概念

访问控制列表（ACL）是一种基于包过滤的访问控制技术，它可以根据设定的条件对接口上的数据包进行过滤，允许其通过或丢弃。访问控制列表被广泛地应用于路由器和三层交换机，借助于访问控制列表，可以有效地控制用户对网络的访问，从而最大程度地保障网络安全。

2. ACL 的作用

ACL 使用包过滤技术，在路由器上读取第三层及第四层包头中的信息，如源地址、目的地址、源端口、目的端口等，根据预先定义好的规则对包进行过滤，从而达到访问控制的目的。访问控制列表不但可以起到控制网络流量、流向的作用，而且在很大程度上起到保护网络设备、服务器的关键作用。作为外网进入企业内网的第一道关卡，路由器上的访问控制列表成为保护内网安全的有效手段，如图 7-1 所示。

此外，在路由器的许多其他配置任务

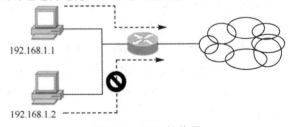

图 7-1　ACL 的作用

中都需要使用访问控制列表，如网络地址转换（Network Address Translation，NAT）、按需拨号路由（Dial on Demand Routing，DDR）、路由重分布（Routing Redistribution）、策略路由（Policy-Based Routing，PBR）等很多场合都需要访问控制列表。

3. ACL 的工作原理

ACL 使用包过滤技术，在路由器上读取 OSI 七层模型的第三层及第四层包头中的信息，如源地址、目的地址、源端口、目的端口，根据预先定义好的规则，对包进行过滤，从而达到访问控制的目的，一个端口执行哪条 ACL，这需要按照列表中的条件语句执行顺序来判断。如果一个数据包的报头跟表中某个条件判断语句相匹配，那么后面的语句就将被忽略，不再进行检查。

数据包只有在第一个判断条件不匹配时，它才被交给 ACL 中的下一个条件判断语句进行比较。如果匹配（假设为允许发送），则不管是第一条还是最后一条语句，数据都会立即发送到目的接口。如果所有的 ACL 判断语句都检测完毕，仍没有匹配的语句出口，则该数据包将视为被拒绝而被丢弃，如图 7-2 所示。

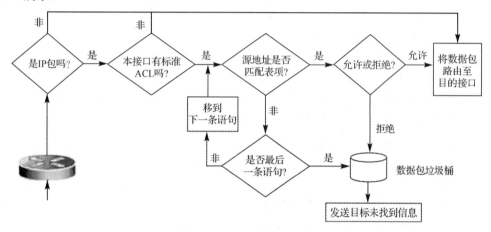

图 7-2 ACL 的工作原理

4. ACL 的分类

（1）标准 IP 访问控制列表。标准 IP 访问控制列表只允许过滤源地址，且功能十分有限。当想要阻止来自某一网络的所有通信流量；或者允许来自某一特定网络的所有通信流量，或者想要拒绝某一协议簇的所有通信流量时，可以使用标准访问控制列表来实现这一目标。标准访问控制列表检查路由的数据包的源地址，从而允许或拒绝基于网络、子网或主机的 IP 地址的所有通信流量通过路由器的出口。适用于只控制访问的源网络的情况，其编号范围为 1～99 和 1300～1999。

（2）扩展 IP 访问控制列表。扩展 IP 访问列表允许过滤源地址、目的地址和上层应用数据，因此，可以适应各种复杂的网络应用。扩展 IP 访问控制列表既检查数据包的源地址，也检查数据包的目的地址，还检查数据包的特定协议类型、端口号等。扩展 IP 访问控制列表更具有灵活性和可扩充性，即可以对同一地址允许使用某些协议通信流量通过，而拒绝使用其他协议的流量通过。适用于需要控制访问的目标网络或网络服务(协议+端口号)的情况，其编号范围为 100～199 和 2000～2699。

扩展 IP 访问控制列表比标准 IP 访问控制列表具有更多的匹配项，包括协议类型、源地址、目的地址、源端口、目的端口、建立连接和 IP 优先级等。

（3）命名访问控制列表。在标准 IP 与扩展 IP 访问控制列表中均要使用表号，而在命名访问控制列表中使用一个字母或数字组合的字符串来代替前面所使用的数字。使用命名访问控制列表可以用来删除某一条特定的控制条目，这样，可以在使用过程中方便地进行修改。同样包括标准和扩展两种列表。

（4）基于时间的访问控制列表。随着网络的发展和用户要求的变化，从 IOS 12.0 开始，思科路由器新增加了一种基于时间的访问列表。通过它，可以根据一天中的不同时间，或者根据一星期中的不同日期，或二者相结合来控制网络数据包的转发。这种基于时间的访问列表，就是在原来的标准访问列表和扩展访问列表中，加入了有效的时间范围来更合理有效地控制网络。首先定义一个时间范围，然后在原来的各种访问列表的基础上应用它。

7.1.2 ACL 配置注意事项

（1）在设置访问列表时，应当遵循最小特权原则，即只给受控对象完成任务所必须的最小的权限，从而最大限度地保障网络传输安全。最小特权原则一方面给予主体必不可少的特权，保证所有的主体都能在所赋予的权限内完成自己的任务或操作；另一方面，只给予主体必不可少的特权，从而限制每个主体所能进行的操作，以确保企业网络安全。

（2）自上而下的处理过程。访问列表包含一个访问控制条目（Access Control Entry，ACE）规则列表。每个 ACE 都指定"permit"（允许）或"deny"（拒绝），以及应用条件，包会逐个条目顺序匹配 ACE。访问列表表项的检测按自上而下的顺序进行，并且从第一个表项开始。这意味着必须特别谨慎地考虑访问列表中语句的顺序。

（3）添加表项。新增加的表项被追加到访问列表末尾，这就意味着不能改变已有的访问列表的功能。如果要改变，就必须创建一个新的访问列表，并删除已经存在的访问列表，并且将新的访问列表应用于接口上。

（4）访问列表位置。应当将扩展访问列表尽量放在靠近过滤源的位置上，这样，创建的过滤器就不会反过来影响其他接口上的数据流。而标准访问列表则应当尽量靠近目的的位置。由于标准访问列表只使用源地址，因此，将阻止报文流向其他端口。

（5）访问列表应用。使用 access-group 命令应用访问列表。需要注意的是，只有访问列表被应用于接口上时，才执行过滤操作，从而真正产生作用。

（6）过滤方向。通过接口的数据流是双向的。过滤方向定义了欲检查的是流入还是流出的报文。所以，访问列表要应用到接口的特定方向上。向外的（Outbound），表示数据流从三层设备流出；向内的（Inbound），表示数据流流向三层设备。

🛜 7.2 ACL 配置

7.2.1 标准 ACL 的配置

1. 标准访问控制列表配置步骤

（1）分析需求，找出需求中要保护什么或控制什么；为方便配置，最好能以表格形式列出。

（2）分析符合条件的数据流的路径，寻找一个最适合进行控制的位置。

（3）编写 ACL，并将 ACL 应用到接口上。

定义访问控制列表（在全局模式）格式：

```
access-list 表号 {permit|deny} {测试条件}
access-list 表号 {permit|deny} 源地址通配符掩码
```

其中：

源地址可以是 IP 地址，也可以是网络地址。

通配符掩码是用来决定哪些位需要匹配。通配符掩码的形式相当于反过来的子网掩码。与通配符掩码 0 对应的位要检查。与通配符掩码 1 对应的位不要检查。

将访问控制列表应用到某一接口上（在端口模式）格式：

```
ip access-group 表号 {in|out}
{protocol} access-group 表号 {in|out}
```

其中，in 表示流入端口，out 表示流出端口。通常当使用 ACL 做安全过滤时，一般会放在入站接口；而使用 ACL 做流量过滤时，一般会放在出站接口。

（4）测试并修改 ACL。

配置完 IP 访问控制列表后，如果想知道是否正确，可以使用命令 show access-lists 和 show ip interface 等命令进行验证。

2. 标准 ACL 的配置实例

例 1：只允许 172.16.0.0 的网络的通信流量通过，而阻塞其他所有的通信流量。

```
R(config)# access-list 1 permit 172.16.0.0  0.0.255.255
R(config)# interface fa0/0
R(config-if)# ip access-group 1 out
R(config)# interface fa0/1
R(config-if)# ip access-group 1 out
```

例 2：阻塞来自一个特定主机 172.16.4.13 的通信流量，而把所有的其他的通信流量从 fa0/0 接口转发出去。

```
R(config)# access-list 1 deny host 172.16.4.13
R(config)# access-list 1 permit any
R(config)#int fa0/0
R(config-if)#ip access-group 1 out
```

例 3：阻塞来自一个特定子网 172.16.4.0 的通信流量，而允许所有其他的通信流量，并把它们转发出去。

```
R(config)# access-list 1 deny 172.16.4.0  0.0.0.255
R(config)# access-list 1 permit any
R(config)# interface fa0/0
R(config-if)# ip access-group 1 out
```

3. 删除访问控制列表

访问列表中的语句被创建后，就无法单独删除它，而只能删除整个访问列表。具体配置如下：

```
R(config)# no access-list access-list-number
```

4. 案例

某企业销售部、市场部的网络和财务部的网络通过两台路由器相连，整个网络配置动态路由协议保证网络正常通信。要求在路由器上配置标准 ACL，允许销售部经理的主机能访问财务部和市场部，但拒绝销售部的其他主机访问。假设你作为公司的网络管理员，如何实现企业的要求。

项目实施和步骤:

(1) 按照拓扑结构图（见图7-3）连接网络。

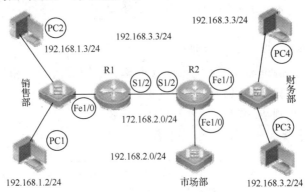

图 7-3　企业网络拓扑图

(2) 配置每台 PC 的网络接口卡的 IP 地址、子网掩码和网关，具体信息如表 7-1 所示。

表7-1　各设备 IP、子网掩码和网关信息

设　备	接　口	IP 地 址	子 网 掩 码	网　关
PC1	NIC	192.168.1.2	255.255.255.0	192.168.1.1
PC2	NIC	192.168.1.3	255.255.255.0	192.168.1.1
PC3	NIC	192.168.3.2	255.255.255.0	192.168.3.1
PC4	NIC	192.168.3.3	255.255.255.0	192.168.3.1
市场部	NIC	192.168.2.0	255.255.255.0	192.168.2.1
R1	Fe1/0	192.168.1.1	255.255.255.0	
	S1/2	172.16.2.1	255.255.255.0	
R2	Fe1/0	192.168.2.1	255.255.255.0	
	Fe1/1	192.168.3.1	255.255.255.0	
	S1/2	172.16.2.2	255.255.255.0	

(3) 路由器 R1 的基本配置。

```
Router(config)# hostname R1
R1(config)# interface fastEthernet 1/0
R1(config-if)# ip address 192.168.1.1  255.255.255.0
R1(config-if)# no shutdown
R1(config-if)# exit
R1(config)# interface S1/2
R1(config-if)# ip address 172.16.2.1 255.255.255.0
R1(config-if)# clock rate 64000
R1(config-if)# no shutdown
R1(config-if)# exit
```

(4) 路由器 R2 的基本配置。

```
Router(config)#hostname R2
R2(config)# interface fastEthernet 1/0
R2(config-if)# ip address 192.168.2.1 255.255.255.0
R2(config-if)# no shutdown
```

```
R2(config-if)# exit
R2(config)# interface fastEthernet 1/1
R2(config-if)# ip address 192.168.3.1 255.255.255.0
R2(config-if)# no shutdown
R2(config-if)# exit
R2(config)# interface s1/2
R2(config-if)# ip address 172.16.2.2 255.255.255.0
R2(config-if)# clock rate 64000
R2(config-if)# no shutdown
R2(config-if)# exit
```

（5）配置路由器 R1 和 R2 的动态路由。

```
Router(config)# Router rip
R1(config-router)# network 192.168.1.0
R1(config-router)# network 172.16.2.0
R2(config)# Router rip
R2(config-router)# network 192.168.2.0
R2(config-router)# network 192.168.3.0
R2(config-router)# network 172.16.2.0
```

（6）测试各 PC 间互 ping 的情况。

各计算机之间互相 ping，看看各计算机连通情况。正常情况下各计算机都能相互 ping 通。

（7）配置路由器 R2 的标准访问列表。

```
R2(config)#access-list 1 permit host 192.168.1.2
R2(config)#access-list 1 deny 192.168.1.0  0.0.0.255
R2(config)#access-list 1 permit any
R2(config)#interface  s1/2
R2(config-if)#ip access-group 1 in
R2(config-if)#exit
R2#s how ip interface
R2# show access-lists
```

（8）各 PC 之间的相互 ping，测试网络的连通性。

用 ping 命令测试网络的连通性，结果应该是 PC1 能 ping 通其他所有机器，PC2 不能 ping 通市场部和财务部的主机。

7.2.2　扩展 ACL 的配置

1．扩展访问控制列表配置步骤

扩展访问控制列表与标准 ACL 配置类似，一般也分为以上 4 个步骤：即分析需求、寻找路径、编写 ACL、测试。

2．扩展访问控制列表基本格式

在配置格式上有所不同，扩展访问控制列表的基本格式如下：

```
access-list ACL号 [permit|deny] [协议] [源地址] [源地址通配符掩码] [目的地址] [目
的地址通配符掩码] [匹配形式] [定义过滤目的端口]
```

因为默认情况下，每个访问控制列表的末尾隐含 deny all，所以在每个扩展访问控制列表里面必须有：R2(config)#access-list 110 permit ip any any。

协议：检测特定协议的数据包，如 IP、TCP、UDP、ICMP 等，不同的服务要使用不同的协议，比如 TFTP 使用的是 UDP 协议。

匹配形式：运算符 lt、gt、eq、neq、range（小于、大于、等于、不等于、端口区间）。

3．端口号的描述和使用协议

部分端口号的描述和使用的协议见下表 7-2 所示；

表 7-2　部分端口及对应协议、端口

端 口 号	关 键 字	描　　述	TCP/UDP
20	FTP-DATA	（文件传输协议）FTP 数据	TCP
21	FTP	（文件传输协议）FTP	TCP
23	Telnet	终端连接	TCP
25	SMTP	简单邮件传输协议	TCP
42	NameServer	主机名字服务器	UDP
53	Domain	域名服务器（DNS）	TCP/UDP
69	TFTP	普通文件传输协议（TFTP）	UDP
80	WWW	万维网	TCP
110	pop3	简单邮件传输协议	TCP

4．扩展访问控制列表配置实例

（1）扩展访问控制列表的配置实例（拒绝访问 192.168.1.12 的 WWW 和 FTP 服务）：

```
R2(config)#access-list 110 deny tcp any host 192.168.1.12 eq www
R2(config)#access-list 110 deny tcp any host 192.168.1.12 eq ftp
```

（2）应用到端口：

```
R2(config)#interface fastethernet 0/1
R2(config-if)#ip access-list 110 out
```

5．案例

某学校的网管中心、教师办公楼和学生宿舍楼分属不同的三个网段，它们之间用路由器进行信息传递。网管中心架设一台服务器作为 WWW 和 FTP 服务器，WWW 服务器允许所有人访问，而 FTP 服务器只允许教师办公楼访问。假设您是学校的网络管理员，如何实现这一要求。

项目实施和步骤：

（1）按照拓扑结构图（见图 7-4）连接网络。

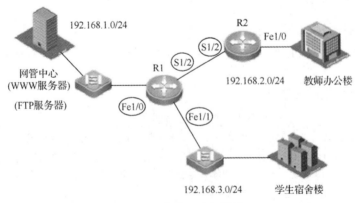

图 7-4　企业网络拓扑图

（2）配置每台 PC 的网络接口卡的 IP 地址、子网掩码和网关，具体信息如表 7-3 所示。

表 7-3　各设备 IP、子网掩码和网关信息

设　　备	接　　口	IP　地　址	子　网　掩　码	网　　关
网管中心	NIC	192.168.1.0	255.255.255.0	192.168.1.1
教师办公楼	NIC	192.168.2.0	255.255.255.0	192.168.2.1
学生宿舍楼	NIC	192.168.3.0	255.255.255.0	192.168.3.1
R1	S1/2	10.1.1.1	255.255.255.0	
	Fe1/0	192.168.1.1	255.255.255.0	
	Fe1/1	192.168.3.1	255.255.255.0	
R2	S1/2	10.1.1.2	255.255.255.0	
	Fe1/0	192.168.2.1	255.255.255.0	

（3）路由器 R1 的基本配置。

```
Router# configure terminal
Router(config)# hostname R1
R1(config)# interface fastEthernet 1/0
R1(config-if)# ip address 192.168.1.1 255.255.255.0
R1(config-if)# no shutdown
R1(config-if)# exit
R1(config)# interface fastEthernet 1/1
R1(config-if)# ip address 192.168.3.1 255.255.255.0
R1(config-if)# no shutdown
R1(config-if)# exit
R1(config)# interface S1/2
R1(config-if)# ip address 10.1.1.1 255.255.255.0
R1(config-if)# clock rate 64000
R1(config-if)# no shutdown
R1(config-if)# exit
```

（4）路由器 R2 的基本配置。

```
Router#configure terminal
Router(config)# hostname R2
R2(config)# interface fastEthernet 1/0
R2(config-if)# ip address 192.168.2.1 255.255.255.0
R2(config-if)# no shutdown
R2(config-if)# exit
R2(config)# interface S1/2
R2(config-if)# ip address 10.1.1.2 255.255.255.0
R2(config-if)# clock rate 64000
R2(config-if)# no shutdown
R2(config-if)# exit
```

（5）配置路由器 R1 和 R2 的动态路由。

```
R1(config)# router rip
R1(config-router)# network 192.168.1.0
R1(config-router)# network 192.168.3.0
R1(config-router)# network 10.1.1.0
R2(config)# router rip
R3(config-router)# network 192.168.2.0
R3(config-router)# network 10.1.1.0
```

（6）测试各 PC 访问 WWW 服务器和 FTP 服务器。

正常情况各计算机都能访问 WWW 服务器和 FTP 服务器。

（7）配置扩展 IP 访问控制列表。

```
R1(config)#access-list 101 deny tcp 192.168.3.0 0.0.0.255 192.168.1.0
0.0.0.255 eq ftp
R1(config)#access-list 101 permit ip any any
```

（8）把访问列表在路由器 R1 的接口 Fe1/1 上应用。

```
R1(config)#interface fastEthernet 1/1
R1(config-if)#ip access-group 101 in
R1(config-if)#exit
R1#show ip interface
R1#show access-lists 101
```

（9）验证结果。

学生宿舍楼的 PC 应该只能浏览网络中心的 WWW 服务器，而不能下载 FTP 服务器中的文件；教师办公楼内的所有 PC 不但能浏览网络中心的 WWW 服务器，也能下载 FTP 服务器中的文件。

7.2.3 命名 ACL 的配置

1. 创建命名访问控制列表

```
Router(config)#ip access-list I standard I extended, access-list-name
```

下面是命令参数的详细说明：

①Standard：创建标准的命名访问控制列表。

②Extended：创建扩展的命名访问控制列表。

③access-list-name：命名控制列表的名字，可以是任意字母和数字的组合。

标准命名 ACL 语法如下：

```
Router(config-std-nacl)#【Sequence-Number】{permit| deny} source【source-wild-
card】
```

标准命名 ACL 语法如下：

```
Router(config-ext-nacl)# 【Sequence-Number】{permit| deny} protocol{source
source-wildcard destination destination-wildcard}【operator operan】
```

无论是配置标准命名 ACL 语句还是配置扩展命名 ACL 语句，都有一个可选参数 Sequence-Number。Sequence-Number 参数表明了配置的 ACL 语句在命令 ACL 中所处的位置，默认情况下，第一条为 10，第二条为 20，依次类推。Sequence-Number 可以很方便地将添加的 ACL 语句插入原有的 ACL 列表的指定位置，如果不选择 Sequence-Number，默认添加到 ACL 列表末尾并且序列号加 10。

删去已创建的命名 ACL 语法如下：

```
Router(config)#no ip access-list{standard|extended} access-list-name
```

对于命名 ACL 来说，可以删除单条 ACL 语句，而不删除整个 ACL。并且 ACL 语句可以有选择地插入到列表中的某个位置，使得 ACL 配置更加方便灵活。

如果要删除某一 ACL 语句，可以使用"no Sequence-Number"或"no ACL"语句两种方式。

例如：将一条新添加的 ACL 加入原有标准命名 ACL 的序列 15 的位置。内容为允许主机 192.168.1.1/24 访问 Internet。

```
Router(config)#no ip access-list standard test1
Router(config-std-nacl)#15 permit host 192.168.1.1
```

例如：创建扩展命名 ACL，内容为拒绝 192.168.1.0/24 访问 FTP 服务器 192.168.2.200/24，允许其他主机。

```
Router(config)#no ip access-list standard test2
Router(config-std-nacl)#deny tcp192.168.1.00.0.0.255 host 192.168.2.200 eq21
Router(config-std-nacl)#permit ip any any
```

将命名 ACL 应用于接口语法如下：

```
Router(config-if)#ip access-group access-list-name{in|out}
```

取消命名 ACL 的应用语法如下：

```
Router(config-if)# no ip access-group access-list-name{in|out}
```

2. 命名 ACL 应用举例

（1）公司新建了一台服务器（IP 地址：192.168.100.100），出于安全方面考虑，要求如下：192.168.1.0/24 网段中除 192.168.1.4 外，其他地址都不能访问服务器，其他公司网段都可以访问服务器，拓扑图如图 7-5 所示。

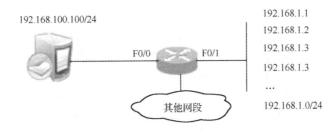

图 7-5　命名 ACL 应用举例

公司网络设备配置 ACL 如下：

```
Route(config)#ip access-list extended benet
Route(config-ext-nacl)# permit ip host 192.168.1.4 host 192.168.100.100
Route(config-ext-nacl) #deny ip 192.168.1.0  0.0.0.255 host 192.168.100.100
Route(config-ext-nacl)#permit ip any host 192.168.100.100
Route(config-ext-nacl)#exit
Route(config)#int f0/0
Route(config-if)#ip access-group benet in
```

使用 show access-list 命令查看配置的 ACL 信息，结果如下：

```
Route#show access-list
Extended IP access list benet
    10 permit ip host 192.168.1.4  host 192.168.100.100
    20 deny ip 192.168.1.00.0.0.255 host 192.168.100.100
    30 permit ip any host 192.168.100.100
```

（2）网络运行一段时间后，由于公司人员调整，需要变更访问服务器的 ACL，要求如下：不允许 192.168.1.4 主机访问服务器，允许 192.168.1.5 主机访问服务器。

ACL 变更配置如下：

```
Route(config)#ip access-list extended benet
Route(config-ext-nacl)#no 10
```

或者：

```
Route(config-ext-nacl)#no permit ip host 192.168.1.4 host 192.168.100.100
Route(config-ext-nacl)#11 permit ip host 192.168.1.5 host 192.168.100.100
Route(config-ext-nacl)#end
```

再次查看配置的 ACL 信息：

```
Route#show  access-list
Exteded  IP  access  list  benet
     11  permit  ip  host  192.168.1.5  host  192.168.100.100
20  deny  ip  192.168.1.00.0.0.255  host  192.168.100.100
30  Permit  ip  any  host  192.168.100.100
```

这样的 ACL 配置就能够满足公司要求了。

注意：如果不指定序列号，则新添加的 ACL 被添加到列表的末尾。

7.2.4 基于时间的访问控制列表配置

1. 命令及参数

可以用 time-range 命令来指定时间范围的名称，然后用 absolute 命令或者一个或多个 periodic 命令来具体定义时间范围，IOS 命令格式为：

```
time-range time-range-name absolute [start time date]
[end time date] periodic days-of-the week hh:mm to [days-of-the week] hh:mm
```

time-range：用来定义时间范围。

time-range-name：时间范围名称，用来标识时间范围，以便在后面的访问列表中引用。

absolute：该命令用来指定绝对时间范围。它后面紧跟 start 和 end 两个关键字。在两个关键字后面的时间要以 24 小时制和"hh：mm（小时：分钟）"表示，日期要按照"日/月/年"形式表示。这两个关键字也可以都省略。如果省略 start 及其后面的时间，表示与之相联系的 permit 或 deny 语句立即生效，并一直作用到 end 处的时间为止；若省略 end 及其后面的时间，表示与之相联系的 permit 或 deny 语句在 start 处表示的时间开始生效，并且永远发生作用（当然如把访问列表删除了的话就不会起作用了）。

下面看两个例子。如果要表示每天早 8 点到晚 6 点开始起作用，可以用这样的语句：

```
absolute start 8：00 end 18：00
```

再如，要使一个访问列表从 2003 年 1 月 1 日早 8 点开始起作用，直到 2003 年 1 月 10 日晚 23 点停止作用，命令如下：

```
absolute start 8：00 1 January 2003 end 23：00 10 January 2003
```

这样就可以用这种基于时间的访问列表来实现，而不用半夜跑到办公室去删除那个访问列表了。接下来，介绍 periodic 命令及其参数。一个时间范围只能有一个 absolute 语句，但是可以有几个 periodic 语句。

periodic：主要以星期为参数来定义时间范围。它的参数主要有 Monday、Tuesday、Wednesday、Thursday、Friday、Saturday、Sunday 中的一个或者几个的组合，也可以是 daily（每天）、weekday（周一到周五）或者 weekend（周末）。

比如表示每周一到周五的早 9 点到晚 10 点半，命令如下：

```
periodic weekday 9：00 to 22：30
```

每周一早 7 点到周二的晚 8 点可以这样表示：

```
periodic Monday 7:00 to Tuesday 20:00
```

2．案例

假设你是某公司网管，为了保证公司上班时间的工作效率，公司要求上班时间只可以访问公司的内部网站。下班以后员工可以随意放松，访问网络不受限制。

本实验以 1 台 1762 路由器为例。PC 的 IP 地址和默认网关分别为 172.16.1.1/24 和 172.16.1.2/24，服务器（Server）的 IP 地址和默认网关分别为 160.16.1.1/24 和 160.16.1.2/24，路由器的接口 F1/0 和 F1/1 的 IP 地址分别为 172.16.1.2/24 和 160.16.1.2/24，如图 7-6 所示。

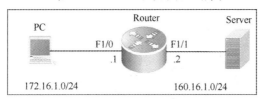

图 7-6　基于时间的 ACL 拓扑图

配置过程如下：

（1）基本配置。

```
Router#configure terminal
Router(config)#interface fastethernet 1/0
Router(config-if)#ip address 172.16.1.1 255.255.255.0
Router(config-if)#no shutdown
Router(config-if)#exit
Router(config)#interface fastethernet 1/1
Router(config-if)#ip address 160.16.1.2 255.255.255.0
Router(config-if)#no shutdown
Router(config-if)#exit
Router(config)#
```

验证配置：查看路由器接口的状态。

```
Router#show ip interface brief
Interface              IP-Address(Pri)     OK?       Status
serial 1/2             no address          YES       DOWN
serial 1/3             no address          YES       DOWN
FastEthernet 1/0       172.16.1.1/24       YES       UP
FastEthernet 1/1       160.16.1.2/24       YES       UP
Null 0                 no address          YES       UP
```

（2）配置路由器的时钟。

```
Router#show clock                                //查看路由器当前时钟
clock: 1987-1-16 5:19:9
Router#clock set 16:03:40 27 april 2006-4-27    //!重设路由器当前时钟和实际时钟同步
Router#show clock
clock: 2006-4-27 16:04:9
```

（3）定义时间段。

```
Router(config)#time-range freetime
Router(config-time-range)#absolute start 8:00 1 jan 2006 end 18:00 30
```

```
dec 2010                                                    //定义绝对时间段
Router(config-time-range)#periodic daily 0:00 to 9:00    //定义周期性时间段
Router(config-time-range)#periodic daily 17:00 to 23:59 //定义周期性时间段
```

验证配置：查看时间段配置。

```
Router#show time-range
time-range entry: freetime(inactive)
  absolute start 08:00 01 January 2006 end 18:00 30 December 2010
  periodic Daily 0:00 to 9:00
  periodic Daily 17:00 to 23:59
```

（4）定义访问控制列表规则。

```
Router(config)#access-list 100 permit ip any host 160.16.1.1
    //定义扩展访问控制列表，允许访问主机160.16.1.1
Router(config)#access-list 100 permit ip any any time-range freetime
    //关联time-range 接口 t1，允许在规定时间段访问任何网络
```

注意：访问控制列表的隐含规则是拒绝所有数据包。

验证配置：查看访问控制列表配置。

```
Router#show access-lists
Extended IP access list 100 includes 2 items:
    permit ip any host 160.16.1.1
    permit ip any any time-range freetime(active)
```

（5）将访问列表规则应用在接口上。

```
Router(config)#interface fastethernet 1/0
Router(config-if)#ip access-group 100 in          !在F1/0 接口上进行入栈应用
```

验证配置：查看F1/0 接口上应用的规则。

```
Router#show ip interface fastethernet 1/0
FastEthernet 1/0
  IP interface state is: UP
  IP interface type is: BROADCAST
  IP interface MTU is: 1500
  IP address is:
    172.16.1.1/24(primary)
  IP address negotiate is: OFF
  Forward direct-boardcast is: ON
  ICMP mask reply is: ON
  Send ICMP redirect is: ON
  Send ICMP unreachabled is: ON
  DHCP relay is: OFF
  Fast switch is: ON
  Route horizontal-split is: ON
  Help address is: 0.0.0.0
  Proxy ARP is: ON
  Outgoing access list is not set.
  Inbound access list is 100.
```

（6）验证测试。

在服务器主机上配置 Web 服务器，服务器 IP 地址为160.16.1.1。

①验证在工作时间的服务器的访问。

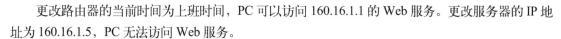

更改路由器的当前时间为上班时间，PC 可以访问 160.16.1.1 的 Web 服务。更改服务器的 IP 地址为 160.16.1.5，PC 无法访问 Web 服务。

②验证在非工作时间的服务器的访问。

更改路由器的当前时间为下班时间，PC 可以访问 160.16.1.1 的 Web 服务。更改服务器的 IP 地址为 160.16.1.5，PC 同样可以访问 Web 服务。

注意:

①在定义时间接口前需先校正路由器系统时钟。

②Time-range 接口上允许配置多条 periodic 规则（周期时间段），在 ACL 进行匹配时，只要能匹配任一条 periodic 规则即认为匹配成功，而不是要求必须同时匹配多条 periodic 规则。

③设置 periodic 规则时可以按以下日期段进行设置: day-of-the-week（星期几）、Weekdays（工作日）、Weekdays（周末，即周六和周日）、Daily（每天）。

④Time-range 接口上只允许配置一条 absolute 规则（绝对时间段）。

⑤Time-range 允许 absolute 规则与 periodic 规则共存，此时，ACL 必须首先匹配 absolute 规则，然后再匹配 periodic 规则。

🛜 7.3 任 务 实 战

7.3.1 ACL 标准访问控制列表

假设你是一个公司的网络管理员，公司的经理部、财务部门和销售部门分属 3 个不同的网段，3 部门之间用路由器进行信息传递，为了安全起见，公司领导要求销售部门 PC2 不能对财务部门 PC3 进行访问，但经理部 PC1 可以对财务部门 PC3 进行访问。

1. 任务拓扑

任务拓扑如图 7-7 所示。

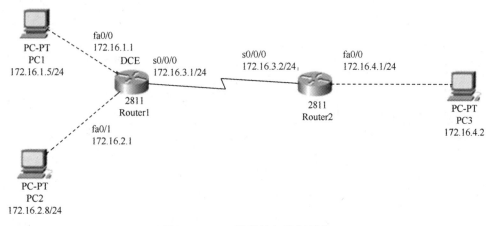

图 7-7 ACL 标准访问控制列表

2. 任务目的

（1）访问控制列表作用。

（2）标准 ACL 的配置和调试。

3．任务实施

（1）Router1 基本配置。

```
Router > en
Router#conf t
Route(config)#hostname R1
R1(config)#int fa0/0
R1(config-if)#ip add 172.16.1.1  255.255.255.0
R1(config-if)#no shut
R1(config-if)#exit
R1(config)#int fa0/1
R1(config-if)#ip add 172.16.2.1  255.255.255.0
R1(config-if)#no shut
R1(config-if)#exit
R1(config)#int S0/0/0
R1(config-if)#clock rate 64000
R1(config-if)#ip add 172.16.3.1  255.255.255.0
R1(config-if)#no shut
R1(config-if)#end
```

（2）Router2 基本配置。

```
Router>en
Router(config)#hostname R2
R2(config)#int fa0/0
R2(config-if)#ip add 172.16.4.1  255.255.255.0
R2(config-if)#no shut
R2(config-if)#exit
R2(config)#int S0/0/0
R2(config-if)#clock rate 64000
R2(config-if)#ip add 172.16.3.2  255.255.255.0
R2(config-if)#no shut
R2(config-if)#end
```

（3）配置静态路由。

```
R1(config)#ip route  172.16.4.0  255.255.255.0  172.16.3.2
R2(config)#ip route  172.16.1.0  255.255.255.0  172.16.3.1
R2(config)#ip route  172.16.2.0  255.255.255.0  172.16.3.1
```

（4）配置标准 IP 访问控制列表。

```
R2(config)#access-list 1 deny  172.16.2.0  0.0.0.255  //拒绝来自 172.16.2.0 网
段的流量通过
R2(config)#access-list 1 permit  172.16.1.0  0.0.0.255  //允许来自 172.16.1.0
网段的流量通过
```

（5）把访问控制列表在接口下应用。

```
R2(config)#interface fastEthernet 0/0
R2(config-if)# ip access-group out
```

7.3.2　扩展 ACL

1. 任务拓扑

学校规定学生只能对服务器进行 FTP 访问，不能进行 WWW 访问，教工没有此限制，拓扑图如图 7-8 所示。

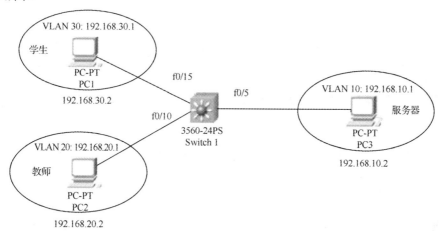

图 7-8　扩展 ACL

2. 任务目的

（1）访问控制列表作用。

（2）扩展 ACL 的配置和调试。

3. 任务实施

（1）基本配置。

```
3560-24(config)#VLAN 10 name server
3560-24(config)#VLAN 20 name teachers
3560-24(config)#VLAN 30 name students
3560-24(config)#interface f0/5
3560-24(config-if)#switchport access VLAN 10
3560-24(config)#interface f0/10
3560-24(config-if)#switchport access VLAN 20
3560-24(config)#interface f0/15
3560-24(config-if)#switchport access VLAN 30
3560-24(config)#int VLAN 10
3560-24(config-if)#ip add 192.168.10.1 255.255.255.0
3560-24(config-if)#no shutdown
3560-24(config-if)#int VLAN 20
3560-24(config-if)#ip add 192.168.20.1 255.255.255.0
3560-25(config-if)#no shutdown
3560-24(config-if)#int VLAN 30
3560-24(config-if)#ip add 192.168.30.1 255.255.255.0
3560-24(config-if)#no shutdown
```

（2）配置扩展访问控制列表。

```
3560-24(config)#access-list  100  deny  tcp  192.168.30.0    0.0.0.255
192.168.10.0  0.0.0.255 eq www//禁止 www 服务，www 可以换成 80
```

```
3560-24(config)#int VLAN 30
3560-24(config-if)#ip access-group 100 in
```

（3）验证测试。

```
Sh access-lists 100
```

注意：

扩展 ACL 使用表号范围 100～199，可检查源地址，可检查第四层的端口号，应放置在接近源的位置上。

```
Access-list 100 deny tcp any eq 135    //预防冲击波病毒
Access-list 100 deny tcp any eq 445    //预防震荡波病毒
```

7.3.3 使用扩展 ACL 封杀 ping 命令

1. 任务拓扑

在 R1 上使用 ping 命令测试到 R2 的连通性，结果为不可达，但可 Telnet 到 R2，拓扑图如图 7-9 所示。

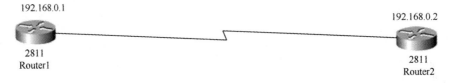

192.168.0.1   192.168.0.2

2811   2811
Router1   Router2

图 7-9　使用扩展 ACL 封杀 ping 命令

2. 任务目的

（1）访问控制列表作用。

（2）扩展 ACL 的配置和调试。

3. 任务实施

（1）Router1 配置。

```
Router(config)#hostname R1
R1(config)#interface s0/0/0
R1(config-if)#ip address 192.168.0.1 255.255.255.0
R1(config-if)#clock rate 64000
R1(config-if)#no shutdown
```

（2）Router2 配置。

```
Router(config)#hostname R2
R2(config)#enable password 123      //特权密码
R2(config)#line vty 0 4
R2(config-line)#password 123        //vty 密码 123
R2(config-line)#exit
R2(config)#interface s0/0/0
R2(config-if)#.ip address192.168.0.2 255.255.255.0
R2(config-if)#exit
R2(config)#access-list 100 deny icmp any any  //ping 命令用的是 ICMP 协议
R2(config)#access-list 100 deny icmp any any
R2(config)#interface s0/0/0
R2(config-if)#ip access-group 100 in
```

（3）验证测试。

在 R1 上 ping R2，不可达，但在 R1 上 Telnet 到 R2 会话成功，说明 ping 已经被封杀。

7.3.4 专家级访问控制列表

1. 任务拓扑

禁止 IP 地址及 MAC 地址为 172.16.1.1 和 00e0.9823.9526 的主机访问主机 160.16.1.1，拓扑图如图 7-10 所示。

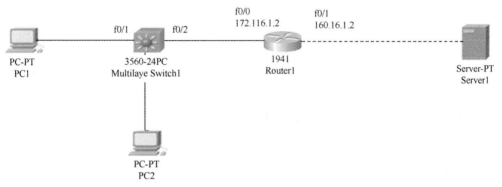

图 7-10 专家级访问控制列表

2. 任务目的

（1）访问控制列表作用。

（2）命名 ACL 的配置和调试。

3. 任务实施

（1）Router1 基本配置。

```
Router1>en
Router1#conf t
Router1(config)#int fa0/0
Router1(config-if)#ip add 172.16.1.2 255.255.255.0
Router1(config-if)#no shut
Router1(config-if)#int fa0/1
Router1(config-if)#ip add 192.168.2.2 255.255.255.0
Router1(config-if)#no shut
Router1(config-if)#exit
```

（2）Switch1 基本配置。

```
Switch1>en
Switch1#conf
Switch1(config)#expert access-list extended test1//专家级访问列表名
Switch1(config-ext-nacl)#deny ip host 172. 16. 1. 1 host 00e0. 9823. 9526 host
160.16.1.1 any
//禁止 IP 地址及 MAC 地址为 172.16.1.1 和 00e0.9823.9526 的主机访问主机 160.16.1.1
Switch1(config-ext-nacl)#permit any any any
Switch1#show access-list test1//显示专家级访问列表 test1
Switch1(config)#int fa0/1
Switch1(config)#expert access-group test1 in //在接口上应用专家级访问列表 test1
```

（3）验证测试。

```
show access-list
```

习　　题

1. 填空题

（1）标准访问控制列表可以检查被路由的 IP 数据包的_____地址，来决定是允许还是决绝。

（2）标准号码式访问控制列表的编号范围为_____，扩展号码式访问控制列表的编号范围为_____。

（3）每个路由器的接口可以用_____个访问控制列表。

（4）每个访问控制列表最后隐含了一条_____语句，所以，除非你想拒绝所有的数据包，否则，ACL 中至少要有一条 permit 语句。

（5）查看路由器中所有的访问控制列表，可以使用_____命令。

2. 选择题

（1）下面的 ACL 正确的是（　　）。

A. access-list 38 permit 192.168.8.10　255.255.255.0

B. access-list 120 deny host 192.168.10.9

C. ip access-list 1 permit 192.168.10.9　0.0.0.255

D. access-list 2 deny 192.168.10.9　255.255.255.0

（2）扩展 IP 访问控制列表是根据（　　）过滤流量的。

A. 原 IP 地址　　　B. 目标 IP 地址　　　　C. 网络层协议字段

D. 传输层报头中的端口字段　　　　　　E. 以上所有选项

（3）ACL 中拒绝 B 类网络 129.10.0.0 的数据流，使用的通配符掩码是（　　）。

A. 0.0.0.255　　　B. 0.0.255.255　　　　C. 0.255.255.255　　　D. 0.255.255.255.0

（4）以下哪个 ACL 只允许 FTP 流量进入 192.168.1.0 网络（　　）。

A. access-list 38 permit 192.168.1.0　0.0.0.255

B. access-list 120　deny tcp any 192.168.1.0　0.0.0.255 eq ftp

C. access-list 120　permit tcp any 192.168.1.0　0.0.0.255 eq 21

D. access-list 2　deny 192.168.1.0　0.0.0.255

（5）要禁止远程登录到网络 192.168.1.0，可以使用以下哪个 ACL（　　）。

A. access-list 120　deny tcp any 192.168.1.0　255.255.255.0 eq telnet

B. access-list 120　deny tcp any 192.168.1.0　0.0.0.255 eq 23

C. access-list 120　permit tcp any 192.168.1.0　0.0.0.255 eq 23

D. access-list 98　deny tcp any 192.168.1.0　0.0.0.255 eq telnet

（6）在路由器接口上使用 43 号访问控制列表正确的是（　　）。

A. access-group 43 in　　　　　　　B. ip access-list 43 out

C. ip access-group 43 in　　　　　　D. access-list 43 in

3. 操作题

（1）用模拟器（Packet Tracer）或真实设备搭建如图 7-11 所示网络拓扑，并给相关设备配置 IP 地址，然后用相关的网络测试命令进行测试。

基本要求：

①根据拓扑图完成路由器 R1、R2 的基本配置。

②利用 OSPF 路由保证全网互通。

③在 R2 上配置标准 ACL 并应用，拒绝 172.16.1.10 和网络 172.16.2.0 访问 Server1，测试 ACL 是否起作用。

在 R1 配置扩展 ACL，同时测试 ACL 是否起作用。

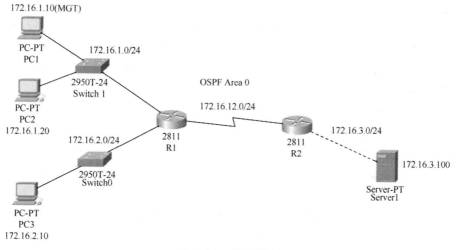

图 7-11　操作题 1

要求如下：

①拒绝 172.16.1.0 网段访问 server1 的 WWW 服务。

②拒绝 172.16.2.0 网段 ping 路由器 R2。

③拒绝 172.16.1.10 网段访问 server1 的 DNS 服务。

（2）用模拟器（Packet Tracer）或真实设备搭建如图 7-12 所示网络拓扑，并给相关设备配置 IP 地址，然后用相关的网络测试命令进行测试。

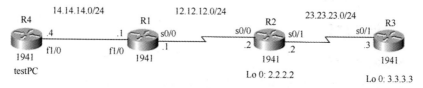

图 7-12　操作题 2

基本要求：

①在 R1 上配置基于时间的 ACL，使得周一到周五的 8：00-17：00 可以 Telnet R1。

②在 R2 配置动态 ACL，并测试 ACL 是否起作用，要求如下：如果 testPC 想要访问 R3（环回接口 0）的 telnet 服务，必须首先 telnet R2 的环回接口 0，验证通过后才能访问，绝对超时时间 5 分钟，相对超时时间 1 分钟。

注意：模拟器 PT 中不支持专家级 ACL 以及基于时间的 ACL。

项目 8
NAT 技术

项目导读

随着 Internet 的发展，IP 地址短缺已经成为一个越来越严重的问题。在 IPv6 使用之前，地址转换（Network Address Translation）技术是解决这个问题的一个最主要的技术手段。通过地址转换可以使用私有地址提供 Internet 访问描述，本项目详细描述了地址转换技术的主要实现方法。本项目将详细介绍 NAT 概述、工作原理、类型及其配置方法。

通过对本项目的学习，应做到：

- 了解：NAT 相关术语和概念。
- 熟悉：NAT 的工作原理及应用环境。
- 掌握：NAT 的类型及配置。

📶 8.1 NAT 概述

8.1.1 NAT 概念

NAT（Network Address Translation，网络地址转换）是一种将一个 IP 地址域（如 Intranet）转换到另一个 IP 地址域（如 Internet）的技术。NAT 技术的出现是为了解决 IP 地址日益短缺的问题，将多个内部地址映射为少数几个甚至一个公网地址，这样就可以实现内部网络中的主机（通常使用私有地址）透明地访问外部网络中的资源；同时，外部网络中的主机也可以有选择地访问内部网络。而且，NAT 能使得内外网络隔离，提供一定的网络安全保障。

8.1.2 NAT 相关术语

1. 私有地址和公有地址

私有地址是只能在一个组织或机构的内部使用，不能在整个 Internet 范围内使用，所以也称为"不可路由的"地址，其范围是 10.0.0.0～10.255.255.255、172.16.0.0～172.31.255.255、192.168.0.0～192.168.255.255。相对而言，其他范围的 IP 地址就称为"公有地址"、"可路由的地址"或"合法地址"，必须正式向 Internet 注册的组织申请并按照分配的范围使用。

2. 内部网络（Inside Network）

内部网络指那些由机构或企业所拥有的网络，与 NAT 路由器上被定义为 inside 的接口相连接。

3. 外部网络（Outside Network）

外部网络指除了内部网络之外的所有网络，常为 Internet 网络，与 NAT 路由器上被定义为 outside 的接口相连接。

4. 内部本地地址（Inside Local Address）

内部网络主机使用的 IP 地址。这些地址一般为私有 IP 地址，它们不能直接在 Internet 上路由，因而也就不能直接用于对 Internet 的访问，必须通过网络地址转换，以合法的 IP 地址的身份来访问 Internet。

5. 内部全局地址（Inside Global Address）

内部网络使用的公有 IP 地址，这些地址是向 ICANN 申请才可取得的公有 IP 地址。当使用内部本地地址的主机要与 Internet 通信时，NAT 转换时使用的地址。

6. 外部本地地址（Outside Local Address）

外部网络主机使用的 IP 地址，这些地址不一定是公有 IP 地址。

7. 外部全局地址（Outside Global Address）

外部网络主机使用的 IP 地址，这些地址是全局可路由的公有 IP 地址。

8.1.3　NAT 的工作原理

借助 NAT，私有（保留）地址的"内部"网络通过路由器发送数据包时，私有地址被转换成合法的 IP 地址，一个局域网只需使用少量 IP 地址（甚至是 1 个）即可实现私有地址网络内所有计算机与 Internet 的通信需求，如图 8-1 所示。

NAT 将自动修改 IP 报文的源 IP 地址和目的 IP 地址，IP 地址校验则在 NAT 处理过程中自动完成。有些应用程序将源 IP 地址嵌入到 IP 报文的数据部分中，所以还需要同时对报文的数据部分进行修改，以匹配 IP 头中已经修改过的源 IP 地址。

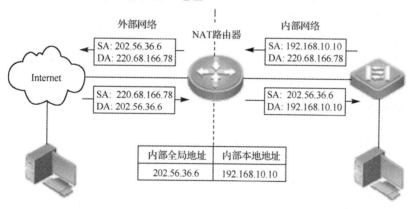

图 8-1　NAT 的工作原理

8.1.4　NAT 的应用环境

（1）一个企业不想让外部网络用户知道自己的网络内部结构，可以通过 NAT 将内部网络与外部 Internet 隔离开，则外部用户根本不知道通过 NAT 设置的内部 IP 地址。

（2）一个企业申请的合法 Internet IP 地址很少，而内部网络用户很多。可以通过 NAT 功能实现多个用户同时共用一个合法 IP 与外部 Internet 进行通信。

（3）如果有两个内网需要互连，而它们采用的内部私有地址范围有重合时，也可以采用 NAT 技术进行转换。

8.1.5　NAT 的类型

NAT 的实现方式有三种，即静态转换、动态转换和端口多路复用。

静态转换是指将内部网络的私有 IP 地址转换为公有 IP 地址，IP 地址对是一对一的，是相对固定的，某个私有 IP 地址只能转换为某个公有 IP 地址。借助于静态转换，可以实现外部网络对内部网络中某些特定设备（如服务器）的访问。

动态转换是指将内部网络的私有 P 地址转换为公有 IP 地址时，公网地址是不确定的、随机的，所有被授权访问因特网的私有 IP 地址可随机转换为任何指定的合法 IP 地址。也就是说，只要指定哪些内部地址可以进行转换，以及用哪些合法地址作为外部地址时，就可以进行动态转换。动态转换可以使用多个合法外部地址集。当 ISP 提供的合法 IP 地址略少于网络内部的计算机数量时可以采用动态转换的方式。

端口多路复用（端口地址转换，PAT）是指改变外出数据包的源端口并进行端口转换，即端口地址转换（端口地址转换，PAT）采用端口多路复用方式。内部网络的所有主机均可共享一个合法外部 IP 地址实现对网络的访问，从而可以最大限度地节约 IP 地址资源，同时又可隐藏网络内部的所有主机，有效避免来自 Internet 的攻击。因此，目前网络中应用最多的就是端口多路复用方式。

📶 8.2　静态 NAT 配置

当内部网络需要与外部网络通信时，需要配置 NAT，将内部私有 IP 地址转换成全局唯一 IP 地址。可以配置静态或动态的 NAT 来实现互连互通的目的，或者需要同时配置静态和动态 NAT。

将内部本地地址与内部全局地址进行一对一的明确转换，这种方法主要用在内部网络中有对外提供服务的服务器，如邮件服务器。该方法的缺点是需要独占宝贵的 IP 地址，即如果某个合法 IP 地址已经被 NAT 静态地址转换定义，即使该地址当前没有被使用，也不能用作其他的地址转换。

8.2.1　静态 NAT 配置方法

要配置静态 NAT，在全局配置模式下执行以下命令：

（1）R(config)#ip nat inside source static local-ip//定义内部源地址静态转换关系。

参数如下：

```
local-ip: 内部网络中主机的本地 IP 地址。
global-ip: 外部网络看到的内部主机的全局唯一的 IP 地址。
```

说明：静态 NAT，是建立内部本地地址和内部全局地址的一对一永久映射。当外部网络需要通过固定的全局路由地址访问内部主机时，静态 NAT 就显得十分重要。

（2）R(config)#interface interface-type interface-number　//进入接口配置模式。

（3）R(config-if)#ip nat inside　//定义该接口连接内部网络。

（4）R(config)#interface interface-type interface-number　//进入接口配置模式。

（5）R(config-if)#ip nat outside　　//定义该接口连接外部网络。

（6）R#Show ip nat translations　　　　//显示活动的地址转换。

8.2.2 静态 NAT 配置举例

实现如图 8-2 所示的静态地址转换，内部网络的私有主机 192.168.1.1 需要访问外网的 56.10.20.1，仔细观察 IP 包经过 NAT 路由之后源地址和目标地址的变化。

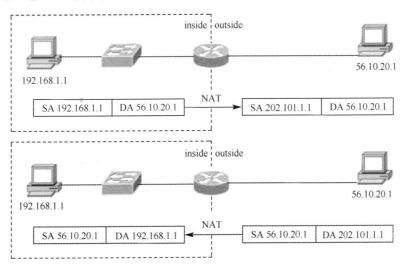

图 8-2　静态 NAT

在这个实例中，内部网络中的 PC 使用私有地址 192.168.1.1 访问 Internet 上的服务器 56.10.20.1。PC 向服务器发送数据包时，数据包经过了一台运行 NAT 的路由器，NAT 将数据包转发出去，服务器返回给 PC 发送应答时，数据包中地址是 202.101.1.1（NAT 转换后的公用地址）。数据包再次经过路由器时，NAT 将目的地址转换成 PC 使用的私有地址（192.168.1.1）。

NAT 对于地址转换中的终端设备是透明的，如图 8-2 所示，PC 只知道自己的 IP 地址是 192.168.1.1，而不知道 202.101.1.1。服务器只知道 PC 的 IP 地址是 202.101.1.1，而不知道 192.168.1.1。

路由器 ISP 的配置如下：

```
R(config)#ip nat inside source static 192.168.1.1 202.101.1.1
R(config)#int s1/0
R(config-if)#ip nat outside
R(config)#int f0/0
R(config-if)#ip natinside
R#show ip nat translation
```

以上配置较简单，可以配置多个 inside 和 outside 接口，可查看静态 NAT 中的地址转换（见图 8-3）。

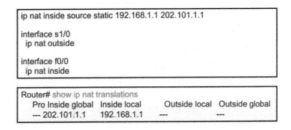

图 8-3　查看静态 NAT 中的地址转换

8.3 动态 NAT 配置

动态地址转换将内部本地地址与内部合法地址一对一进行转换，与静态地址转换不同的是，它是从内部合法地址池（POOL）动态选择一个未使用的地址来对内部本地地址进行转换的。

动态 NAT 使用公有地址池，并以先到先得的原则分配这些地址。当具有私有 IP 地址的主机请求访问 Internet 时，动态 NAT 从地址池中选择一个未被其他主机占用的 IP 地址，如图 8-4 所示，这是到目前为止所介绍的映射。

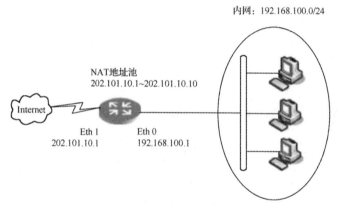

图 8-4　动态地址转换

8.3.1 动态 NAT 配置方法

动态映射需要把合法地址组建成一个地址池。如图 8-4 所示，内网段是 192.168.100.0/24，地址池是 202.101.10.1～202.101.10.10，当内网某台主机需要访问 Internet，经过路由器时，NAT 会在地址池选取一个未被其他主机占用的 IP 地址供转换。

要配置动态 NAT，在全局配置模式下执行以下命令:

（1）R(config)# ip nat pool pool-name address-poll start-ip end-ip{ netmask mask | prefix-length n}　//定义全局 IP 地址池。

参数说明:

- pool-name: 定义的地址池的名称。
- start-ip/ end-ip: 定义的地址池的起始/结束地址。
- mask: 定义的地址池中地址使用的子网掩码。
- n: 子网掩码中"1"的位数。

说明: 该命令用来定义 NAT 转换的地址池，命令中子网掩码的参数可以用点分十进制的形式表示，也可以用子网掩码中 1 的位数来表示，可以用 no 选项删除定义的地址池。

（2）R(config)# access-list access-list-number permit ip-address wildcard　//定义访问列表，只有匹配该列表的地址才转换。

（3）R(config)# ip nat inside source list access-list-number pool pool-name　//定义内部源地址动态转换关系。

参数说明:

● access-list-number: 引用的访问控制列表编号, 只有源地址匹配该访问控制表, 才会进行 NAT 转换。

● pool-name: 引用的地址池名称。

说明: 该命令将符合访问控制列表条件的内部本地地址转换到地址池中的内部全局地址。在动态转换中, 当内网的客户机访问外网时, 从地址池中取出一个地址为它建立 NAT 映射, 这个映射关系会一直保持到会话结束。

(4) R(config)# interface interface-type interface-number //进入接口配置模式。

(5) R(config-if)# ip nat inside　　//定义接口连接内网网络。

(6) R(config)# interface interface-type interface-number //进入接口配置模式。

(7) R(config-if)#ip nat outside　//定义接口连接外部网络。

8.3.2　动态 NAT 配置举例

如图 8-5 所示, 某公司在 ISP 申请到一组外网 IP 地址: 202.101.1.1～202.101.1.10, 公司希望通过在路由器上配置动态 NAT 来实现所有公司内网用户对互联网的访问。

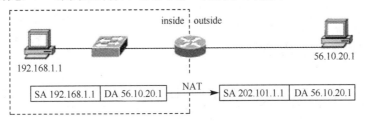

图 8-5　动态 NAT

路由器 ISP 的配置如下:

```
R(config) #ip nat pool nat1 202.101.1.1 202.101.1.10 netmask 255.255.255.0
R(config) #access-list 1 permit 192.168.1.0 0.0.0.255
R(config) #ip nat inside source list 1 pool nat1
R(config) #int s1/0
R(config-if) #ip nat outside
R(config) #int f0/0
R(config-if) #ip nat inside
R(config-if) end
```

动态 NAT 后显示的转换列表如图 8-6 所示。

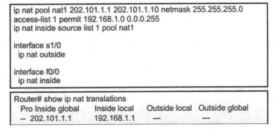

图 8-6　动态 NAT 后显示的转换列表

值得注意的是，访问列表的定义，使得只有列表中许可的源地址才可以被转换，必须注意访问列表最后一个规则是否定全部。访问列表不能定义太宽，要尽量准确，否则将出现不可预知的结果。

8.4　端口复用 NAT

从以上内容知道，静态转换 IP 地址的对应关系是一对一且不变的，并没有节约 IP 地址，只是隐藏了主机的真实地址。动态转化虽然在一定情况下节约了公有 IP 地址，但是当内部网络同时访问 Internet 的主机数大于合法地址池中的 IP 地址数量时就不适用了。而端口多路复用可以使所有内部网络主机共享一个合法的外部 IP 地址，从而最大限度地节约 IP 地址资源。复用地址转化也称端口地址转化（Port Address Translation，PAT），首先是一种动态地址转化。路由器将通过记录地址、应用程序端口等唯一标识转化。通过这种转化，可以使多个内部本地地址同时与同一个内部全局地址进行转化并对外部网络进行访问。对于只申请到 IP 地址甚至只有一个合法 IP 地址，却经常有很多用户同时要求上网的情况，这种转换方式非常有用。在如图 8-7 所示的端口复用 NAT 中，进行了如表 8-1 所示的地址转换。

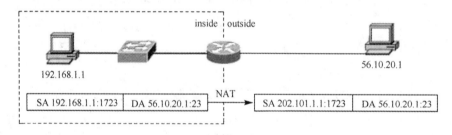

图 8-7　端口复用 NAT

表 8-1　端口复用转化地址表

Inside Local Address Port	Inside Global Address Port	Outside Global Address Port
192.168.1.1:1723	202.101.1.1:1723	56.10.20.1:23

理想状况下，一个单一的 IP 地址可以使用的端口数量为 4 000。

8.4.1　端口复用 NAT 配置方法

要配置动态 NAT，在全局配置模式下执行以下命令：

（1）R(config)# access-list access-list-number permit source source-wildcard　//定义访问列表，只有匹配该列表的地址才匹配。

（2）R(config)# ip nat inside source list access-list-number{interface interface |pool pool-name} overload。

8.4.2　端口复用 NAT 配置举例

某公司申请了一个固定的外网 IP 地址 211.21.12.1，公司希望通过在路由器上配置端口复用 NAT 实现内网主机对 Internet 的访问，拓扑图如图 8-8 所示。

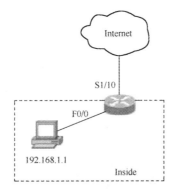

图 8-8　端口复用 NAT 应用举例

路由器 ISP 的配置如下:

```
R(config)#ip route0.0.0.0 0.0.0.0s1/0
R(config)#access-list 1 permit192.168.1.00.0.0.255
R(config)#ip nat inside source list 1 int s0/1 loverload
R(config)#int f0/0
R(config-if)#ip nat inside
R(config)#int s0/1
R(config-if)#ip nat outside
R(config)#end
R#show ip nat translations
```

端口复用 NAT 所进行的地址转换列表如图 8-9 所示。

```
Router# show ip nat translations
  Pro   Inside global      Inside local      Outside local    Outside global
  TCP 202.101.1.1:1050   192.168.1.1:1050   211.21.12.1:23   211.21.12.1:23
```

图 8-9　端口复用 NAT 所进行的地址转换列表

🛜 8.5　任 务 实 战

随着 Internet 迅速发展,IP 地址短缺已成为十分突出的问题。为了解决这个问题,出现了多种解决方案。下面介绍在目前网络环境中比较有效的方法,即网络地址转换功能。

8.5.1　静态 NAT 地址转换

1. 任务拓扑

网络拓扑如图 8-10 所示。

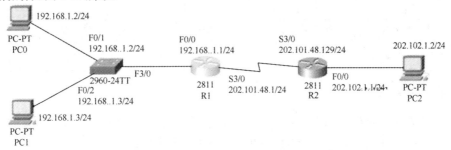

图 8-10　静态 NAT 地址转换网络拓扑

2．任务目的

（1）掌握 NAT 工作原理。

（2）私有地址。

（3）NAT 造作过程。

（4）静态 NAT 配置和调试。

3．任务实施

（1）在 R1 上配置接口 IP 地址。

```
R1(config)#int s3/0
R1(config-if)#ip address 202.101.48.1  255.255.255.0
R1(config-if)# clock rate 64000
R1(config-if)#no shutdown
R1(config-if)exit
R1(config-if)#int fa0/0
R1(config-if)#ip address 192.168.1.1 255.255.255.0
R1(config-if)#no shutdown
R1(config-if)#exit
```

（2）在 R2 上配置接口 IP 地址。

```
R1(config)#int s3/0
R1(config-if)#ip address 202.101.48.1  255.255.255.0
R1(config-if)#no shutdown
R1(config-if)exit
R1(config-if)#int fa0/0
R1(config-if)#ip address 202.102.1.1  255.255.255.0
R1(config-if)#no shutdown
R1(config-if)#exit
```

（3）在 R1 上配置静态路由。

```
R1(config)#ip route 0.0.0.0.0.0.0.0  202.101.48.129
```

（4）配置 R1 的静态 NAT。

```
R1(config)#interface fastEthernet 0/0
R1(config)# ip nat inside //配置fa0/0接口为inside网络，私有IP地址网络
R1(config-if)#Exit
R1(config)#interface s1/0
R1(config)# ip nat outside //配置s1/0接口为outside网络，nenet网络
R1(config-if)#exit
R1(config)#ip nat inside source static 192.168.1.1 202.101，48.1
//配置静态NAT，将192.168.1.1的ip静态地翻译成202.101.48.1
```

（5）实验调试。

```
PC3访问内部server的web服务
R1#sh ip nat translations
R1#debug ip net
```

8.5.2 静态 PAT

内网 Web 服务器发布到外网，右边的 PC 模拟外网能够正常访问 Web 服务。静态 PAT 的原理就是内部不同 IP 地址+端口号，映射到内部全局唯一 IP 地址+端口号。

1. 任务拓扑

网络拓扑如图 8-11 所示。

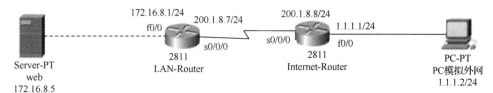

图 8-11 静态 PAT 网络拓扑

2. 任务目的

（1）PAT 特征和优势。

（2）PAT 配置和调试。

3. 任务实施

（1）LAN-Router 的配置。

```
R(config)# int f0/0
R(config-if)#ip add 172.168.8.1 255.255.255.0
R(config-if)#ip nat inside
R(config-if)#no shut
R(config-if)#ip add 200.1.8.7 255.255.255.0
R(config-if)#clock rate 64000
R(config-if)#ip nat outside
R(config-if)#no shut
R(config-if)#exit
R(config)#ip nat inside source static tcp 172.16.8.5 80  200.1.8.7 80
R(config)#ip route 0.0.0.0  0.0.0.0  200.1.8.8 //去往外网的静态路由
```

（2）Internet-Router 的配置。

```
R(config)#int f0/0
R(config-if)#ip add 1.1.1.1  255.255.255.0
R(config-if)#no shut
R(config-if)#int s0/0/0
R(config-if)#ip add 200.1.8.8  255.255.255.0
R(config-if)#no shut
```

（3）测试。

```
R1#debug ip nat
```

注意：

①测试时，在外网的测试机上输入：200.1.8.7（不是直接输入 Web 服务器地址），能够访问到 Web 服务器上的网页，但是无法直接 ping 通内网 Web 服务器，这正是网络安全的要求。

②此实验中不需要做反向默认路由。（当把由内而外的默认路由也删除，网站无法访问到）如果实验中提到：服务器所在网段的所有计算机要能够访问互联网，那么光以上配置是不够的，还需要在 LAN-Router 上配置：

```
Lan-router(config)#ip nat pool st 200.1.8.7  200.1.8.7 netmask 255.255.255.0
Lan-router(config)#access-list 10 permit 172.16.8.0  0.0.0.255
Lan-router(config)#ip nat inside source list 10 pool st overload
```

③最后不要忘记应用到端口上。

8.5.3 动态 NAT

PC1 可以访问 Web 服务器，在路由器上 lan-router 查看 nat 的映射表。

1．任务拓扑

网络拓扑如图 8-12 所示。

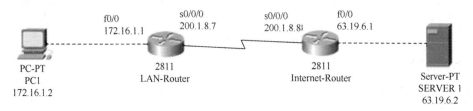

图 8-12 动态 NAT 网络拓扑

2．任务目的

（1）动态 NAT 特征和局限性。

（2）动态 NAT 配置和调试。

3．任务实施

（1）LAN-Router 的配置。

```
router(config)#ho Lan-router
Lan-router(config)#int f0/0
Lan-router(config-if)#ip add 172. 16. 1. 1  255. 255.255.0
Lan-router(config-if)#no shut
Lan-router(config-if)#exit
Lan-router(config)#int s0/0/0
Lan-router(config-if)#ip add 20. 1.8.7  255.255.255.0
Lan-router(config-if)#no shut
Lan-router(config-if)#cl ra 64000
Lan-router(config-if)#exi
Lan-router(config)#ip route 0.0.0.0  0.0.0.0  s0/0/0
Lan-router(config)#int f0/0
Lan-router(config-if)#ip nat inside
Lan-router(config-if)#exit
Lan-router(config)#int s0/0/0
Lan-router(config-if)#ip nat outside
Lan-router(config-if)#exit
Lan-router(config)#ip nat pool gg 200. 1.8.7 200 1.8.7 netmask 255.255.255.0
Lan-router(config)#access-list 10 permit 172.16.1.0  0.0.0.255
Lan-router config)#ip nat inside source list 10 pool gg overload
```

（2）Internet-Router 的配置。

```
router(config)#ho Internet-router
Internet-router(config)#int f0/0
Internet-router(config-if)#ip add 63，19.6.1  255.255.255.0
Internet-router(config-if)#no shut
Internet-router(config-if)#exit
Internet-router(config)#int s0/0/0
Internet-router(config-if)#ip add 200，1.8.8  255.255.255.0
```

```
Internet-router(config-if)#no shut
Internet-router(config-if)#cl ra 64000
Internet-router(config-if)#exit
```

（3）验证测试。

```
Lan-route#debug ip nat
```

注意：

NAT 网络地址转换，PAT 端口地址转换，当 outside 接口 IP 未知时，PAT 的配置是用具体的接口代替地址池：

```
R(config)#ip nat inside source list 1 serial 1/0 overload
```

习　题

1．填空题

（1）NAT 的功能就是将_____网络地址转换成_____网络地址，从而连接到公共网络。

（2）私有 IP 地址的范围是 A 类_____，B 类_____，C 类_____。

（3）在思科路由器上使用_____命令可以清除 NAT 转换表项。

（4）在思科设备上使用。NAT 表项中动态转换条目失效时间，默认是_____小时。

（5）在接口上定义此接口为外部接口的命令是_____。

2．选择题

（1）可能会使用（　　）信息实现地址转换。

A．IP 地址　　　　　B．TCP 端口号　　　　　C．UDP 端口号　　　　　D．其他都不是

（2）使用 NAT 的两个好处是（　　）。

A．它可节省共有 IP 地址　　　　　　　　　B．它可增强网络的私密性和安全性

C．它可增强路由性能　　　　　　　　　　　D．它可降低路由问题故障排除的难度

（3）有关 NAT 与 PAT 之间的差异，正确的是（　　）。

A．PAT 在访问列表句的末尾使用"overload"，共享单个注册地址

B．静态 NAT 可让一个非注册地址映射为多个注册地址

C．动态 NAT 可让主机在每次需要外部访问时接收相同的全局地址

D．PAT 使用唯一的源端口号区分不同的转换

（4）网络管理员应该使用（　　）来确保外部网络一直可访问内部网络中的 Web 服务器。

A．NAT 过载　　　　　B．静态 NAT　　　　C．静态 NAT　　　　　D．PAT

（5）主管要求技术人员在尝试排除 NAT 连接故障之前总要清楚所有动态转换，原因是（　　）。

A．主管希望清楚所有的机密信息，以免被技术人员看见

B．因为转换条目可能在缓存中存储很长时间，主管希望避免技术人员根据过时数据来进行决策

C．转换表可能装满，只有清理出空间才能进行新的转换

D．清除转换会重新读取启动配置，这可以纠正已发生的转换错误

3．操作题

用模拟器（Packet Tracer）或真实设备搭建如图 8-13 所示的网络拓扑，并给相关设备配置 IP 地

址，然后用相关的网络测试命令进行测试。

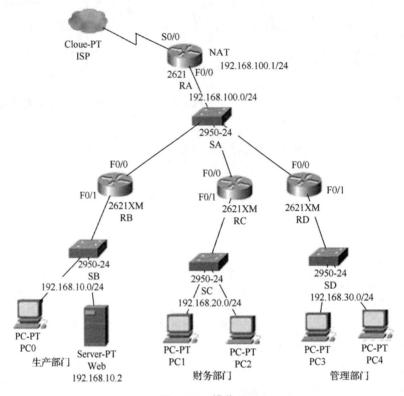

图 8-13　操作题

（1）本公司申请 IP 范围：202.103.100.128～202.103.100.135/29。

（2）本公司的网络要求提供外网 Web 服务。

（3）财务部、管理部、Web 服务器分别处于不同网段下。

（4）电信局端占用一个合法 IP 为 202.103.100.129/29。

（5）NAT 路由器的 F0/0 口 IP 地址任意，可配置为 192.168.100.1/24。

要求：财务部和管理部门都可通过 NAT 上外网，生产工作的工作人员不能上 NAT 网。要求 Web 服务器可以提供外部 Web 服务。

项目 9
广域网连接
配置技术

项目导读

广域网（Wide Area Network， WAN），又称外网、公网，是连接不同地区局域网或城域网计算机通信的远程网。通常跨接很大的物理范围，所覆盖的范围从几十千米到几千千米，它能连接多个地区、城市和国家，或横跨几个洲并能提供远距离通信，形成国际性的远程网络。广域网并不等同于互联网。本项目将详细介绍广域网协议及类型，各种不同广域网协议的应用及配置。

通过对本项目的学习，应做到：

- 了解：广域网的概念及特点。
- 熟悉：广域网协议 HDLC、PPP、FrameRelay。
- 掌握：广域网协议 HDLC、PPP、FrameRelay 的配置。

🛜 9.1 广域网协议简介

广域网是一种用来实现不同地区的局域网或城域网的互连，可提供不同城市和国家之间的计算机通信网，如图 9-1 所示。广域网通常由运营商建设以及用户租用服务来实现企业内部网络与其他外部网络的连接及远程用户的连接。对于一般的企业用户来讲，主要涉及广域网的接入问题，在本项目中，主要讨论以下几个问题：一是分支或分支机构的员工与总部通信并共享数据；二是组织与其他组织远程共享信息；三是经常出差的员工访问公司网络信息。

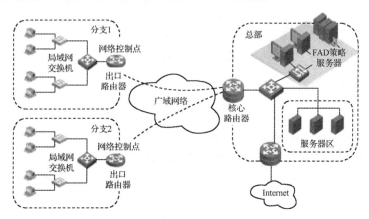

图 9-1 广域网

企业要访问 Internet 或与远程分支机构实现互连,必须借助于广域网的技术手段,如图 9-1 所示。企业接入广域网通常采用路由器,常用的接入方式有 PSTN、X.25、帧中继、DDN、ISDN 以及 ATM 等。选择何种广域网接入,首先需要了解广域网的连接类型和数据传输方式,如表 9-1 所示。

表 9-1   广域网的数据传输方式

广域网数据传输方式	典 型 技 术
专线连接	PPP
	HDLC
电路交换	ISDN
分组交换	X.25
	帧中继
	ATM

9.1.1   专线连接

专线连接即租用一条专用线路连接两个设备。这条连接被两个连接设备所独占,是一种比较常见的广域网连接方式,如图 9-2 所示。这种连接形式简单,是点到点的直接连线,所以也称点到点的连接。这种连接的特点是比较稳定,但线路利用率比较低,即使在线路空闲的时候,别的用户也不能使用该线路。常见的点到点的连接主要形式有 DDN 专线、E1 线路等。这种点到点连接的线路上数据链路层的封装协议主要有两种:PPP 和 HDLC。

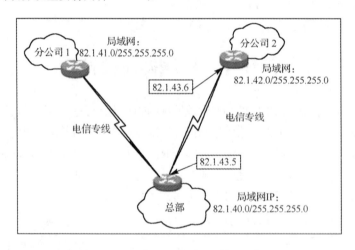

图 9-2   专线连接

9.1.2   电路交换

电路交换是一种广域网的数据交换方式(传输方式),该方式在每次数据传输时首先要建立(如通过拨号等方式)一条从发出端到接收端的物理线路(见图 9-3),供通信双方使用,在通信的全部时间里一直占用着这条线路,双方通信结束后才会拆除通信线路。电路交换广泛使用于电话网络中,其操作方式类似于普通的电话呼叫。PSTN(公共电话交换网)和 ISDN(综合业务数字网)就是典型的电路交换。

如图 9-3 所示,A 和 B 经过 4 个交换机,通话在 A 到 B 的连接上进行。

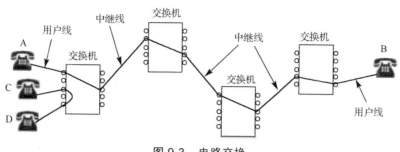

图 9-3 电路交换

9.1.3 分组交换

分组交换将流量分割成若干组，再通过共享网络进行传输。分组交换网络不需要建立电话，允许不同的数据流通过同一个信道传输，也允许同一个数据流经过不同的信道传输，如图 9-4 所示。分组交换网络中的交换机根据每个分组中的地址信息确定通过哪条链路发送分组。分组交换的连接包括：X.25、帧中继和 ATM。

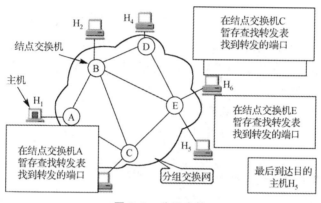

图 9-4 分组交换

数据在广域网中传输时，必须按照传输的类型选择相应的数据链路层协议将数据封装成帧，保障数据在物理链路上的可靠传送。常用的广域网链路层协议有 PPP、HDLC、X.25、帧中继和 ATM 等。对于专线连接方式和电路交换方式一般采用 HDLC 和 PPP 来进行封装，而 X.25、帧中继和 ATM 使用在分组交换中。HDLC 也是锐捷和 Cisco 路由器的同步串口上的默认封装协议。华为路由器的同步串口上默认封装的是 PPP 来进行封装。X.25 是一种 ITU-T 标准，定义了如何维护 DTE（数据终端设备）和 DCE（数据通信设备）之间的连接，以便通过公共数据网络实现远程终端访问和计算机通信。X.25 是帧中继的前身，帧中继是一种行业标准和处理多条虚电话的交换数据链路协议。ATM 是信元中继的国际标准，设备使用固定长度（53 字节）的信元发送多种类型的服务（如语言、视频和数据）。

🛜 9.2 HDLC 协议

9.2.1 HDLC 简介与配置

HDLC（High-Level Data Link Control，高级数据链路控制）是一个在同步网上传输数据，面向位的数据链路层协议，它是由国际标准化组织（ISO）制订的。HDLC 协议是一些简单、高效的点到点链路协议，主要用于点到点连接的路由器间的通信。该协议是 Cisco 路由器使用的默认协议，一台新路由器在未指定封装协议时默认使用 HDLC 封装。HDLC 不能提供验证，且缺少对链路的安全保护。

标准的 HDLC 帧只支持单协议环境，Cisco 对 HDLC 协议进行了扩展，旨在解决不支持多协议的问题，如图 9-5 所示。实际上，HDLC 是所有 Cisco 串行接口的默认封装协议。虽然 Cisco HDLC 是专用的，但 Cisco 已授权众多其他网络设备厂商实现它。Cisco HDLC 帧包含一个用于指示网络协议的字段。

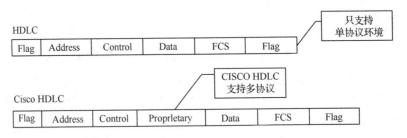

图 9-5　标准 HDLC 和 Cisco HDLC 的格式

锐捷路由器的同步串行口默认封装 Cisco HDLC，所以锐捷路由器可以和 Cisco 路由器直接相连，但如果把锐捷路由器和不支持 Cisco HDLC 的路由器相连，就需要采用其他协议（如 PPP）。

启用 HDLC 封装分两步：

第一步：进入串行接口的接口配置模式。

第二步：执行串行接口的接口配置模式。

相关配置的语句：

```
R(config)#interface interface-type interface-id
//进入对应的端口
R(config)#encapsulation hdlc
//同步口上默认的是 HDLC，如果由其他改到 HDLC，则用到这个命令
R#show interfaces serial
//输出显示有关串行接口的信息。配置 HDLC 后，输出中将包含 Encapssulation hdlc
R#debug serial interface
//打开同步口接口的调试开关，实现对 HDLC 协议的监控
```

9.2.2　HDLC 配置举例

拓扑图如图 9-6 所示，路由器 Ra 和 Rb 通过 HDC 专线相连，注意 Ra 是 DCE 设备，Rb 是 DTE 设备。

图 9-6　HDLC 演示示例

注意：数据终端设备（Data Terminal Equipment，DTE），指具有一定的数据处理能力和数据收发能力的设备，如 PC 或其他终端。数据通信设备（Data Communications Equipment，DCE）在 DTE

和传输线路之间提供信号变换和编码功能，并负责建立、保持和释放链路的连接，如 Modem。在思科路由器上作为 DCE 端的接口需要提供时钟才能使两端协议协商成功。执行 show controller 命令可以查看接口是否属于 DCE。

DTE 和 DCE 的区别是 DCE 主动与 DTE 协调时钟频率，DTE 会根据协调的时钟频率工作，如 PC 和 Modem 之间。所以在配置 HDLC 时，两端的 s0/0 口会有一些不同。

```
Rh(config)#interface s0/0
Rb(config)#encapsulation hdle
Rb(config)# #ip add 192.168.2.2255255255.0
Rb(config)#no shutdown
Ra(config)#interface s0/0
Ra(config)#encapsulation hdle
Ra(config)#pad 192.168.2.1255.255.255.0
Ra(config)#clock rate 64000
Ra(config)#no shutdown
```

确认双方是否可以 ping 通。

🛜 9.3　PPP 协议

点到点协议（Pint-to-Point Protocol，PPP）是目前广域网上应用最广泛的协议之一，它的优点在于简单，具备用户验证能力，可以解决 IP 分配等。家庭拨号上网就是通过 PPP 在用户端和运营商的接入服务器之间建立通信链路来实现的。在宽带接入技术日新月异的今天，PPP 也衍生出新的应用。典型的应用是在非对称数据用户环线（Asymmetrical Digital Subscriber Loop，ADSL）接入方式当中，PPP 与其他的协议共同派生出了符合宽带接入要求的新协议，如 PPPoE（PPP over Ethernet）。

利用以太网资源，在以太网上运行 PPP 来进行用户认证接入的方式称为 PPPoE。PPPoE 既保护了用户的以太网资源，又完成了 ADSL 的接入要求，是目前 ADSL 接入方式中应用最广泛的技术标准。

9.3.1　PPP 概述

PPP 是为在同等单元之间传输数据包这样的简单链路设计的链路层协议。这种链路提供全双工操作，并按照顺序传递数据包。设计目的主要是用来通过拨号或专线方式建立点对点连接发送数据，使其成为各种主机、网桥和路由器之间简单连接的一种共通的解决方案。

PPP 协议中提供了一整套方案来解决链路建立、维护、拆除、上层协议协商、认证等问题。PPP 协议包含这样几个部分：链路控制协议（Link Control Protocol，LCP），网络控制协议（Network Control Protocol，NCP），认证协议，最常用的包括口令验证协议（Password Authentication Protocal，PAP）和挑战握手验证协议（Challenge-Handshake Authentication Protocol，CHAP）。

LCP 负责创建、维护或终止一次物理连接。NCP 是一族协议，负责解决物理连接上运行什么网络协议，以及解决上层网络协议发生的问题。

一个典型的链路建立过程分为三个阶段：创建阶段、认证阶段和网络协商阶段。

阶段 1：创建 PPP 链路。

LCP 负责创建链路。在这个阶段，将对基本的通信方式进行选择。链路两端设备通过 LCP 向对方发送配置信息报文（Configure Packets）。一旦一个配置成功信息包（Configure-Ack Packet）被发送且被接收，就完成了交换，进入了 LCP 开启状态。

应当注意：在链路创建阶段，只是对验证协议进行选择，用户验证将在第 2 阶段实现。

阶段 2：用户验证。

在这个阶段，客户端会将自己的身份发送给远端的接入服务器。该阶段使用一种安全验证方式避免第三方窃取数据或冒充远程客户接管与客户端的连接。在认证完成之前，禁止从认证阶段前进到网络层协议阶段。如果认证失败，认证者应该跃迁到链路终止阶段。

在这一阶段里，只有链路控制协议、认证协议和链路质量监视协议的 Packets 是被允许的。在该阶段里接收到的其他的 Packets 必须被静静地丢弃。

阶段 3：调用网络层协议。

认证阶段完成之后，PPP 将调用在链路创建阶段（阶段 1）选定的各种网络控制协议（NCP）。选定的 NCP 解决 PPP 链路之上的高层协议问题。例如，在该阶段 IP 控制协议（IPCP）可以向拨入用户分配动态地址。

这样，经过三个阶段以后，一条完整的 PPP 链路就建立起来了。

9.3.2　PPP 协议认证方法

PPP 提供了两种可选的身份认证方法：口令验证协议（PassWord Authentication Protocol，PAP）和挑战握手协议（Challenge Handshake Authentication Protocol，CHAP）。假如双方协商达成一致，也可以不使用任何身份认证方法。

1．PAP 认证

PAP 是一种简单的明文验证方式。网络接入服务器（Network Access Server，NAS）要求用户名和口令，PAP 以明文方式返回用户信息。很明显，这种验证方式的安全性较差，第三方可以很容易地获取被传送的用户名和口令，并利用这些信息与 NAS 建立连接获取 NAS 提供的所有资源。所以，一旦用户密码被第三方窃取，那么 PAP 就无法提供避免受到第三方攻击的保障措施。

图 9-7 是单向 PAP 认证，即由中心路由器 RouterA 去验证远程路由器 RouterB。

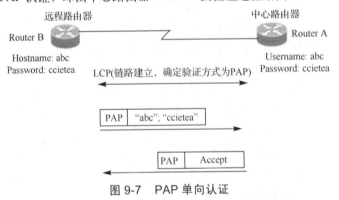

图 9-7　PAP 单向认证

首先远程路由器（RouterB）向中心路由器（RouterA）发送认证请求（包含用户名和密码），中心路由器（RouterA）接到认证请求，再根据远程路由器（RouterB）发送来的用户名到自己的数据库认证用户名密码是否正确，如果密码正确，则 PAP 认证通过；如果用户名密码错误，则 PAP 认证未通过。

在配置阶段,PAP 认证服务器的配置分为两个步骤:建立本地口令数据库和要求进行 PAP 认证。

(1)建立本地口令数据库。通过全局模式下的命令 username username password password 为本地口令数据库添加记录:

```
RouterA (config)#username routera password rapass
```

(2)要求进行 PAP 认证。这需要在相应接口配置模式下执行 ppp authentication pap 命令完成:

```
RouterA(config)#interface serial 0/0
RouterA(config-if)#ppp authentication pap
```

PAP 认证客户端的配置只需要一个步骤(命令),即将用户名和口令发送到对端:

```
RouterB(config-if)#ppp pap sent-username routera pass rapass
```

PAP 认证进程只在双方的通信链路建立初期进行。假如认证成功,在通信过程中不再进行认证。假如认证失败,则直接释放链路。

PAP 的弱点是用户的用户名和密码是明文发送的,有可能被协议分析软件捕捉而导致安全问题。但是,因为认证只在链路建立初期进行,所以节省了宝贵的链路带宽。

2. CHAP 认证

CHAP 对 PAP 进行了改进,不再直接通过链路发送明文口令,而是使用挑战口令以哈希算法对口令进行加密。因为服务器端存有客户端的明文口令,所以服务器可以重复客户端进行的操作,并将结果与用户返回的口令进行对照。CHAP 为每一次验证任意生成一个挑战字符串来防止收到再现攻击。在整个连接过程中,CHAP 将不定时地向客户端重复发送挑战口令,从而避免第三方冒充远程客户进行攻击。

CHAP 是一种加密的验证方式,能够避免建立连接时传送用户的真实密码。NAS 向远程用户发送一个挑战方式,其中包括会话 ID 和一个任意生成的挑战字符串。远程客户必须使用 MD5 单向哈希算法返回用户名和加密的挑战口令、会话 ID 以及用户口令,其中用户名以非哈希方式发送。

CHAP 通过三次握手周期性校验对端的身份,在初始链路建立时完成,可以在链路建立的任何时候重复进行,如图 9-8 所示。

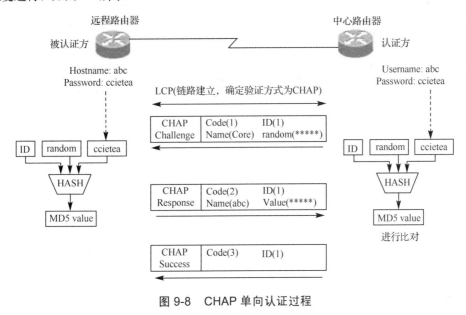

图 9-8 CHAP 单向认证过程

（1）链路建立阶段结束之后，认证方向对端发送"challenge"消息。

（2）对端用经过单向哈希函数计算出来的值做应答。

（3）认证方根据它自己计算的哈希值来检查应答，如果值匹配，认证得到承认；否则，连接应该终止。

经过一定的随机间隔，认证方发送一个新的 challenge 给对端，重复步骤（1）到（3）。

CHAP 认证第一步：认证方发送挑战信息[01（此报文为认证请求）、ID（此认证的序列号）、随机数据、认证方认证用户名]，被认证方接收到挑战信息，根据接收到认证方的认证用户名到自己本地的数据库中查找对应的密码（如果没有设密码就用默认的密码），查到密码再结合认证方发来的 ID 和随机数据根据 MD5 算法算出一个 Hash 值。

CHAP 认证第二步：被认证方回复认证请求，认证请求里面包括[02（此报文为 CHAP 认证响应报文）、ID（与认证请求中的 ID 相同）、Hash 值、被认证方的认证用户名]，认证方处理挑战的响应信息，根据被认证方发来的认证用户名，认证方在本地数据库中查找被认证方对应的密码（口令）结合 ID 找到先前保存的随机数据和 ID 根据 MD5 算法算出一个 Hash 值，与被认证方得到的 Hash 值做比较，如果一致，则通过认证；如果不一致，则认证不通过。

CHAP 第三步：认证方告知被认证方认证是否通过。

9.3.3 PPP 协议配置和举例

PPP 的配置过程一般如下：

（1）配置两端接口 IP 地址及启用 PPP 封装协议。

（2）配置 PAP 认证方式。

涉及的一些配置语句：

```
Router(config-if)#encapsulation ppp
//为接口封装PPP
Router(config)#hostname name
//指定路由器的名字(可选)
Router(config)#username name password password
//标志远端路由器的用户名和密码(可选)
Router(config-if)#ppp authentication [ chap | pap ]
//启用PAP或者CHAP认证，配置在认证服务端（可选）
```

应用举例：路由器 R1 和 R2 通过专线相连，专线封装 PPP 协议，R1 为认证服务器，R2 为被认证服务器，尝试进行单向认证，如图 9-9 所示。

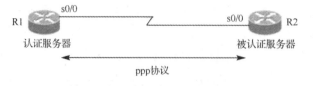

图 9-9　PPP 协议应用举例

（1）配置路由器的 IP 地址。基础配置省略，串行链路需配置时钟频率。

（2）将 R1 的 s0/0 接口改为 PPP 协议，并配置单向身份验证。

```
R1(config)#hostname R1//R1 将作为 PPP 的用户名
```

```
R1(config)#username R2 password Cisco
//配置本地用户名密码数据库。用于确认其他设备的身份
R1(config)# inter serial 0/0
R1(config-it)#encapsulation ppp
R1(config-if)#ppp authentication I[chap I pap]
//指定采用chap进行身份验证
```

（3）将 R2 的 s0/0 改为 PPP 协议，并配置身份验证。

```
R2(config)#host R2
R2(config)#interface serial o
R2(config-if)encapsulation ppp
R1(config-if)ppp chap hostname wy          //发送chap的用户名
R1(config-if)fppp chap password123         //发送chap的密码
R1(config-if)#exit
```

（4）确认双方是否可以 ping 通。

可执行以下命令进行故障排查：debug ppp negotiation 确定客户端是否可以通过 PPP 协商，这是检查地址协商的。debug ppp authentication-确定客户端是否可以通过验证。如果在使用 Cisco IOS 软件版本 11.2 之前的一个版本，请发出 debug ppp chap 命令。

9.4　帧 中 继

帧中继（FRAME- RELAY）是一种广域网技术，最初是为了使在地理上分散的局域网络实现通信而产生的。随着局域网与局域网之间进行互连的要求日益高涨，帧中继技术也迅速发展起来。它是一种先进的包交换技术，是一种快速分组通信方式。它采用虚电路技术，能充分利用网络资源。帧中继为多区域间、全国范围内以及国际实现通信提供了一个灵活高效的广域网解决方案。帧中继协议可以认为是 X.25 协议的简化升级版，它去掉了 X.25 的纠错功能，把可靠性的实现交给了高层协议去处理。

9.4.1　帧中继的特点

帧中继是一种使用了包交换方式的标准的广域网技术。简单来说，就是为用户建立了条端到端之间的虚拟电路连接，中间经过的帧中继云网络对于用户来说是透明的，用户用起来就感觉和租用物理专线差不多，但是租用帧中继服务比租用物理专线便宜得多。帧中继网络一般由提供公共信息服务提供商（EP）搭建，对于需要这项服务的客户。可以到当地的 ISP 办理帧中继服务；然后，把本地局的局域网连接到 ISP 提供的设备上（如 DCE），并"适当地配置"就可以使用了，帧中继的应用场景如图 9-10 所示。

例如，要从公司总部连接 7 个新增的远程场点，或者银行的总行下面有 30 个分行，但路由器只有一个空闲的串行端口，则可使用帧中继来实现。

帧中继提供的是一种面向连接的传输服务。用户在本地传输数据将按照顺序通过网络到达终点，对端在接收数据时不需要对收到的数据进行重新排序。帧中继在传输数据前会通过网络和对方建立逻辑上的通路，这条通路称为虚电路。那么什么叫做"面向有连接的服务"呢？就是数据在传输前已经建立了固定的连接，用户始终使用这一信道传输数据，不会发生信息错序的问题，如图 9-11 所示。

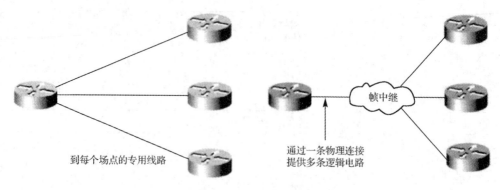

图 9-10　帧中继应用场景

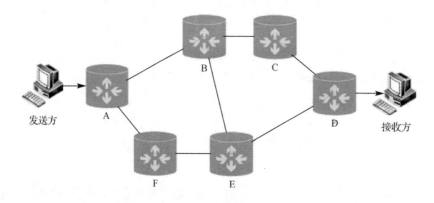

图 9-11　面向连接的传输

　　帧中继的链路分为两种：一是临时的虚拟链路，称为交换虚链路（Switching Virtual Circuit，SVC）；二是永久的虚拟链路（Permanent Virtual Circuit，PVC）。SVC 与 PVC 的主要区别在于：SVC 是节点之间只在需要进行数据传送的时候才建立逻辑连接；而 PVC 则是一直保持着连接状态。目前基本上使用的都是 PVC。

　　既然帧中继技术使用的是虚拟链路来实现节点之间的专线连接，帧中继交换云网络中有那么多的虚拟链路，显然需要给各个不同的虚链路做上标记以作区分，而 DLCI 号就是为了这个功能而产生的，它就是打在帧中继虚链路上的标记。下面是一个简单的帧中继图例，如图 9-12 所示。

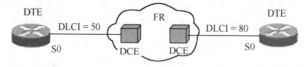

图 9-12　帧中继上面的 DLCI

　　帧中继使用的地址是二层地址，称为数据链路标识符（DLCI）。DLCI 总共 10 bit，用于目标设备的寻址。DLCI 的用途是搭建虚电路，它不具有唯一性，不同用户的帧中继连接可以使用相同的 DLCI。

　　用 show frame-relay map 命令可以查看本端的 DLCI 值。如图 9-12 所示，在 DTE 路由器上就可以用本命令查看本端 DLCI 值，如 12.12.12.250 表示 IP2.12.12.2（对端）与 DLCI50（本端）对应，只要发送给 12.12.12.2 的数据就直接从 DLCI50 的接口发送出去，同理 12.12.12.180 表示只要发送给

12.12.12.1 的数据就从 DLCI 为 80 的接口发送出去。其实，IP 和 DLCI 的对应关系与 IP 和 MAC 的对应关系道理是类似的。

　　帧中继具有拥塞控制能力。当网络发生拥塞时，帧中继交换机会向发送端和接收端的设备发送拥塞通知，要求设备降低发送速率。必要时，还会丢掉一些已经接收到的数据包，如图 9-13 所示。

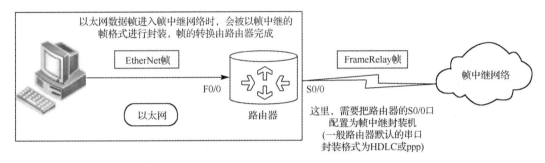

图 9-13　帧中继封装

9.4.2　帧中继的工作原理

　　在讲解原理之前，首先需要了解帧中继的一些专业术语。

　　1．部分专业术语

　　（1）帧中继网络中两台 DTE 设备之间的连接称为虚电路（Virtual Circuit，VC），现在常用的虚电路为 PVC（Per-manent Virtual Circuit，永久虚电路），PVC 由运营商预先配置。

　　（2）数据链路连接标识符（Data Link Connection Identifier，DLCI）。DLCI 是源设备和目的设备之间标识逻辑电路的一个数据值，该数据值只具有本地意义。在图 9-14 中，R1 上的 DLCI 号 103 标识的是 R1 到 R3 的连接，R1 上的 DLCI 号 104 标识的是 R1 到 R4 的连接。不同 DTE 设备上的 DLCI 号可以相同，但在同一台 DTE 设备上不能用相同的 DLCI 号来标识到不同的连接。

　　DLCI 号的范围是 0～1023，其中 0～15 以及 1008～1023 被保留用作特殊用途，所以用户可以配置的 DLCI 号为 16～1007。

　　（3）本地管理接口（Local Management Interface，LMI）。LMI 是用户端和帧中继交换机之间的信令标准，负责管理设备之间的连接以及维护设备的状态。LMI 被用来获知路由器被分配了哪些 DLCI，确定 PVC 的操作状态，有哪些可用的 PVC，另外还用来发送维持分组以及确保 PVC 处于激活状态。

　　LMI 的类型有三种：ANSI、Cisco、Q933A，DTE 端 LMI 配置要和帧中继上的一致，否则 LMI 不能正常工作，进而导致 PVC 失败。思科路由上默认的 LMI 类型为 Cisco。

　　2．帧中继运行方式

　　结合图 9-14 介绍帧中继是如何工作的，数据包是如何被转发的。

　　在图 9-15 中，假设 R1 要将数据发往 R3，R 封装 DLCI 号 103（至于为什么 R 知道发往 R3 要封装 103，将在下面的帧中继寻址方式中详细介绍），将封装好的帧发往帧中继交换机 FR1。根据 FR1 上管理员的配置，FR1 知道如果从接口 1 接收到 DLCI 号为 103 的帧，应该将 DLCI 号修改成 112 并从接口 3 发出。此时帧到达 FR3，FR3 也根据配置得知，从自己的 1 接口接收到的 DLCI 号为 112 的帧，应该将 DLCI 号修改成 301，并从接口 3 发出。此时 R3 接收到 FR3 发过来的帧中继帧，解封装后交给上层处理。

从上面的工作方式中可以看出，只要 R1 封装 DLCI 号 103 的帧，就能将数据发往 R3，帧中继网云使用 DLCI 号 103 和 DCI 号 301 在 R1 和 R3 之间建立了一条永久虚电路（PVC），同理 R 到 R4 可以封装 104，R4 到 R1 可以封装 401。

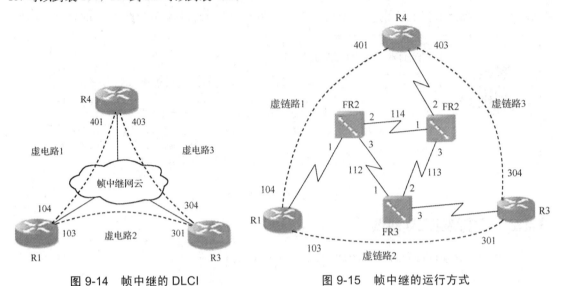

图 9-14　帧中继的 DLCI　　　　　　　图 9-15　帧中继的运行方式

3．帧中继交换表

在图 9-15 的帧中继网络中，FR3 三台帧中继交换机上都维护着一个帧中继交换表，下面是 FR1 的帧中继交换表的样式，如表 9-1 所示。

表 9-1　帧中继交换表

入 站 端 口	入站 DLCI	出 站 端 口	出站 DLCI
1	103	3	112
1	104	2	114
2	114	1	104
3	112	1	103

这一部分介绍"反向 ARP"，帧中继中的反向 ARP 是根据 DLCI 号解析 IP 的一个过程，与以太网中通过 ARP 解析 MAC 地址很相似。图 9-16 描述了这一过程是如何进行的。

以图 9-16 中 R1 和 R3 之间的通信为例，假设 R1 和帧中继交换机相连的物理接口 IP 是 123.1.1.1，R3 和帧中继交换机相连的物理接口 IP 是 123.1.1.3，首先第一步是在 R1 和 R3 的物理接口上配置帧中继封装（图中第 1 步），在接口开启后，R1 和 R3 会自动向帧中继交换机发送查询信息，该消息可以向帧中继交换机通知本路由状态，还可以查询有哪些可用的 DLCI 号（图中第 2 步）帧中继交换机通知 R1，DLCI 号 103 和 104 是激活的（图中第 3 步），可以使用。对于每个激活的 DCI 号，R1 发送反向 ARP 请求分组，宣告自己的 IP，并且封装对应的 DLCI 号（图中第 4 步）。由此可以看出，帧中继是不支持广播的，帧中继网络默认是 NBMA（Non-Broadcast Multiple Access，非广播多路访问），但可以通过发送多个帧拷贝来解决广播问题。帧中继网云将 R1 发来的 DLCI 号 103 替换成 301 发往 R3（图中第 5 步，实际帧中继网络中可能存在很多帧中继交换机，这里假设中间只有一台）。

R3 收到帧中继交换机发来的帧，DLC1 号是 301，R3 处理该数据帧并进行应答，R3 封装 DLCI

号为 301，并且告知自己的 P 是 123.1.1.3（图中第 6 步），然后从自己的物理接口发回。帧中继交换机收到这个 DLCI 号是 301 的帧，根据自己的交换表，将 DLCI 号改成 103 发往 R1，R1 收到这个应答后在本地的映射中添加 R3 的 P123.1.1.3 和对应的 DLCI 号 103，以后发往 123.1.1.3 的数据帧就用 DLCI 号 103 封装。最后（图中第 7 步），R1 继续发送维持消息，默认 10 s/次，此维持消息可以验证帧中继交换机是否处于激活状态。反向 ARP 默认的发送时间是 60 s。同理 R3 和 R4 也可以使用相同的方法获得对方的地址和对应的 DLCI 号。

图 9-16　帧中继的反向 ARP

9.4.3　帧中继应用举例

拓扑图如图 9-17 所示，请在网络中配置帧中继，使得全网互通。

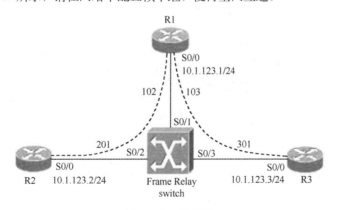

图 9-17　拓扑图

帧中继的所有实验可在 GN3 中完成，配置拓扑图，图中 4 台路由器均为 C3640，将 R4 配置成帧中继交换机，用来模拟帧中继网云，R1、R2、R3 是 DTE 端的路由器配置帧中继封装。

```
Switch(config)#frame-rely switching        //配置成帧中继交换机
Switch(config)# int s0/l                    //进入和 R1 相连的接口
Switch(config-if)#no ip address
Switch(config-if)# encapsulation frame-relay //使用帧中继封装
Switch(config-if)#clock rate 64000
Switch(config-if)#frame- relay intf- type dce//为了帧中继交换需要将接口改成DCE,
这和具体链接的是 DCE 还是 DTE 接口无关
Switch(config-if)#frame-relay route 102 interface s0/2 201。
//将 s0/1 接口接收到的 DLCI 号 102 的帧，替换成 201，从 s0/2 接口发出。
Switch(config-if)frame-relay route 103 interface s0/3 301
// 将从 s0/1 接口接收到的 DLCI 号 103 的帧，替换成 301，从 s0/3 接口发出。
Switch(config)tint s0/2
Switch(config-if)#no ip address
Switch(config-if)Htencapsulation frame-relay
Switch(config-if)#clock rate 64000
Switch(config-if)#frame-relay intf-type dce
Switch(config-if)#frame-relay route 201 interface s0/1 102
Switch(config)#int s0/3
Switch(config-if)#no ip address
Switch(config-if)#encapsulation frame-relay
Switch(config-if)#clock rate 64000
Switch(config-if)#frame-relay intf-type dce
Switch(config-if)#frame-relay route 301 interface s0/1 103
```

路由器 R1 配置，与帧中继相连的接口使用帧中继封装，再配置 IP 地址。

```
R1(config)#int s0/0
R1(config-if)#ip add 10. 1. 123. 1 255. 255. 255.0
R1(config-if)#encapsulation frame-relay
R1(config-if)#no frame-relay inverse-arp//闭 inverse-arp
R1(config-if)#frame-relay map IP 10.1.123.2 102 broadcast// manually configure
the dimensional-mapping in frames
R1(config-if)#frame-relay map ip 10. 1. 123. 3 103 broadcast
```

注意：Broadcast 关键字为可选，加上关键字，该条 PVC 将具有"广播"的支持能力。当然，所谓的帧中继环境下的广播，指的是向所有的 PVC 都发送一份数据的副本，实现类似广播的操作。

```
R2(config)#int s0/0
R2(config-if)#ip add 10. 1. 123. 2 255. 255. 255.0
R2(config-if)#encapsulation frame-relay
R2(config-if)#no frame-relay inverse-arp
R2(config-if)#frame-relay map ip 10. 1. 123. 1 201 broadcast
```

R3 的配置。

```
R3(config)#int s0/0
R3(config-if)tip add 10. 1. 123. 3 255. 255. 255. 0
R3(config-if)#encapsulation frame-relay
R3(config-if)#no frame-relay inverse-arp
R3(config-if)#frame-relay map ip 10.1.123.1 301 broadcast
```

配置完成后测试 R1、R3、R4 的都能互相 ping 通，使用下面的命令可以查看帧中继 DLCI 号的映射情况。

```
Router#show frame-relay map//查看帧中继的映射条目
```

如图 9-18 所示，可在 R1 上查看端口状态；如图 9-19 所示，可在 R1 上查看帧中继映射。

```
R1#show interfaces serial 0/0
Serial0/0 is up, line protocol is up
  Hardware is M4T
  Internet address is 10.1.123.1/24
  MTU 1500 bytes, BW 1544 Kbit, DLY 20000 usec,
     reliability 255/255, txload 1/255, rxload 1/255
  Encapsulation FRAME-RELAY, crc 16, loopback not set
  Keepalive set (10 sec)
  Restart-Delay is 0 secs
  LMI enq sent  182, LMI stat recvd 183, LMI upd recvd 0, DTE LMI up
  LMI enq recvd 0, LMI stat sent  0, LMI upd sent  0
  LMI DLCI 1023  LMI type is CISCO  frame relay DTE
  FR SVC disabled, LAPF state down
  Broadcast queue 0/64, broadcasts sent/dropped 0/0, interface broadcasts 0
```

图 9-18　在 R1 上查看端口状态

```
R1#show frame-relay map
Serial0/0 (up): ip 10.1.123.2 dlci 102(0x66,0x1860), static,
        broadcast,
        CISCO, status defined, active
Serial0/0 (up): ip 10.1.123.3 dlci 103(0x67,0x1870), static,
        broadcast,
        CISCO, status defined, active
```

图 9-19　在 R1 上查看帧中继映射

🛜 9.5　任务实战

用户接入 Internet 的一般方法有两种：一是用户拨号上网；二是使用专线接入。不管使用哪一种方法，在传送数据时都需要有数据链路层协议。目前，在 Internet 中使用得最为广泛的就是串行线路协议（Serial Line IP，SLIP）和点对点连接协议（Point to Point Protocol，PPP）。

9.5.1　PPP 之 PAP 认证

在 R1 上使用 ping 命令测试到 R2 的连通性，结果为不可达，但可 Telnet 到 R2。

1. 任务拓扑

任务拓扑如图 9-20 所示。

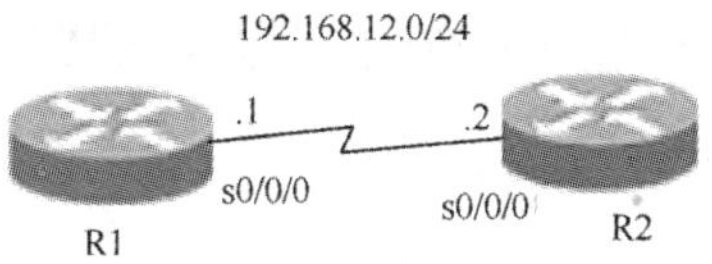

2. 任务目的

通过本实验可以掌握：数据封装的概念、PPP 特征、

图 9-20　PAP 认证

PPP 数据包格式、PPP 组成、PPP 会话建立、PPP 认证、PPP 配置和验证、PAP 配置和调试。

3. 任务实施

首先对 R1、R2 进行基本配置。

R1 配置如下（R2 省略）：

```
Router(config)#hostname R1
//配置唯一主机名
R1(config)#interface serial 0/0/0
R1(config)#ip address 192.168.12.1 255.255.255.0
R1(config)#clock rate 64000
```

配置路由器 R1（远程路由器，被认证方）在路由器 R2（中心路由器，认证方）取得验证；R1 采用 PPP 封装，用"encapsulation"命令。

```
R1(config)#int s0/0/0
R1(config-if)#encapsulation ppp
```

在远程路由器 R1 上，配置在中心路由器上登录的用户名和密码，使用"ppp pap sent-usename 用户名 password 密码"命令。

```
R1(config-if) #ppp pap sent-username R1 password 123456
```

在中心路由器上的串口采用 PPP 封装，用"encapsulation"命令。

```
R2(config)#int s0/0/0
R2(config-if) #encapsulation ppp
```

在中心路由器上，配置 PAP 验证，使用"PPP authentication pap"命令。

```
R2(config-if) #ppp authentication pap
```

在中心路由器上为远程路由器设置用户名和密码，使用"username 用户名 password 密码"命令。

```
R2(config)#username R1 password 123456
```

以上步骤只是为了配置了 R1（远程路由器）在 R2（中心路由器）取得验证，即单向验证。然而在实际应用中通常是采用双向验证，即：R2 要验证 R1，而 R1 也要验证 R2。采用类似的步骤配置 R1 对 R2 进行验证，这时 R1 为中心路由器，而 R2 为远程路由器。

```
R1(config-if)#pppauthentication pap
R1(config)#username R2 password 654321
R2(config-if)#ppp pap sent-username R2 password 654321
```

提示：在 ISDN 拨号上网时，却通常只是电信对用户进行验证（要根据用户名来收费），用户不能对电信进行验证，即验证是单向的。

实验调试：执行"debug ppp authentication"命令可以查看 PPP 认证过程。关闭再开启 s0/0/0 接口就可以查看 PPP 的认证过程了。

R1 配置：

```
R1#debug ppp authentication
R2#show ip route
```

9.5.2　PPP 之 PAP 双向认证

WAN 接口上完成 PPP 协议的封装，两端设备同时作为 PAP 服务端和客户端，执行双向认证。

1. 任务拓扑

任务拓扑如图 9-21 所示。

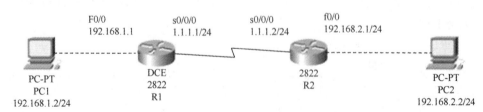

图 9-21　PAP 双向认证

2. 任务目的

通过本实验可以掌握：数据封装的概念、PPP 特征、PPP 数据包格式、PPP 组成、PPP 会话建立、PPP 认证、PPP 配置和验证、PAP 配置和调试。

3. 任务实施

（1）R1 配置。

```
Router(config)#hostname R1                   //配置唯一主机名
R1(config)#username R2 password ccnp         //列出用于验证远程主机的信息
R1(config)#interface serial 0
R1(config-if)#ip address 1.1.1.1 255.255.255.0
R1(config-if)#clock rate 64000
R1(config-if)#encapsulation ppp              //封装 PPP 协议
R1(config-if)#ppp authentication pap         //PAP 的服务端
R1(config-if)#ppp pap sent-username R1 password ccna
//PAP 的客户端，发送自己的用户名和密码让对方验证
R1(config-if)#no shutdown
```

（2）R2 配置。

```
Router(config)#hostname R2
R2(config)#username R1 password ccna
R2(config)#interface serial 0
R2(config-if)#ip address 1.1.1.2.255.255.255.0
R2(config-if)#encapsulation ppp
R2(config-if)#ppp authentication pap
R2(config-if)#ppp pap sent-username  R2 password ccnp
R2(config-if)no shutdown
```

注意:

①用户名必须是路由器 hostname。

②全局模式下配置的用户名和密码是对方的，是用来验证对方发过来的用户名和密码。

③R1 配置。

```
R1#debug ppp authentication
R2#show ip route
```

9.5.3　PPP 之 CHAP 认证

1. 任务拓扑

任务拓扑如图 9-22 所示。

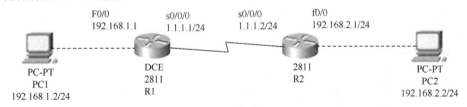

图 9-22　CHAP 认证

2. 任务目的

通过本实验可以掌握：数据封装的概念、PPP 特征、PPP 数据包格式、PPP 组成、PPP 会话建立、PPP 配置和验证、CHAP 配置和调试。

3. 任务实施

（1）R1 的配置。

```
Router#conf t
Router(config)#hostname R1
R1(config)#int fa0/0
R1(config-if)#ip add 192.168.1.1  255.255.255.0
R1(config-if)#no shut
R1(config-if)#int s0/0/0
R1(config-if)#ip add 1.1.1.1  255.255.255.0
R1(config-if)#no shut
R1(config-if) #clock rate 64000
R1(config)  #username R2 password 123      //2个路由器上的密码要一致
R1(config)  #int s0/0/0
R1(config-if) #encapsulation ppp
R1(config-if) #ppp authentication chap
R1(config)  #ip route 0.0.0.0  0.0.0.0  1.1.1.2
```

（2）R2 的配置。

```
Router#conf t
Router (config) #hostname R2
R2(config) #int fa0/0
R2(config-if) #ip add 192.168.2.1 255.255.255.0
R2(config-if) #no shut
R2(config-if) #int s0/0/0
R2(config-if) #ip add 1.1.1.2 255.255.255.0
R2(config-if) #n shut
R2(config) #username R1 password 123
R2(config) #int s0/0/0
R2(config-if) #encapsulation ppp
R2(config-if) #ppp authentication chap
R2(config) #ip route 0.0.0.0  0.0.0.0  1.1.1.1
```

R1 配置。

```
R1#debug ppp authentication
R2#show ip router
```

9.5.4 帧中继基本配置

学习如何用实际的路由器搭建一个帧中继环境，主要是把路由器配置为帧中继交换机，实现模拟的帧中继线路。通过这个配置过程，读者很容易理解和掌握帧中继交换的原理，什么是模拟电路，帧中继映射等内容。

1. 任务拓扑

任务拓扑如图 9-23 所示。

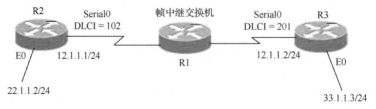

图 9-23 帧中继基本配置

2．任务目的

通过本实验可以掌握：帧中继概念、帧中继术语、帧中继 DLCI、帧中继地址映射、LMI 操作过程、帧中继反向 ARP 操作过程、帧中继反向 ARP 缺陷、帧中继静态映射、帧中继静态映射的"broadcast"参数配置基本的帧中继。

3．任务实施

（1）R1 的配置，配置帧中继交换机。

```
Router(config)#hostname frsw          //命名主机名
Frsw(config)#frame-relay swithching //启动帧中继交换功能
Frsw(config)#interface Serial0
Frsw(config-if)#no ip address
Frsw(config-if)#no shutdown
Frsw(config-if)#encapsulation frame-relay
Frsw(config-if)#clock rate 64000
Frsw(config-if)#frame-relay intf-type dce
Frsw(config-if)#frame-relay route 102 interface serial 201
Frsw(config-if)#frame-relay lmi-type ansi
Frsw(config)#interface Serial
Frsw(config-if)#no ip address
Frsw(config-if)#no shutdown
Frsw(config-if)#encapsulation frame-relay
Frsw(config-if)#clock rate 64000
Frsw(config-if)#frame-relay intf-type dce
Frsw(config-if)#frame-relay route 201 interface serial1 102
//建立桥接，源 DLCI 号 201 经过 s0 口到目的 DLCI 号 102 线路
Frsw(config-if)#frame-relay lmi-type ansi
```

（2）R2 的配置。

```
R2(config)#interface serial0
R2(config-if)#encapsulation frame-relay
R2(config-if)#ip address 12.1.1.1 255.255.255.0
R2(config-if)#frame-relay lmi-type ansi
R2(config-if)#no shut
```

（3）R3 的配置。

```
R2(config)#interface serial0
R2(config-if)#encapsulation frame-relay
R2(config-if)#ip address 12.1.1.2 255.255.255.0
R2(config-if)#frame-relay lmi-type ansi
R2(config-if)#no shut/0
```

（4）配置测试。

```
R1#debug ppp authentication
R2#show ip route
```

（5）检查 FR 常用命令。

检查映射：show frame-relay map。

检查 PVC：show frame-relay pvc。

检查 LMI：show frame-relay lmi。

检查接口状态：show int s0。

习　题

1. 填空题

（1）PAP 认证_____提出连接请求，验证方响应；CHAP 认证是由_____发出连接请求。

（2）ISDN 是以_____为基础发展演变而成的通信网，是一种典型的_____交换系统，它通过普通的铜缆以更高的速率和质量传输语音和数据。

（3）广域网有_____、X.25、_____、_____等。

（4）Cisco 路由器的以太网接口默认封装_____协议，广域网接口封装_____协议。

2. 选择题

（1）在帧中继网络中，（　　）命令可以查看路由器上配置的 DLCI 号。

A. show frame-relay   B. show frame-relay dlci

B. show frame-relay map   D. show frame-relay pvc

（2）在帧中继中，使用（　　）来标识永久虚电路。

A. LMI   B. DLCI   C. IP 地址   D. Interface

（3）关于 PPP 的描述错误的是（　　）。

A. PAP 认证比 CHAP 认证可靠

B. CHAP 认证比 PAP 认证可靠

C. PPP 有 CHAP 和 PAP 两种认证方式

D. PPP 可以同时使用 CHAP 和 PAP 认证

（4）一个企业与 10 个子公司进行网络连接，要求支持突发性数据传输，采用（　　）技术比较合适。

A. PSTN   B. ISDN   C. 帧中继   D. DDN

（5）关于 DDN，错误的描述是（　　）。

A. DDN 是透明传输

B. Cisco 路由器通过 DDN 连接其他厂家路由器时采用 Cisco HDLC 协议

C. 适合固定速率数据传输

D. Cisco 路由器通过 DDN 连接其他厂家路由器时可采用 PPP 协议

3. 操作题

（1）用模拟器（Packet Traces）或真实设备搭建如图 9-24 所示的网络拓扑图，并给相关设备配置 IP 地址，然后用相关的网络测试命令进行测试。

训练要求：

①完成 PPP 协议的配置以及 PAP 和 CHAP 身份验证，完成 RA、RB、RC 3 台路由器之间的 PPP 协议配置，在 RA 与 RB 之间采用 PAP 身份验证，在 RB 与 RC 之间采用 CHAP 身份验证。

②按照拓扑图完成网络设备的基本配置。

③配置 OSPF 路由协议。

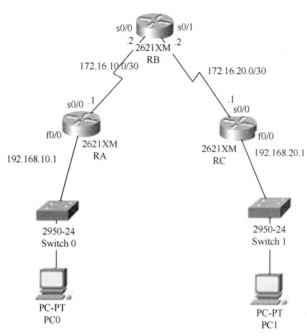

图 9-24　拓展练习

④在 RouterA 与 RouterB 之间采用 PAP 身份验证，在 RouterB 与 RouterC 之间采用 CHAP 身份验证。

⑤测试网络的连通性。

（2）综合题：

某公司局域网通过帧中继网络的 PVC 连接远程分支机构的局域网。公司的路由器 A 通过局域网口 F0/0 连接公司局域网 192.1681.0/24，一个串口 S0/0 用于连接帧中继网络；分支机构的路由器 B 通过局域网口 F0/0 连接分支机构的局域网 192.168.2.0/24，一个串口 S0/0 连接帧中继网络。路由器串口采用子网 200.200.200.0/30 内的地址进行地址分配，RIP 路由实现网络互连互通。请给出各个路由器的参考配置。

项目 10
无线局域网

项目导读

所谓无线网络，既包括允许用户建立远距离无线连接的全球语音和数据网络，也包括为近距离无线连接进行优化的红外线技术及射频技术，与有线网络的用途十分类似，最大的不同在于传输媒介的不同，利用无线电技术取代网线，可以与有线网络互为备份。本项目介绍什么是无线局域网，无线局域网的组成、协议、组建管理。

通过对本项目的学习，应做到：

● 了解：无线局域网的相关概念及特点。

● 熟悉：无线局域网的相关协议标准。

● 掌握：无线局域网的基本配置管理方法。

📶 10.1 无线局域网的概念与特点

10.1.1 无线局域网的概念

无线局域网（Wireless Local Area Network，WLAN）还没有一个统一的定义，一般分为广义和狭义两种定义。广义的无线局域网是指以无线介质为传输介质的局域网。这种定义涵盖了诸如IEEE 802.11 系列、HiperLan、Bluetooth 等各种类型的无线网络技术。狭义的无线局域网特指采用了IEEE 802.11 系列无线局域网标准的局域网。由 IEEE 802.11 系列无线局域网标准相对于其他无线网络技术标准具有较大优势，有成为主流无线局域网的趋势。在本章中，如果没有特别指明，无线局域网均指狭义的无线局域网，即 IEEE 802.11 无线局域网。

无线网络根据连接范围分为下面这几种类型：个人网（Personal Area Network，PAN）、局域网（Local Area Network，LAN）、城域网（Metropolitan Area Network，MAN）、广域网（Wide Area Network，WAN）。而现在最典型的应用就是无线局域网（Wireless Local Area Network，WLAN）。

这里只介绍无线局域网 WLAN，它是相当便利的数据传输系统，它利用射频（Radio Frequency，RF）的技术，使用电磁波取代旧式的双绞铜线所构成的局域网络。在空中进行通信连接，使得无线局域网络能利用简单的存取架构让用户透过它，达到信息随身化、便利化。

10.1.2 无线局域网的特点

1. 无线局域网的优点

（1）可移动性。

（2）灵活性。

（3）可扩展性。

（4）经济性。

2．无线局域网的局限性

（1）可靠性与服务质量。

（2）带宽与容量。

（3）覆盖范围。

（4）安全性。

（5）"节能性天下"的理想境界。

10.1.3　无线局域网的使用范围

无线局域网的应用范围广泛，可以分为室外环境和室内环境两种。室内环境包括家庭、办公室、临时的室内展馆、车间等；室外环境则主要包括诸如校园网、企业网、城域网、建筑物互连、特殊用途网络等。一般来说，无线局域网的应用主要可以满足以下4种需求：

（1）替代有线网络。

（2）补充有线网络。

（3）移动接入。

（4）不便于布线的环境。

10.1.4　无线局域网原理

无线网络可以节约电缆降低成本，用户不必在一个固定的位置接入网络。无线局域网使用的是无线电频率而不是线缆，与线缆相比无线电频率有如下特点：①没有边界；②数据帧可以向任何能接收无线电信号的地方发送；③处在无线电频率范围内的无线网卡都可以接收到信号；④在同一个区域中使用相同的无线电频率可以互相干扰。不同国家对无线电频率有不同规定。

WLAN 的客户端使用无线接入点（Access Point，AP）连接到网络，而不是以太网交换机。无线网络是一个共享网络，一个 AP 就像以太网中的 Hub，数据使用无线电波传送。无线网络实际上采用的是半双工模式，收发是不能同时进行的，除非接收和发送使用不同的无线电频率。无线网络不同于有线网络，线缆上可以检测到有冲突的信号，无线网络中只要数据发送出去就没有办法检测是否发生冲突，所以 IEEE 802.11 采用的是 CSMA 中的 CA（冲突避免技术），简单的家庭无线 WLAN：在家庭无线局域网最通用的例子，如图 10-1 所示，现在普遍都实现了光纤入户，光纤入户先有一台光猫将光信号转换电信号，再加一台无线路由器这台无线路由器可以作为防火墙、路由器、交换机和无线接入点，可以提供广泛的功能：①保护家庭网络远离外界的入侵；②允许共享一个 ISP（Internet 服务提供商）的单一 IP 地址；③可为 4 台计算机提供有线以太网服务，但是也可以和另一个以太网交换机或集线器进行扩展。④为多个无线计算机做一个无线接入点。通常基本模块提供 2.4 GHz 的 802.11b/g 操作的 Wi-Fi，而更高端模块将提供双波段 Wi-Fi 或高速 MIMO。

无线局域网一般需要的组件主要有：

（1）无线网卡：它使客户工作站能够发送和接收射频信号，它使用调制技术将数据流编码后放到无线电频率信号上。

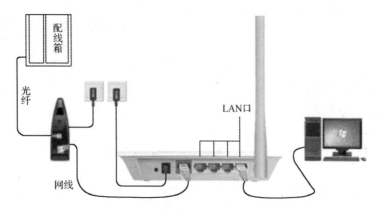

图 10-1　简单的家庭 WLAN

（2）无线 AP：就是一个无线接入点可以连接无线客户端到有限客户端。在本质上来说，一个 AP 转换空气中的 IEEE 802.11 封装的帧格式到有线以太网上的 IEEE 802.3 以太网帧格式。AP 类似 IEEE 802.3 以太网中的 Hub，是一个共享的媒体。

（3）无线路由器：它可以执行无线接入点 AP、以太网交换机和路由器的角色。

10.2　无线局域网的组成

10.2.1　无线局域网的物理组成

1. 站 STA

站是指以无线方式接入无线局域网的设备，是无线局域网的基本组成单元，包括主机（Host）或终端（Terminal）。站在无线局域网中通常用于客户端（Client），是具有无线网络接口的计算机设备，比如用有无线网卡的便携式计算机。

（1）站的组成：终端用户设备；无线网络接口；网络软件。

（2）站的分类：按照移动性，无线局域网中的站可分为固定站、半移动站和全移动站三类。固定站是指位置固定不动的站；半移动站是指站可在网内移动，但只能在静止状态下进行通信；全移动站是指站可在移动状态下保持通信，移动速率通常限定在 2～10 m/s。固定站、半移动站和全移动站的特点如表 10-1 所示。

表 10-1　无线局域网中移动站的分类

移动站的分类	固 定 站	半 移 动 站	移 动 站
开机使用的移动站	固定	固定	固定/移动
关机时的移动站	固定	固定/移动	固定/移动
举例	台式机	便携机	掌上机、车载台

2. 无线介质

无线局域网采用的传输介质不是双绞线或者光纤，而是红外线或者无线电波。

（1）红外线。红外线局域网采用小于 1 微米波长的红外线作为传输媒体，有较强的方向性。红外信号要求视距传输，并且窃听困难，对邻近区域的类似系统也不会产生干扰。但由于红外线具有很高的背景噪声，受日光、环境照明等影响较大，一般要求的发射功率较高。

（2）无线电波。无线电波是无线局域网最常用的无线传输媒体。这主要是因为无线电波的覆盖范围较广，已有的应用技术较成熟。特别是用于无线通信的直接序列扩频调制方法，使得无线电波的发射功率低于自然的背景噪声，具有很强的抗干扰抗噪声能力、抗衰落能力。这一方面保证了通信安全，基本避免了窃听；另一方面，无线局域网使用的无线电波频段主要是 S 频段（2.4 GHz～2.4835 GHz），也叫工业科学医疗频段（Industry Science Medical，ISM），不受无线电管理部门的限制，不会对人体健康造成伤害。

3．基站 BS 和无线接入点 AP

基站是指在一定的无线电覆盖区中，通过通信交换中心，与终端之间进行信息传递的无线电收/发信电台，完成无线通信网和用户之间的通信和管理功能。常用于移动通信的蜂窝结构中。

无线接入点 AP 类似蜂窝结构中的基站，是无线局域网的重要组成单元，除了具备站的基本功能外，可以为其他站提供无线网络接入服务的设备。它的基本功能有：

（1）作为无线接入点，完成其他非 AP 的站对分布式系统的接入访问和不同站间的通信连接。

（2）作为无线网络和分布式系统的桥接点，完成桥接功能。

（3）作为 BSS 的控制中心，完成对其他非 AP 的站的控制和管理。

4．分布式系统

分布式系统（Distribution System，DS）是用来连接不同的基本服务区（Basic Service Area，BSA）的，通常是有线网络（例如采用 IEEE 802.3 协议的局域网），但也可以是可通过 AP 间的无线通信构成的无线网络。

10.2.2　无线局域网的逻辑结构

1．基本服务集 BSS

无线局域网的最小构件是基本服务集（Basic Service Set，BSS）。一个 BSS 包括一个基站和若干个无线终端，或者只包含若干无线终端。图 10-2 所示为一个拥有 AP 的 BSS 结构。

2．扩展服务集 ESS

ESS（Extended Service Set）是由多个 BSS 组成的多区网，如图 10-3 所示。

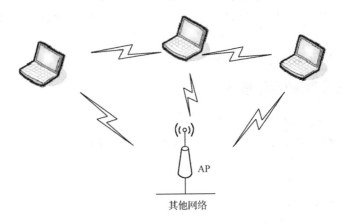

AP

其他网络

图 10-2　BSS 无线局域网

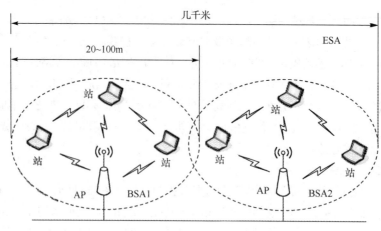

图 10-3　ESS 无线局域网

10.2.3　无线局域网的拓扑结构

1．无中心分布式结构

无中心分布式结构是一种以自发方式构成的网络，是独立的 BSS 工作模式，简称为 IBSS（Independent BSS）工作模式。在 IBSS 中，至少拥有两个站，任意站之间可直接通信而无须 AP 转接，如图 10-4 所示。

2．有中心集中控制式结构

有中心集中控制式结构中，一个 BSS 至少包含一个 AP。

中心集中控制式结构的优势如下：

（1）BSS 的覆盖范围或通信距离由 AP 确定，比无中心分布结构的通信距离长，站布局灵活。

（2）路由的复杂性和物理层的实现复杂度较低。

（3）AP 作为中心站，控制所有站对网络的访问，

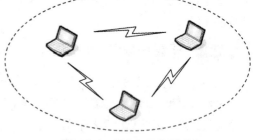

图 10-4　IBSS 工作模式

网络的吞吐性能和时延性能不会随着网络业务量增大而迅速恶化。

（4）AP 可以方便地对 BSS 内的站进行同步管理、移动管理和节能管理等，网络可控性（Controllability）好。

（5）具有较大的可伸缩性（Scalability）。

10.2.4　无线局域网的互连设备

1．无线接入点 AP/无线网桥

无线接入点 AP/无线网桥用于网络客户端与局域网之间、局域网与局域网之间的连接，具备有线和无线两类端口。

（1）无线接入点 AP 和无线网桥的区别。

（2）无线接入点 AP 的组成。

无线接入点 AP 设备包括以下 4 部分：天线；接口；复位系统；指示系统。

（3）无线 AP 的安装

2．无线交换机

无线交换机是将无线局域网控制器与交换机合并在一起。无线交换机采用 back end-front end 工作方式，即将无线交换机置于用户机房内，称为 back-end，而将若干类似于天线功能的 AP 置于前端，称为 front-end。

3．无线路由器

无线路由器是无线 AP 和宽带路由器的结合体，是在无线 AP 的基础上扩充各种功能而来。无线路由器在提供和无线 AP 相同的无线覆盖功能同时，还支持 xDSL/Cable 方式的宽带接入，以及 DHCP、NAT、VPN、MAC 地址过滤和防火墙等常用的网络管理、网络服务和网络安全功能。所以，无线路由器也称为扩展型无线 AP。

4．无线局域网适配器

无线局域网适配器是指将各种计算机、网络打印机等设备接入无线局域网的适配器，即通常所说的无线网卡。无线网卡还泛指所有通过无线方式接入网络的设备，如 GPRS 无线网卡。无线适配器主要实现 WLAN 协议中的物理层和数据链路层的内容。

总线接口简称接口，由于受到各种终端设备用途和体积限制，其类型繁多，主要有 PCMCIA/CardBus 接口、PCI 接口、Mini-PCI 接口和 USB 接口。按照接口类型不同，可将无线网络适配器进行以下分类：

（1）PCMCIA/CardBus 无线网络适配器。

（2）PCI 无线网络适配器。

（3）Mini-PCI 无线网络适配器。

（4）USB 无线网络适配器。

无线网络适配器的硬件组成如图 10-5 所示。

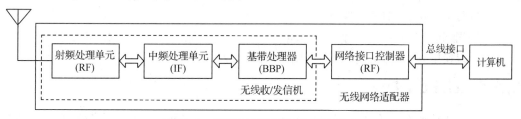

图 10-5　无线网络适配器的硬件组成

10.3　无线局域网的协议族

IEEE 802.11 系列标准是国际电气电子工程师协会 IEEE 制订的一组无线局域网标准，以 IEEE 802.11 标准为基础，包括多个已经发布的或正在开发中的无线局域网标准，在 802.11 系列标准中，802.11、802.11b、802.11a、802.11g 构成了该系列协议的物理层和数据链路层体系结构，如图 10-6 所示。

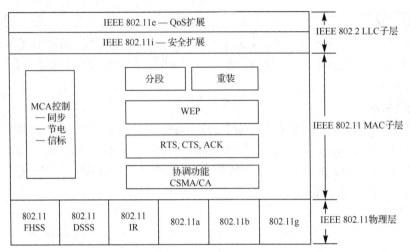

图 10-6　IEEE 802.11 系列的协议体系

10.3.1　蓝牙 Bluetooth

蓝牙技术是面向网络中各类数据及语音设备、实现语音和数据无线传输的开放性规范，也是一种低成本、短距离的无线连接技术。一般情况下，蓝牙技术的正常工作范围是 10 m。蓝牙技术采用了一系列技术实现无线网络的通信。包括：

（1）使用跳频和时分多址（Time Division Multiple Access，TDMA）技术，数据分组短，抗衰减能力强。

（2）使用高速跳频和前向纠错（Forward Error Correction，FEC）相结合方案，以保证链路稳定，减少同频干扰和远距离传输时的随机噪声影响。

（3）同时支持数据、音频、视频信号。

（4）采用二进制的调频（Frequency Modulation，FM）调制方式，降低设备的复杂性。

（5）可以使用一个单独的微型芯片实现所有蓝牙功能。

10.3.2　红外线 IrDA

IrDA 是由国际红外数据协会（Infrared Data Association）的缩写，制定了多种使用红外线为数据传输介质的无线传输标准，所以也将这些标准称为 IrDA。

红外线通信标准是一种点对点的数据传输协议，用于取代设备之间的连接线缆。其分为串行红外协议（Serial Infrared, SIR）、快速红外协议（Fast Infrared, FIR）和特速红外协议（Very Fast Infrared, VFIR）三种。SIR，也称 IrDA 1.0 协议，基于异步收发器 UART，最高数据传输速率为 115.2 kbit/s。FIR，也称 IrDA 1.1 协议，数据传输速率提高到 4 Mbit/s，兼容 IrDA 1.0 协议。VFIR 主要是在 FIR 的基础上改进，达到了 16Mbit/s 的数据传输速率。

IrDA 是视距传输技术，即两个 IrDA 设备在通信时必须相距很近且不能有障碍物。另外，产生红外光的红外线 LED 寿命有限，无法应用在需要长时间、高密度的数据传输场合。

10.3.3　HomeRF

HomeRF 无线局域网标准是由 Proxim、西门子、摩托罗拉、康柏等公司于 1998 年发起组建的

HomeRF 工作组负责研发的。其研发初衷是希望提供一种方便易用、部署成本低廉的通用性无线局域网标准。

HomeRF 是专门针对家庭住宅环境开发的无线局域网技术，工作频段为 2.4 GHz 的公用无线频段。其在数据传输方面采用了简化的 IEEE 802.11 协议，支持 TCP/ IP 传输；而语音传输上则来自无绳电话（Digital Enhanced Cordless Telephony，DECT）标准，使用 TDMA 时分多址技术。

HomeRF 提供了对流媒体（Stream Media）的支持，规定了高级别的优先权并采用了带有优先权的重发机制，确保了实时播放流媒体所需的带宽、低干扰、低误码。

10.3.4　HiperLAN2

HiperLAN 是欧盟在 1992 年提出的一个 WLAN 标准，HiperLAN2 是它的后续版本。HiperLAN2 部分建立在 GSMC（Global System for Mobile Communications）基础上，工作频段为 5 GHz。

在 HiperLAN2 网络中，移动终端 MT 除了与接入点 AP 通过标准的无线接口进行通信外，也可以采用两个 MT 之间直接通信的模式。通信过程的主要技术特征如下：

（1）自动频率分配。

（2）安全性支持。

（3）移动性支持。

10.4　IEEE 802.11 协议体系

10.4.1　IEEE 802.11

IEEE 802.11 在物理层定义两种传输方式，即无线电射频（RF）方式和红外线方式，其数据传输速率也分别为 1 Mbit/s 和 2 Mbit/s 两种。

1．扩频技术

扩频技术是通过在天线之前的发射链路处引入相应的扩频码，注入一个更高频信号将基带信号扩展到更宽的频带，即发射信号的能量被扩展到一个更宽的频带内，使其看起来如同噪声一样。

（1）扩频因子和编解码因子。扩频技术中发射机和接收机必须预先知道一个预置的扩频码，又称扩频因子。

扩频码的数字序列是近似随机的，通常称为伪随机码（PRN）或伪随机序列。通常采用反馈型移位寄存器产生伪随机序列。

（2）扩频技术具有以下主要优点：

①抗干扰和抗阻塞特性。

②衰落抑制（多径影响）。

③防止信号拦截。

（3）扩频技术的分类。如图 10-7 所示，如果在数据上直接加入伪随机序列码，即伪随机序列与通信信号相乘，则可得到直序扩频（DSSS）。如果伪随机码作用于本振端，迫使载波按照伪随机序列改变或跳变，就得到跳频扩频（FHSS）。如果用伪随机序列控制发射信号的开或关，则可得到时间跳变的扩频技术（THSS）。DSSS 和 FHSS 是现在最常用的两种技术。

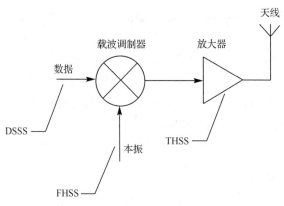

图 10-7　扩频技术中的调制方式

2. FHSS

跳频扩频技术（Frequency-Hopping Spread Spectrum，FHSS）就是用扩频码序列去进行移频键控（Frequency Shift Keying，FSK）调制，使载波在一个很宽的频带上按照伪随机码的定义从一个频率跳变到另一个频率。

FHSS 的优点是：

（1）具有保密性。

（2）具有抗单频及抗部分带宽干扰的能力。

（3）具有频率分集的作用，从而具有抗多径衰落的能力。

（4）可构成跳频码分多址系统，共享频谱资源，具有承受过载的能力。

（5）FHSS 为瞬时窄带系统，能与现有的窄带系统兼容通信。

（6）无明显的远近效应。

3. DSSS

在直接序列扩频技术（Direct Sequence Spread Spectrum，DSSS）中，伪随机码直接加入载波调制器的数据上。与 FHSS 不同，DSSS 将 2.4 GHz 频段划分为 14 个 22 MHz 的子频段，在这 14 个子频段中，除了特定的 3 个频段外，相邻频段互相重叠。信号在这 14 个频段中的其中一个进行传输，而不需要进行频段间的跳跃。DSSS 采用长度为 11 比特的 Barker 序列对数据进行编码，然后通过相移键控（Phase Shift Keying，PSK）方式调制后进行发送。

为了解决在某些特定频段中的噪声开销，DSSS 采用一种称为"码片（chipping）"的技术，把需要传输的数据通过特定算法转化成一个带冗余校验的数据码片后，再发送出去。由于该技术同时提供查错和纠错功能，大部分传送错误的数据可以在接收端进行纠错而不需要重传，增加了网络的吞吐量。

4. 载波监听多路访问/冲突避免 CSMA/CA

以太网技术所使用的 MAC 层介质访问控制协议 CSMA/CD（Carrier Sense Multiple Access/Collision Avoidance，载波监听多路访问/冲突避免）不能直接应用于 IEEE 802.11 无线局域网标准中，原因主要有以下三点：

（1）传输介质不同。以太网使用有线传输介质，IEEE 802.11 无线局域网使用无线传输介质。

（2）检测方式不适用。CSMA/CD 的冲突检测是通过检测线缆内电压的变化实现的，这在无线电磁波为传输介质的 IEEE 802.11 中是无法实现的。

（3）在无线局域网中，一个节点的发送信号强度可能会强于来自其他节点的信号强度，从而淹没掉接收信号。

因此，IEEE 802.11 的 MAC 层规定使用改进的、适合于无线网络的 CSMA/CA 协议。

10.4.2　IEEE 802.11b

IEEE 802.11b 标准于 1999 年 9 月由 IEEE 发布。该标准在 IEEE 802.11 的基础上提供两种更高的数据传输速率，即 5.5 Mbit/s 和 11 Mbit/s，同时能良好地兼容其他局域网技术。因此，IEEE 802.11b 技术成为使用最为广泛的一种无线局域网标准，又被称为 Wi-Fi（Wireless Fidelity）技术。IEEE 802.11b 规定，采用不同的编码长度和调制方式来实现不同的传输速率，如表 10-2 所示。

表 10-2　IEEE 802.11b 数据传输速率规范

数据传输速率/Mbit/s	编 码 长 度	调 制 方 式	调 制 速 率	位　　数
1	11	DBPSK	1	1
2	11	DQPSK	1	2
5.5	8	DQPSK	1.375	4
11	8	DQPSK	1.375	8

10.4.3　IEEE 802.11a

IEEE 802.11b 发布不久，IEEE 又发布了 IEEE 802.11a 标准。与 IEEE 802.11 和 IEEE 802.11b 不同，IEEE 802.11a 工作在 5 GHz 的免授权国家信息设施 UNII（Unlicensed National Information Infrastructure）频段。需要注意的是，不同国家和地区的 UNII 频段范围并不完全一样，表 10-3 列出了几个主要国家和地区的 UNII 频段。

表 10-3　部分国家和地区 UNII 频段范围

国家或地区	UNII/IEEE 802.11a 频段
中国	5.725～5.850 GHz
美国	5.15～5.35 GHz，5.725～5.825 GHz
欧洲	5.15～5.35 GHz，5.470～5.725 GHz
日本	5.15～5.25 GHz

10.4.4　IEEE 802.11g

IEEE 802.11g 标准兼容 IEEE 802.11a 标准，可以直接与其数据通信。虽然它们采用了不同的信号调制方法，即 IEEE 802.11b 标准采用 CCK 编码的 DSSS 技术，而 IEEE 802.11g 则采用了 OFDM 技术。但是，IEEE 802.11g 同时支持 OFDM 和 CCK 调制技术，并在通信前通过保护机制判断对方使用的是 IEEE 802.11g 协议，还是 IEEE 802.11b 协议，然后切换到合适的调制方式。保护机制的具体实现是通过采用 IEEE 802.11b 标准内置的 RTS/CTS（Ready To Send/Clear To Send）技术。

但是，IEEE 802.11g 采用和 IEEE 802.11b 完全相同的介质访问控制技术和工作频段，因此，具有和 IEEE 802.11b 相同的缺点：一是实际数据传输效率不高，仅有理论值的 50%；二是容易受到工作在 2.4GHz 频段的其他无线技术产品的干扰，如无线电话和微波炉等。

10.4.5 IEEE 802.11n

IEEE 802.11n 无线局域网标准的基本目标是在兼容已有的 IEEE 802.11 系列协议的前提下，提供与主流高速以太网技术同一水平的带宽、QoS 等性能。从其最新版本的草案来看，IEEE 802.11n 的最高数据传输速率将达到 600 Mbit/s，同时提供对工作在 2.4 GHz 的 IEEE 802.11b/g 和工作在 5 GHz 的 IEEE 802.11a 的无缝兼容，以及更高的无线信号覆盖能力和更强的漫游能力。这些高性能是通过以下技术实现的。

（1）OFDM/MIMO 技术。

（2）智能天线技术。

（3）软件无线电技术。

10.4.6 其他标准

IEEE 802.11d 标准定义了一些物理层方面的要求（诸如信道化、跳频模式等），以适应在一些国家的无线电管制要求。

IEEE 802.11f 标准定义了一套称之为 IAPP（Inter-Access Point Protocol）的协议，用以实现不同供应商的无线接入点 AP 间的互操作性。

IEEE 802.11h 标准是在 802.11a 基础上增加自动频率选择（DFS）和发送功率控制（TPC）功能，以适应 802.11a 在欧洲推广发展的需要，符合欧洲有关管制规定的要求。

IEEE 802.11e、IEEE 802.11f 和 IEEE 802.11i 标准是为了满足在安全性、QoS 等方面的进一步要求而提出的。802.11e 增强了 802.11 MAC 层，为 WLAN 应用提供了 QoS 支持能力，使得 WLAN 也能够传送语音、视频等应用。而 IEEE 802.1x 标准完成于 2001 年，是所有 IEEE 802 系列 LAN（包括无线 LAN）的整体安全体系架构，包括认证（EAP 和 Radius）和密钥管理功能。

🛜 10.5 无线局域网的管理

1. 集中式管理

无线局域网设备大都集成了 SNMP 协议，通过基于 SNMP 协议的网络管理软件可以实现设备的集中式管理。但由于各厂商的理念、功能实现方式、设置命令的不同，通用 SNMP 集中式管理软件一般只能做到对大多数局域网设备的监控以及一部分产品的设置管理。能够从真正意义上做到对整个网络的集中式管理，一般需要使用通过设备制造商提供的配套网管软件。使用了无线交换系统的网络，更加方便进行集中管理。

2. AP 的信道划分

使用多个 AP 实现大范围的无线覆盖及对移动站点的漫游支持，由于无线电本身的特性会引起相互之间的干扰，因此必须进行信道划分。大量实验结果表明，需要相隔 5 个信道才能实现相互重叠的无线信道不产生干扰。图 10-8 表示了这种信道划分方式。

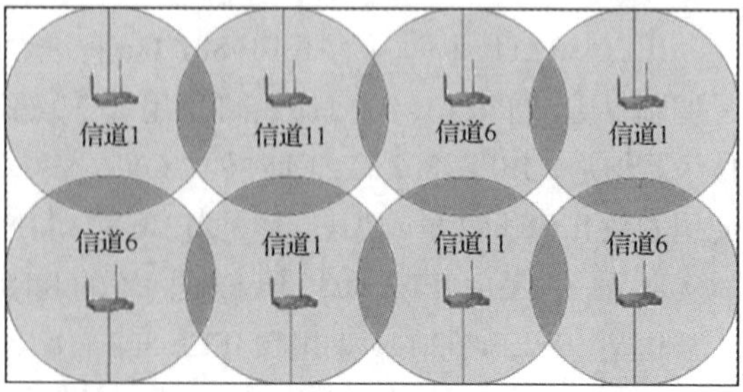

图 10-8　无线 AP 的信道划分方式

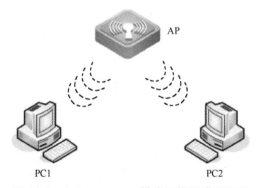

🛜 10.6　任 务 实 战

10.6.1　组建 Infrastructure 模式无线局域网

小王是学校新进网管，承担学校办公室网络管理工作，优化和改善校园网环境，提高网络工作效率。

学校的会议室一直没有网络接入，日常各部门开会过程中，共享会议资源很不方便，学校希望小王在会议室组建一个无线局域网网络。但由于会议室需要很多人都能共享上网，因此小王购买了一台无线 AP，组建了 Infrastructure 模式无线局域网。

1．任务拓扑

任务拓扑如图 10-9 所示。

图 10-9　Infrastructure 模式无线局域网配置

2．任务目的

掌握拥有无线网卡设备，如何通过无线 AP 设备进行无线局域网的互连。按照拓扑图连接好设备，注意 POE 电源、AP 设备直接的连接方式。

3．任务实施

（1）Console 登录 AP。

注：如果提示输入密码，默认密码为 admin。

```
Password: admin
```

（2）将 AP 切换为胖 AP。AP 出厂设置默认为瘦 AP，需要进行胖瘦切换。

```
S1>ap-mode fat
```

（3）创建用户 VLAN。

```
VLAN 10
```

（4）配置 DHCP 服务。

```
S1(config)#service dhcp
S1(config)tip dhcp pool test
S1(dhcp-config)#network  172. 16.1. 0  255. 255.255. 0
S1(dhcp-config)#default-router  172.16.1.254
```

（5）create WLAN（名字和关联的用户 VLAN）。

```
dot11 wlan 1              //创建802.11模式WLAN的编号
ssid cs                   //配置SSID名称
broadcast-ssid            //广播SSID
VLAN 10                   //wlan1关联用户VLAN10
```

（6）射频口上封装用户 VLAN 并关联 WLAN。

```
S1(config) #interface dot1 1radio 1/0        //802.11的射频口1
S1(config-if-Dot1 1radio 1/0)#encapsulation  dot1Q  10
//封装VLAN且此VLAN和以太物理接口一致，和VLAN10关联
S1(config-if-Dot1 Iradio 1/0)#mac-mode fat(默认)
S1(config-if-Dot1 Iradio 1/0)#wlan-id  1        //射频卡关联wlan1
S1(config)#interface dot1 1Radio 2/0           //802.11的射频口1
S1(config-if-Dot1 1radio 1/0)#encapsulation  dot1Q   10
//封装VLAN且此VLAN和以太物理接口一致，和VLAN10关联
S1(config-if-Dot11 radio 1/0)#wlan-id  1        //射频卡关联wlan1
```

（7）配置 AP 的管理 I 地址及网关。

```
Interface BVI  10(VLAN10的SVI交换虚拟口；必须和VLAN10映射，如果设置为BVI，就会出错)
ip address 172.16. 1. 254  255. 255. 255. 0
ip route 0.0.0.0 0.0.0.0  172.16.1.254(网关)(可选)
```

（8）查看 AP。

```
Show  ap-mode
Show  runn
Show  version
Show  interface
Show  VLANs
Show int  usage        //接口带宽利用率
Show dot11 mb
```

10.6.2 搭建跨 AP 的三层漫游无线局域网

公司内联网无线局域网环境构建完成后，由于公司办公区域大，许多 AP 都部署在同一办公区域，但其用户都位于不同的 VLAN 中。为了确保网络的稳定性，用户的笔记本电脑必须在办公区域移动，而不会造成网络中断。

1. **任务拓扑**

任务拓扑如图 10-10 所示。

2. **任务目的**

搭建跨 AP 的三层漫游无线局域网络，掌握跨 AP 的三层漫游工作原理。

3. **任务实施**

（1）Console 登录 AP。

注：如果有提示输入密码，默认密码为 admin。

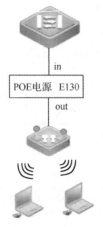

图 10-10 跨 AP 的三层漫游无线局域网络

```
Password: ruijie(或admin)
```

（2）将 AP 切换为胖 AP。AP 出厂设置默认为瘦 AP，需要进行胖瘦切换。

```
ap>ap-mode fat
```

（3）三层交换机上配置。

```
VLAN 10
s1(config)# int  VLAN 10
s1(config-if-VLAN 10)# ip add 102.168.10.1 255.255.255.0
s1(config)# ip dhcp pool VLAN10-IP
s1(dhcp-config)# network 192.168.10.0 255.255.255.0
s1(dhcp-config)# default-router 192.168.10.1
s1(config)# int  fa0/12
S1(config-if-FastEthernet 0/12)#switchport access VLAN 10
//必须划分到 VLAN 10 中
```

或者：设该接口为干道口，分配 vlan 10 为本帧。

```
Switch trunk native 10//或者改为本帧为 vlan10
```

（4）AP 的配置如下：

```
ap(config)#VLAN 10 //创建 VLAN10
ap(config)#data-plane wireless-broadcast enable
```

注意：如果 DHCP 服务器在上联设备做，请在全局配置无线广播转发功能，否则会出现 DHCP 获取不稳定现象。

```
ap(config)#interface gigabitEthemet 0/
ap(config-if-GigabitEtheret 0/1)#encapsulation dot1Q 10//接口上封装主干协议
ap(config)#dot1q whan 1 //创建 wlanl
ap(dot1l-wlan-config)#ssid ruijie 10//创建 ssi
ap(dot1l-wlan-config)VLAN 10 //关联到 VLAN
ap(config)#interface dot1I radio 1/0
ap(config-if-Dot1I radio 1/0)#encapsulation dot1Q 10
ap(config-if-Dotl1 radio 1/0)#wlan-id 1
ap(config)#interface bvi 10
ap(config-if-BVI 10)#ip address 192. 168. 10. 254 255. 255. 255. 0
ap(config)#ip route 0. 0.0.0 0.0.0. 0 192. 168. 10.1
```

习　题

1. 填空题

（1）WLAN 是_____与无线通信技术相结合的产物。

（2）WLAN 的本质特点是：不使用_____将计算机与网络连接，而是通过_____方式连接。

（3）组件 WLAN 网络常见的组件有_____、无线接入点 AP、无线控制器 AI 和_____。

（4）WLAN 具有以下优点_____、_____，_____覆盖范围广、传输速高率等。

（5）无线网控制器 AC 是无线局城网络的核心，通过有线网络与_____相连。

2. 选择题

（1）WLAN 技术是采用（　　）进行通信的。

A. 双线　　　　　B. 无线电波　　　　C. 广播　　　　D. 电缆

（2）在 IEEE 802.11g 协议标准下，有（　　　）互不重叠的信道。

A. 2　　　　　　B. 3 个　　　　　　C. 4 个　　　　D. 没有

（3）在下列协议标准中，（　　　）标准的传输速率是最快的。

A. IEEE 802.11a　　B. IEEE 802.11g　　C. IEEE 802.11n　　D. IEEE 802.11b

（4）在无线局域网中，（　　　）方式是用于对无线数据进行加密的。

A. SSID 隐藏　　　B. MAC 地址过滤　　C. WEP　　　　D. 802.1X

（5）无线网络中使用的通信原理是（　　　）。

A. CSMA　　　　　B. CSMA/CD　　　　C. CSMA　　　D. CSMA/CA

（6）无线接入设备 AP 是互连无线工作站设备，其功能相当于有线互连设备的（　　　）。

A. Hub　　　　　B. Bridge　　　　C. Switch　　　　D. Router

（7）无线网络中使用 SSID（　　　）。

A. 无线网络的设备名称　　　　　　B. 无线网络的标识符号

C. 无线网络的入网口令　　　　　　D. 无线网络的加密符号

（8）无线局域网的最初协议是（　　　）。

A. IEEE 802.11　　B. IEEE 802.5　　C. IEEE 802.3　　D. IEEE 802.1

3. 操作题

由于该企业员工对计算机的操作水平比较低，只会打开无线网卡搜寻 AP 信号，不会配置 IP 地址，使用无线网络也只是进行简单的网页浏览和收发邮件。因此，请你建立一个如图 10-11 所示的开放式无须认证的无线网络。

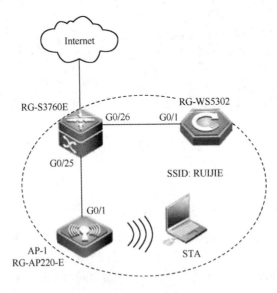

图 10-11　拓展练习

训练要求：

通过无线 AP 设备进行无线局域网互连，实现最基础开放式无线接入服务配置方法。实现一个不使用加密、认证无线网络，无线客户端通过 DHCP 方式获取 IP 地址。

项目 11
中小型企业
网络设计与实现

项目导读

随着信息化的不断发展和普及，企业网络已成为影响企业发展的一大重要因素。为了提高企业的竞争力，构建和完善企业网络已成为企业建设的重中之重。企业网络作为一个庞大的系统，承载着企业的应用系统、服务系统和信息管理系统，提供了一系列的操作平台，不仅使企业的信息能够及时、有效的传输给各个系统，而且还加强了员工与员工、员工与领导之间的沟通，从而提高了企业的管理效率。企业网络的构建，能够实现办公自动化，实现资源的高度共享，有效提高员工的工作效率，进一步提高企业的生产力。本项目以中小型企业作为研究对象，根据企业的实际需求，阐述企业网络设计、规划的过程，并使用 Cisco Packet Tracer 模拟器进行实验。

通过对本项目的学习，应做到：

- 了解：企业网络的需求分析及设计原则。
- 熟悉：企业网络方案设计及实现方法。
- 掌握：中小企业网络方案中设备的配置及各类应用测试。

11.1 企业网的需求分析及设计原则

11.1.1 企业总体需求

某企业目前拥有 300 台办公计算机，假设企业的网络需求如下：企业拥有 300 台办公计算机，要求所有计算机都能连入 Internet。此外，为了满足公司的业务需求，需要部署 7 台服务器，包括 DNS、WWW、E-mail、FTP、OA、ERP 以及财务服务器，外网只能访问位于 DMZ 区域的 DNS、WWW 和 E-mail 服务器。同时，企业开会经常需要使用笔记本连接网络，以及客户需要参观公司或企业合作伙伴需要与公司员工完成项目时，经常需要使用网络，所以在公司的会议厅和会客厅内部署 Wi-Fi 实现无线上网，要求多人同时接入。除此之外，企业在外地具有一家分公司，要求分公司员工能够接入总公司，同时也满足出差人员在外访问公司内部的共享文件及进行数据传输。其次，作为企业网络，必须具备冗余性、安全性和可扩展性等特性，还需要有足够大的带宽满足各种多媒体服务的应用。再者，必须保证企业内部的网络安全，保证重要文件、信息不会泄露。最后，对于公司文件的打印，可开设专门的设备室供员工进行网络共享打印。企业的总部拥有 6 个部门：财务部、销售部、行政部、研发部、采购部和信息部。分公司有研发部和销售部。

11.1.2 企业项目需求分析

1. 应用需求分析

（1）企业网主要作用是实现信息的共享，以及与外网进行连接，并通过建立企业网站向外界展示企业的文化、企业的政策以及所获得的成果，以提高企业的知名度，提升企业的业内形象，因而需要部署 Web 服务器。另一方面，企业也可以通过网站发布一些公文或通知，让员工能通过 Web 服务器和 E-Mail 服务器查看企业发布的消息，使信息的传输更加快捷。

（2）企业由于业务量的不断增多，需要使用的应用也日益增加。一些应用更是需要外部供应商提供。为了对网络流量进行管理，限制内部员工在上班时间进行不必要的操作，企业可以使用深信服等上网行为管理软件。同时为了更好地确保财务部的安全性以及更好的整理财务的资料，企业需要单独开设财务服务器给财务部使用，也可以部署相关的财务系统，使财务在结算工资时更加高效。

（3）为了实现企业的办公自动化，以及对公司的资源进行合理的调配，企业需要部署 OA 系统以及 ERP 系统。OA 系统加快了员工获取信息的速度，对于数据的交换更是简单方便。ERP 系统则集信息技术与先进管理思想于一身，是现代化企业的运行模式，通过资源利用的合理性，为企业创造更高的利益，因而需要部署 OA 服务器和 ERP 服务器。

（4）企业网络作为一个庞大的体系，环环相扣，"藕断丝连"。为了使员工与员工之间，员工与服务器之间以及企业与外部网络之间能互相访问，需要实现网络的互连，使全网连通，从而实现企业信息的高度共享；同时使员工能够访问外部网络，查询资料，感受行业动态的变化，领导也能对公司的发展做出正确的决策；另一方面，也方便企业与客户取得联系，使客户对企业有更多的了解，进而为企业带来更多的客户。

2. 流量需求分析

根据企业各部门对业务的需求，以及各部门信息点的数量、流量的利用率，结合算出企业所需的总流量，如表 11-1 所示。

表 11-1　企业流量分析表

部　门	业务类型	流　量	信　息　点	利用率（%）	总流量/Mbit/s
财务部	OA	1 Mbit/s	30	100	60
	ERP	1 Mbit/s			
销售部	OA	1 Mbit/s	80	90	220
	ERP	1 Mbit/s			
	Internet	56 kbit/s			
行政部	OA	1 Mbit/s	40	100	82
	ERP	1 Mbit/s			
	Internet	56 kbit/s			
研发部	OA	1 Mbit/s	60	90	57
	ERP	56 kbit/s			

续表

部　　门	业 务 类 型	流　　量	信　息　点	利用率（%）	总流量/Mbit/s
采购部	OA	1 Mbit/s	50	60	61.5
	ERP	1 Mbit/s			
	Internet	56 kbit/s			
信息部	OA	1 Mbit/s	30	100	31.5
	Internet	56 kbit/s			
设备室	文件传输	1 Mbit/s	5	60	3

由表 11-1 可知，总公司的流量为：60+220+82+57+61.5+31.5+3=515 Mbit/s，为了满足公司对于视频会议、视频点播及多媒体等宽带应用，也为了满足未来扩展的需要，可以将带宽扩展到 2 Gbit/s，因此核心层带宽需达到 2 Gbit/s，接入层带宽达到 200 Mbit/s，而桌面带宽至少也需达到 100 Mbit/s。这样才能满足网络对于带宽的需求，同时也符合网络可扩展性的要求。

3．安全性需求分析

（1）将一些需要被外网访问的服务器，例如 DNS、WWW、E-mail 服务器等，部署在 DMZ 区域，以实现内部信息在传输过程中的保密性，同时也让企业与外界有联系的桥梁。至于需要处于安全环境，不能被外网访问的服务器的要求，如 FTP、OA、ERP 服务器等则部署在企业网内部，保证公司内部数据只能被员工获取。

（2）为企业网络划分 VLAN，一个 VLAN 就是一个单独的广播域，VLAN 之间相互隔离，可以大大地提高网络的利用率以及网络的保密性。一个企业网络由多个 VLAN 组成，将有助于网络管理员针对企业的需求设置不同策略，方便管理的同时，更保障网络的安全性。

（3）分公司要远程访问总公司，可以通过在两者之间部署 VPN 实现。总部与分公司之间建立了一个安全、稳定的隧道，形成了一个虚拟的局域网。同时为保证总部与分公司之间的数据传输是可靠的、安全的，必须对处于隧道中的数据进行认证。另一方面，建立 VPN 可以大大减少企业的通信费用，减少维护成本。此外，出差在外以及远程办公的员工也可以通过此种方式接入总部。

4．网络管理需求分析

由于企业网用户相对较多，并且还在外地设立了分公司，为了加强对网络的管理，保证网络的安全性，企业需将重要的网络设备设置在总部，并通过远程的方式对分公司的一些设备进行管理控制。网络管理可以减少企业运维的人力和成本，提高网络维护的效率。同时针对企业的需求，可以选择具备监控网络设备功能的网络管理软件，使运维人员能及时发现网络故障，进行网络维护，从而减少企业的损失。

11.1.3　方案设计原则

根据企业的需求，及对企业网目标的实现，此方案设计需要遵循以下的几个原则。

（1）可扩展性：企业未来的发展有很大的可能性，为了满足未来企业对网络的需求，在设计网络时，应考虑到未来企业可能会增加的用户数量，可能会有哪些应用方面的需求，以及同外部网络的连接需要达到的程度。网络的可扩展性是网络设计的最为主要的需求。

（2）安全性：企业对于各种数据的保密性都具有非常高的要求，可以说，业务是企业的命脉，而数据则是业务的基础。因而，构建企业网络时，必须确保数据在传输过程中不被泄露，确保已存储的数据不被盗取。所以，组建企业网络时，安全性至关重要。

（3）可用性：受环境等因素的影响，网络系统存在很大的不确定性，网络设备宕机更是常态。然而网络状况时常会影响企业的业务，因而需保证网络的可用性。通常情况下，使网络具备冗余性能让网络的可用性大大提高。当网络设备出现故障时，冗余性能让网络快速恢复，使其能正常使用。

（4）适用性：企业网络作为多业务承载平台，常常需要部署各种应用，因而网络设计应该具备适用性，能够兼容各种业务系统及应用，更要求能够兼容各种网络技术，使网络在使用过程中能够适应新技术。

（5）可管理性：企业网络集合了多种网络设备，运用了多种或复杂或简单的网络技术，因而对于企业网络的管理就成为了一个很大的问题。所以在设计网络时，通常要考虑网络的可管理性，使其能够具备高效率的管理形式，减少对网络维护投入的成本。

（6）经济性：设计网络方案时，在满足企业系统需求的情况下，应优先选择性价比较高的网络设备，减少企业构建网络的成本。

📶 11.2 企业网络方案设计

11.2.1 企业网络拓扑图

企业网络的拓扑图如图 11-1 所示。

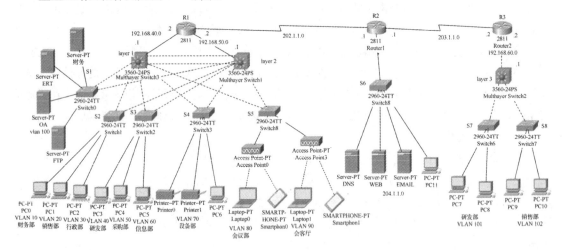

图 11-1 企业网络拓扑图

11.2.2 网络结构设计

1. 核心层网络设计

核心层作为主干网络，其功能是实现数据的高速和可靠性传输。核心层所处的位置决定其性能，可靠性对网络的性能和可靠性有着至关重要的影响。一旦核心层出现故障，则整个网络的数据传输都将受到影响。因而，在核心层上，设置的协议或实现的策略不可以太过复杂，以免发生冲突导致网络无法通信。在本次设计方案中，出于可用性考虑，需要对核心层上的网络设备进行备

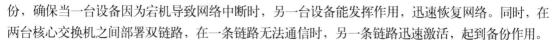

份，确保当一台设备因为宕机导致网络中断时，另一台设备能发挥作用，迅速恢复网络。同时，在两台核心交换机之间部署双链路，在一条链路无法通信时，另一条链路迅速激活，起到备份作用。

2. 汇聚层网络设计

汇聚层位于核心层和接入层之间，将大量低速连接通过少量高速连接接入核心层，以收敛通信量，同时减少核心层设备路由项的数量。作为中间层，汇聚层常常需设置一些网络策略，如实现包过滤、分割广播域等。在本次设计方案中，由于中小型企业网络的规模对比大型公司而言，相对较小，所以为了节省网络设备的成本，将汇聚层与核心层合并，接入层交换机直接与核心层交换机相连，可控性和可管理性更强。

3. 接入层网络设计

作为用户进入网络的第一道关卡，接入层可通过交换机同时连接多个用户。但与此同时，它也是黑客入侵的门户，因此需要对数据进行分组过滤。企业网络相对较为复杂，常常会发生广播风暴，为了隔绝广播风暴，可以通过在接入层交换机上划分 VLAN 的方式，提高网络利用率。接入层交换机作为 PC 用户与汇聚层网络之间的桥梁，其上行端口连接汇聚层，下行端口连接 PC 机，因此上行传输速率要比下行传输速率快，并且对于下行传输速率来说，上行传输速率高于自身一个数量级，例如，若桌面带宽为 100 Mbit/s，则汇聚层交换机的带宽为 1000 Mbit/s。

4. 冗余设计

由于中小企业网络的规模较为庞大，网络设备种类繁多，所以设备发生故障是正常的现象。而设备发生故障时，为了不让网络瘫痪，常常需要对网络设备进行备份。一般情况下，备份的网络设备只有一台在正常工作，另一台只有在对方无法工作的情况下，才会转换成工作模式。也就是说，备份网络设备可以保障网络的正常运行，减少公司的损失。然而，在网络中使用双设备也有其弊端，会导致很多问题的出现，因而需要与一些协议结合使用。在本次方案中，设计冗余的地方只在核心层进行。因为核心层作为主干网络，外网与内网交换的流量都必须经过核心层，常常会导致故障的发生。在核心层，应部署两台核心交换机，并在两台交换机之间设置双链路。利用生成树协议，通过阻塞冗余链路消除环路，同时又可以在网络故障时启用冗余链路，实现链路冗余功能。另外冗余链路的设置，还可以消除网络中的单点故障。为进一步确保网络的稳定性，也可以对网关进行冗余设计，利用 HSRP 协议解决冗余网络的问题，当主机设置的默认网关出现问题，可以由另一个网关来代替，从而让网络能稳定运行。

5. VLAN 设计和 IP 地址划分

VLAN 是对局域网进行管理的技术，一个 VLAN 就是一个网段，VLAN 之间不能相互通信，因而可以通过在交换机上划分 VLAN 来隔离冲突域。除此之外，划分 VLAN 能缩小广播域，控制广播，增强网络安全性，增加网络连接的灵活性。

对于 VLAN 地址的划分，需要考虑到 IP 地址的分配。由于网络技术的发展，IPv4 地址可划分的空间越来越少，为了满足企业网络对 IP 地址的需求，采用私网地址 192.168.0.0/24 对该公司内部网络地址进行划分，如表 11-2 所示。

在本次方案设计中，根据企业需求，应该申请 9 个公网地址，假设这 9 个公网地址分别为 202.1.1.3～202.1.1.6，203.1.1.3～203.1.1.4，204.1.1.1～204.1.1.3。因为 202.1.1.3～202.1.1.6 和 203.1.1.3～203.1.1.4 网段需用作 NAT，则中小企业外网服务器和内网服务器的 IP 地址可划分如表 11-3 所示。

表 11-2　企业网 IP 地址划分表

机构	部　门	IP 地址网段	网关 IP 地址	VLAN 号	VLAN 名称
总公司	财务部	192.168.1.0/24	192.168.1.254	VLAN 10	caiwu
	销售部	192.168.2.0/24	192.168.2.254	VLAN 20	xiaoshou
	行政部	192.168.3.0/24	192.168.3.254	VLAN 30	xinzheng
	研发部	192.168.4.0/24	192.168.4.254	VLAN 40	yanfa
	采购部	192.168.5.0/24	192.168.5.254	VLAN 50	caigou
	信息部	192.168.6.0/24	192.168.6.254	VLAN 60	xinxi
	设备室	192.168.7.0/24	192.168.7.254	VLAN 70	shebei
	会议室	192.168.8.0/24	192.168.8.254	VLAN 80	huiyi
	会客室	192.168.9.0/24	192.168.9.254	VLAN 90	huike
	服务器区	192.168.10.0/24	192.168.10.254	VLAN 100	fuwu
分公司	研发部	192.168.11.0/24	192.168.11.254	VLAN 101	yf
	销售部	192.168.12.0/24	192.168.12.254	VLAN 102	xs

表 11-3　内外网服务器 IP 地址表

编　号	主 机 名	IP 地 址	网关 IP 地址
1	DNS 服务器	204.1.1.1	204.1.1.1
2	WEB 服务器	204.1.1.2	204.1.1.2
3	E-MAIL 服务器	204.1.1.3	204.1.1.3
4	财务服务器	192.168.10.1	192.168.10.254
5	ERP 服务器	192.168.10.2	192.168.10.254
6	OA 服务器	192.168.10.3	192.168.10.254
7	FTP 服务器	192.168.10.4	192.168.10.254

　　此外，由于企业中交换机的数量较多，且分布在企业各个位置，为了更好地管理交换机主机，可以给每一台交换机划分一个管理地址，表 11-4 是本次设计方案中交换机的管理地址。

表 11-4　交换机管理地址表

机　　构	编　号	主 机 名	IP 地 址
总公司	1	核心交换机 1	192.168.30.254
	2	核心交换机 2	192.168.30.253
	3	接入交换机 1	192.168.30.1
	4	接入交换机 2	192.168.30.2
	5	接入交换机 3	192.168.30.3
	6	接入交换机 4	192.168.30.4
	…	…	… 以此类推，继续分配 IP 地址
分公司	1	核心交换机 1	192.168.20.254
	2	接入交换机 1	192.168.20.1
	3	接入交换机 2	192.168.20.2

6. 无线网络设计

WLAN，即无线局域网，是采用公共的电磁波作为数据的传输介质，它利用无线射频技术，不需要铺设电缆，不受节点布局的位置及数量的限制，就可以构建局域网络。WLAN 的安装非常便捷，不像有线网络需要繁杂的布线，这也就决定了无线网络的使用非常灵活，不需要局限在一个地方。同时也减少了布线的成本，并且容易在原来网络的基础上再去扩展。在本次方案中，根据企业的需求，需要在会客厅和会议室等业务比较灵活的地方部署无线网络。对此，可以使用无线 AP 作为部署的网络设备，采用胖 AP 的连接方式，让无线 AP 直接与接入交换机相连。一台无线 AP 作用在会客厅，另一台作用在会议室。每台无线 AP 最多允许 50 人接入，以保证每个人的访问网速不至于太慢。在无线 AP 覆盖范围内，每个人都可以通过接入 Wi-Fi 进行办公，解决了员工需要移动办公，以及来访者需要访问公司网络的需求。

7. VPN 设计

VPN 是指在互联网的数据网络上建立自己的专用私有数据网络，并通过隧道机制、数据加密、身份认证等技术来保证数据传输的安全性。它实际上是对企业内部网络的扩展，可以帮助出差在外或在家办公的员工安全访问公司内网，获取所需的数据。由于租用专线价格昂贵，为了实现远程接入的功能，很多企业都选择使用低成本的 VPN 技术。在本次的设计方案中，该中小企业在外地拥有一家分公司，而且经常有员工需要出差，所以部署 VPN 已经是不可或缺的。由于 VPN 也分成了好几类，其中包括 PPTP、L2TP、IPSec 和 MPLS 等。相比于其他三种，IPSec 私密性、完整性和安全性更强，并且最适合作网关到网关的虚拟专用网，所以企业选择 IPSec VPN 技术来实现总公司与分公司之间的连接。

🛜 11.3　网络设计方案的实现

11.3.1　接入层交换机配置

在整个网络系统中，作为与用户直接相连的设备，接入层交换机可连接多个用户，并且每个用户都在一个单独的端口。在本次方案中，要实现网络的目标以及出于扩展性的要求，设计在网络中部署 10 台 48 口的交换机，交换机需要进行相应的配置，并实现其功能。

1. 对交换机进行命名

对交换机进行配置时，首先需要对交换机命名，以避免配置过程中因为交换机设备过多，发生混淆。尤其是在规模比较大的网络中，对网络设备的命名是必不可少的，这相当于一个标识，方便辨认交换机所处的位置。

登录交换机界面后，输入以下命令进行命名

```
Switch>
Switch>enable
Switch#conf terminal               //进入特权模式
Switch(config)#hostname S1         //将交换机命名为 S1
S1(config)#                        //显示命名结果
```

至此交换机命名成功。

2. 对交换机进行远程配置

在企业网中，由于网络设备过多，单独对每一台设备进行管理是不现实的。因而，对交换机的远程管理可以减少管理员的工作量，同时能够高效维护网络。配置远程，可以通过以下命令实现：

```
S1(config)#enable password 123456        //设置特权密码为 123456
S1(config)#line vty 0 4                   //最多同时支持 5 个会话
S1(config-line)#password 123456           //设置登录密码为 123456
S1(config-line)#login                     //启用密码认证
```

3. 配置交换机的管理地址及默认网关

配置交换机的管理 IP，有助于对交换机的管理，并且为管理员远程登录提供地址。而配置交换机的默认网关，则可以实现在不同子网对交换机进行管理和维护。配置命令如下：

```
S1(config)#int vlan 1                                      //进入 vlan1
S1(config-if)#ip address 192.168.30.1 255.255.255.0 //设置管理 IP
S1(config-if)#no shutdown                                  //激活管理接口
S1(config)#ip default-gateway 192.168.30.254              //设置默认网关
```

4. 配置交换机的 VTP

在企业网中，VTP 协议是一种比较常见的协议。VTP 分成了几种模式，其中包括 Server 模式和 Client 模式。二者的关系是 Client 可以自动学习到从 Server 里面传递过来的 VLAN 信息。在 VTP Server 中对 VLAN 做的操作，都可以自动同步到 VTP Client，VTP Client 也可以自动学习到 VLAN 信息，从而避免了一些手工操作带来的失误。另一方面，企业网中通常划分了很多 VLAN，用来隔离广播域。而如果要手工配置这些 VLAN，将会是非常大的工作量，这时，VTP 协议就可以解决这个问题。在本次的设计中，将核心交换机设置成 VTP Server，手动配置 VLAN，而二层交换机则作为 VTP Client，自动学习核心交换机上的 VLAN 信息。在接入层交换机上配置 VTP 的命令如下：

```
S1(config)#vtp domain parent_com        //配置 VTP 的域名，默认为空
S1(config)#vtp mode client     //配置 VTP 为 client 模式，默认为 server
```

5. 配置交换机的主干道端口及端口访问

S1 交换机的端口接入的是 VLAN 10 的用户，假设 VLAN 10 的用户有 40 个，则端口 1~40 都可作为连接 VLAN 10 的端口。而接入层交换机另一端直接与两台核心交换机连接，所以设置端口 47~48 为 Trunk 模式，通过此实现在两条链路上传输多个 VLAN。配置命令如下：

```
S1(config)#int range fastEthernet 0/1-40          //进入接口配置模式
S1(config-if-range)#switchport mode access        //设置端口为接入模式
S1(config-if-range)#switchport access vlan 10     //把端口划分到 vlan10
S1(config-if-range)#exit                          //退出接口模式
S1(config)#int range fastEthernet 0/47-48
S1(config-if-range)#switchport mode trunk    //设置端口 f0/47-48 为 trunk 模式
S1(config-if-range)#switchport trunk allowed vlan all    //允许所有 vlan 通过
```

根据以上配置，可对其他接入层交换机进行类似的配置，并把各自的端口划分进相应的 VLAN。除此之外，也可以对交换机做其他的配置，例如，可固定端口速率为 10 Mbit/s 或 100 Mbit/s，或者可以运用链路聚合的技术增加主干道的带宽。

11.3.2 核心层交换机配置

在此设计方案中，核心层的交换机要实现的功能比较多，因而配置也比较烦琐。此次，以总公司的一台核心交换机为例进行配置，实现核心交换机在此网络系统中的功能。

1. 配置交换机的基本参数及 Telnet 远程登录

这里核心层交换机的配置与接入层交换机的配置类似。配置命令如下：

```
Switch(config)#hostname layer1
layer1(config)#enable password 123456
layer1(config)#line vty 0 4
layer1(config-line)#password 123456
layer1(config-line)#login
```

2. 配置交换机的 VTP

根据网络设计的结构，在核心层交换机上配置 VTP 时，其工作模式应当为 Server。此时，在核心交换机上对 VLAN 的增加、删除和修改，都会同步到 VTP Client，也就是所有的接入层交换机上。

```
layer1(config)#vtp domain parent_com
layer1(config)#vtp mode server
```

3. 在交换机上定义 VLAN

由于企业中 VLAN 的数量通常比较多，因而需要对这些 VLAN 进行命名，方便记忆，同时减少一些不安全的配置。在此次设计方案中，总公司共有 10 个 VLAN，而分公司有 2 个 VLAN，可按顺序对 VLAN 进行编号并命名。配置命令如下：

```
layer1(config)#vlan 10                      //创建vlan 10
layer1(config-vlan)#name caiwu              //命名vlan 10为caiwu
layer1(config-vlan)#exit
layer1(config)#vlan 20
layer1(config-vlan)#name xiaoshou
layer1(config-vlan)#exit
layer1(config)#vlan 30
layer1(config-vlan)#name xinzheng
layer1(config-vlan)#exit
layer1(config)#vlan 40
layer1(config-vlan)#name yanfa
layer1(config-vlan)#exit
layer1(config)#vlan 50
layer1(config-vlan)#name caigou
layer1(config-vlan)#exit
layer1(config)#vlan 60
layer1(config-vlan)#name xinxi
layer1(config-vlan)#exit
layer1(config)#vlan 70
layer1(config-vlan)#name shebei
layer1(config-vlan)#exit
layer1(config)#vlan 80
layer1(config-vlan)#name huiyi
layer1(config-vlan)#exit
layer1(config)#vlan 90
layer1(config-vlan)#name huike
layer1(config-vlan)#exit
layer1(config)#vlan 100
layer1(config-vlan)#name fuwu
```

4．配置交换机的管理地址及划分 VLAN

核心交换机作为核心层的网络设备，需要网络使用的协议会更多，同时对于可管理性的要求会更高，因而给交换机划分管理地址，将会大大缩减管理员的工作量。而划分 VLAN 可分割广播域，减少广播风暴。设计 VLAN 不仅需要进行命名，而且还需为其分配 IP 地址，作默认网关。配置命令如下：

```
layer1(config)#int vlan 1
layer1(config-if)#ip address 192.168.30.254 255.255.255.0
layer1(config-if)#no shutdown
//设置核心交换机的管理地址
layer1(config)#int vlan 10                    //进入 vlan 10
layer1(config-if)#ip address 192.168.1.253 255.255.255.0
//设置 vlan 10 的默认网关
layer1(config-if)#no shutdown  //激活 vlan 10 接口，以下命令作用一样
layer1(config-if)#exit
layer1(config)#int vlan 20
layer1(config-if)#ip address 192.168.2.253 255.255.255.0
layer1(config-if)#no shutdown
layer1(config-if)#exit
layer1(config)#int vlan 30
layer1(config-if)#ip address 192.168.3.253 255.255.255.0
layer1(config-if)#no shutdown
layer1(config-if)#exit
layer1(config)#int vlan 40
layer1(config-if)#ip address 192.168.4.253 255.255.255.0
layer1(config-if)#no shutdown
layer1(config-if)#exit
layer1(config)#int vlan 50
layer1(config-if)#ip address 192.168.5.253 255.255.255.0
layer1(config-if)#no shutdown
layer1(config-if)#exit
layer1(config)#int vlan 60
layer1(config-if)#ip address 192.168.6.253 255.255.255.0
layer1(config-if)#no shutdown
layer1(config-if)#exit
layer1(config)#int vlan 70
layer1(config-if)#ip address 192.168.7.253 255.255.255.0
layer1(config-if)#no shutdown
layer1(config-if)#exit
layer1(config)#int vlan 80
layer1(config-if)#ip address 192.168.8.253 255.255.255.0
layer1(config-if)#no shutdown
layer1(config-if)#exit
layer1(config)#int vlan 90
layer1(config-if)#ip address 192.168.9.253 255.255.255.0
layer1(config-if)#no shutdown
layer1(config-if)#exit
layer1(config)#int vlan 100
layer1(config-if)#ip address 192.168.10.253 255.255.255.0
layer1(config-if)#no shutdown
```

由于之后需要使用 HSRP 协议，而在此协议中，虚拟路由器是 PC 的网关，所以网关地址 192.168.x.254 应分配给对应的 HSRP 备份组内的虚拟路由器。因此，两台核心交换机的各 VLAN 内的 IP 地址不可以相同，一台交换机的 IP 为 192.168.x.253，则另一台交换机的 IP 可为 192.168.x.252。

5. 配置核心交换机的主干道端口

在本次设计方案中，为了实现负载均衡，所以核心层由双核心交换机构成。同时，为了避免单点故障的发生，在两台核心交换机之间设置双链路冗余。当主链路出现故障时，备份链路被激活，使得数据能正常传输。在双链路下，为了允许多个 VLAN 的数据通过，所以需要把连接两条链路的端口设置为 Trunk 模式。配置命令如下：

```
layer1(config)#int range fastEthernet 0/9-10    //进入接口配置模式
layer1(config-if-range)#switchport trunk encapsulation dot1q
//设置封装模式
layer1(config-if-range)#switchport mode trunk
//设置 f0/9-10 端口为 trunk 模式
layer1(config-if-range)#switchport trunk allowed vlan all
//允许所有 vlan 通过
```

6. 配置核心交换机的路由功能

三层交换机要实现 VLAN 的互访，首先需要启用路由功能。在网络的配置中，这一步是不可或缺的。

```
layer1(config)#ip routing              //启用路由功能
```

其次，三层交换机的端口默认为二层口，要实现路由功能，就需要开启端口的三层功能。同时，还需为端口分配 IP 地址。

```
layer1(config)#int fastEthernet 0/11
layer1(config-if)#no switchport              //启用三层功能
layer1(config-if)#ip address 192.168.40.1 255.255.255.0
//为端口 f0/11 分配 IP 地址
layer1(config-if)#no shutdown                //激活 f0/11 接口
```

最后，要让不同 VLAN 之间能相互通信，为三层交换机设置路由协议也是必不可少的一环。路由分为直连路由、静态路由和动态路由，其中静态路由是由管理员手工配置的，在企业网中，这无疑是比较大的工作量。而动态路由是由运行在路由器上的路由选择协议自动生成，常见的路由选择协议包括 RIP、OSPF、EIGRP 以及 BGP 等。在本次设计方案中，企业内网选择 OSPF 协议实现总公司内部网络的互连，减少工作量，而这需要在网关路由器和三层交换机上进行。在三层交换机上，做以下配置：

```
layer1(config)#router ospf 1                 //配置进程号
layer1(config-router)#network 192.168.1.0 0.0.0.255 area 0
//宣告 OSPF 运行的区域
layer1(config-router)#network 192.168.2.0 0.0.0.255 area 0
layer1(config-router)#network 192.168.3.0 0.0.0.255 area 0
layer1(config-router)#network 192.168.4.0 0.0.0.255 area 0
layer1(config-router)#network 192.168.5.0 0.0.0.255 area 0
layer1(config-router)#network 192.168.6.0 0.0.0.255 area 0
layer1(config-router)#network 192.168.7.0 0.0.0.255 area 0
layer1(config-router)#network 192.168.8.0 0.0.0.255 area 0
layer1(config-router)#network 192.168.9.0 0.0.0.255 area 0
layer1(config-router)#network 192.168.10.0 0.0.0.255 area 0
layer1(config-router)#network 192.168.40.0 0.0.0.255 area 0
```

7. 配置三层交换机的中继 DHCP

DHCP，即动态主机配置协议，它能自动给终端设备分配 IP 地址、子网掩码、默认网关和 DNS 服务器的地址。在 PC 数量较多、规模较为庞大的企业网中，为所有用户手工分配一个 IP 地址，显然是不太现实的，而且容易发生冲突。因而，DHCP 动态划分地址的方式就为企业网分配 IP 地址发挥着重要的作用。在本次设计方案中，DHCP 需要给不同的 VLAN 分配不同网段的 IP 地址，因而需要在路由器和三层交换机上进行配置，而三层交换机，则作为中继设备透过广播报文。

```
layer1(config)#int vlan 10                          //进入 vlan 10
layer1(config-if)#ip helper-address 192.168.40.2
//将 DHCP 请求的广播数据包转化为单播请求
layer1(config-if)#exit
layer1(config)#int vlan 20
layer1(config-if)#ip helper-address 192.168.40.2
layer1(config)#int vlan 30
layer1(config-if)#ip helper-address 192.168.40.2
layer1(config-if)#exit
layer1(config)#int vlan 40
layer1(config-if)#ip helper-address 192.168.40.2
layer1(config-if)#exit
layer1(config)#int vlan 50
layer1(config-if)#ip helper-address 192.168.40.2
layer1(config-if)#exit
layer1(config)#int vlan 60
layer1(config-if)#ip helper-address 192.168.40.2
layer1(config-if)#exit
layer1(config)#int vlan 70
layer1(config-if)#ip helper-address 192.168.40.2
layer1(config-if)#exit
layer1(config)#in vlan 80
layer1(config-if)#ip helper-address 192.168.40.2
layer1(config-if)#exit
layer1(config)#int vlan 90
layer1(config-if)#ip helper-address 192.168.40.2
```

8. 配置交换机的生成树协议

本次设计方案，采用了冗余链路的方式消除单点故障，但与此同时，也会发生广播风暴等现象，影响网络的稳定性。为了解决这些问题，可以配置生成树协议。生成树协议包括 STP、RSTP、MSTP 以及思科特有的 PVST 和 PVST+。此处基于思科设备，可采用 PVST+，即增强型的 PVST，能够支持 IEEE 802.1q 中继协议。此协议可允许某些 VLAN 通信，同时阻塞其他 VLAN 的转发，每个 VLAN 都作为一个单独的网络。实现功能的配置命令如下：

```
layer1(config)#spanning-tree vlan 10, 20, 30, 40, 50, 60 root primary
//设置为 vlan 10, vlan 20, vlan 30, vlan 40, vlan 50, vlan 60, vlan 100 的主根桥
layer1(config)#spanning-tree vlan 70, 80, 90 root secondary
//设置为 vlan 70, vlan 80, vlan 90 的辅助根桥
```

对 layer1 交换机设置完成后，也需要对 layer2 交换机进行相似的配置，这时给 VLAN 70, VLAN 80, VLAN 90 设置主根桥，其他 VLAN 则设置它们的辅助根桥。

9. 配置交换机 HSRP 协议

HSRP，即路由热备份协议，主要是为了解决冗余网络中的路由问题。在网络中部署主备双路由器，当主路由器因为故障导致流量无法进出时，备份路由器开始发挥作用。在此案例中，以双核心的交换机作为网关，流量的转发都经过核心交换机。在核心交换机上配置此协议，可实现双网关覆盖，若主网关出故障时，可及时利用备份网关恢复网络。因而需在交换机上配置以下命令：

```
layer1(config)#int vlan 10
layer1(config-if)#standby 10 ip 192.168.1.254
//配置vlan 10网段的虚拟IP地址
layer1(config-if)#standby 10 priority 200
//设置交换机在组10内优先级为200
layer1(config-if)#standby 10 preempt                //配置抢占方式
layer1(config-if)#standby 10 track fastEthernet 0/11
//跟踪端口f0/11，端口不可用时降低优先级值为默认10
layer1(config-if)#exit
layer1(config)#int vlan 20
layer1(config-if)#standby 20 ip 192.168.2.254
layer1(config-if)#standby 20 priority 200
layer1(config-if)#standby 20 preempt
layer1(config-if)#standby 20 track fastEthernet 0/11
layer1(config-if)#exit
layer1(config)#int vlan 30
layer1(config-if)#standby 30 ip 192.168.3.254
layer1(config-if)#standby 30 priority 200
layer1(config-if)#standby 30 preempt
layer1(config-if)#standby 30 track fastEthernet 0/11
layer1(config-if)#exit
layer1(config)#layer1(config)#int vlan 40
layer1(config-if)#standby 40 ip 192.168.4.254
layer1(config-if)#standby 40 priority 200
layer1(config-if)#standby 40 preempt
layer1(config-if)#standby 40 track fastEthernet 0/11
layer1(config-if)#exit
layer1(config)#int vlan 50
layer1(config-if)#standby 50 ip 192.168.5.254
layer1(config-if)#standby 50 priority 200
layer1(config-if)#standby 50 preempt
layer1(config-if)#standby 50 track fastEthernet 0/11
layer1(config-if)#exit
layer1(config)#int vlan 60
layer1(config-if)#standby 60 ip 192.168.6.254
layer1(config-if)#standby 60 priority 200
layer1(config-if)#standby 60 preempt
layer1(config-if)#standby 60 track fastEthernet 0/11
layer1(config)#int vlan 70
layer1(config-if)#standby 70 ip 192.168.7.254
layer1(config-if)#standby 70 priority 150
layer1(config-if)#standby 70 track fastEthernet 0/11
```

```
layer1(config-if)#exit
layer1(config)#int vlan 80
layer1(config-if)#standby 80 ip 192.168.8.254
layer1(config-if)#standby 80 priority 150
layer1(config-if)#standby 80 track fastEthernet 0/11
layer1(config-if)#exit
layer1(config)#int vlan 90
layer1(config-if)#standby 90 ip 192.168.9.254
layer1(config-if)#standby 90 priority 150
layer1(config-if)#standby 90 track fastEthernet 0/11
layer1(config-if)#exit
layer1(config)#int vlan 100
layer1(config-if)#standby 100 ip 192.168.10.254
layer1(config-if)#standby 100 priority 200
layer1(config-if)#standby 100 preempt
layer1(config-if)#standby 100 track fastEthernet 0/11
```

以上为 layer1 交换机上配置 HRSP，在 layer2 交换机上则需要设置 VLAN 70，VLAN 80，VLAN 90 为主路由器组，其他 VLAN 组成备份路由器组。即配置 VLAN 70，VLAN 80，VLAN 90 在各自组内的优先级为 200，其他组内优先级为 150，就可实现负载均衡。

10. 配置交换机的 ACL

ACL，即访问控制列表，比较常见的有两种：标准访问控制列表和扩展访问控制列表。其作用是对进出的数据包进行筛选和过滤，有利于禁止非法的入侵。扩展 ACL 是对标准 ACL 功能的进一步扩展，可筛选的内容更加复杂，包括对协议的过滤等。在企业网中，经常使用 ACL 作为安全管理策略，保护企业内敏感、重要的数据。在本次设计方案中，我们在交换机上设置仅允许财务部访问财务服务器，以保护财务部的重要数据及相关资料不会泄露。

```
layer1(config)#access-list  100  permit  ip  192.168.1.0  0.0.0.255  host
192.168.10.1
//设置规则，允许财务部192.168.1.0网段访问财务部服务器192.168.10.1
layer1(config)#access-list 100 deny ip any host 192.168.10.1
//禁止所有网段访问财务服务器
layer1(config)#access-list 100 permit ip any 192.168.10.0 0.0.0.255
//允许所有网段访问服务器网段192.168.10.0
layer1(config)#int vlan 100
layer1(config-if)#ip access-group 100 out
//将ACL 100应用到服务器区的VLAN接口上，方向为out方向
```

配置完一台核心交换机后，也需对核心层中另一台核心交换机作类似的配置。如此，才可以真正实现负载均衡。

11.3.3 路由器配置

路由器是企业内网与 Internet 的接口，它的主要作用是实现内网与 Internet 之间的数据交换。在本次设计方案中，它除了需要完成自身的配置之外，还需实现对数据包的流入流出进行控制。此外，因为路由器作为出口路由器，连接广域网，所以也要配置 VPN，实现分公司对总公司的访问。

1. 配置路由器的基本参数及 Telnet 远程登录

对于这些基础的配置，路由器和交换机的实现命令都是相差无几的。

```
Router(config)#hostname R1
R1(config)#enable password 123456
R1(config)#line vty 0 4
R1(config-line)#password 123456
R1(config-line)#login
```

2. 配置路由器接口的 IP 地址

作为网络中的重要出口，路由器是全网连通的重要节点，因而需要给路由器的端口划分 IP 地址，作为流量进出的标识。

```
R1(config)#int fastEthernet 0/0                      //进入接口配置
R1(config-if)#ip address 192.168.40.2 255.255.255.0
//为端口 f0/0 划分 IP 地址
R1(config-if)#no shutdown                            //激活接口 f0/0
R1(config-if)#exit
R1(config)#int fastEthernet 0/1
R1(config-if)#ip address 192.168.50.2 255.255.255.0
R1(config-if)#no shutdown
R1(config)#int serial 0/3/0
//se0/3/0 是路由器与 Internet 直连的接口
R1(config-if)#ip address 202.1.1.2 255.255.255.0
R1(config-if)#no shutdown
```

3. 配置路由器的路由功能

由于路由器连接着内部和外部网络，要使内网和外网连通，就需要给路由器配置两个方向上的路由。一条是到企业内部的 OSPF 动态路由，另一条则是到 Internet 的默认路由。而要实现内网能访问 Internet，需要将路由器上的默认路由通过 OSPF 协议重发布到其他的路由器，使其他路由器能学习到默认路由，并且内网的三层交换机也能学习到默认路由。

```
R1(config)#ip route 0.0.0.0 0.0.0.0 202.1.1.1        //配置默认路由
R1(config)#router ospf 1                             //配置进程号
R1(config-router)#network 192.168.40.0 0.0.0.255 area 0
//宣告 OSPF 运行的区域
R1(config-router)#network 192.168.50.0 0.0.0.255 area 0
//宣告 OSPF 运行的区域
R1(config-router)#default-information originate
//配置 OSPF 重发布默认路由
```

4. 配置路由器的 DHCP

在企业网中，动态分配 IP 地址，需要 DHCP 服务器实现。本次设计方案中，为节省成本，以路由器作为 DHCP 服务器，基于 VLAN 自动为主机分配 IP 地址。

```
R1(config)#service dhcp                  //启用 DHCP 服务
R1(config)#ip dhcp pool 1               //设置地址池
R1(dhcp-config)#network 192.168.1.0 255.255.255.0
//设置分配的地址池
R1(dhcp-config)#default-router 192.168.1.254
//设置地址池的默认网关
R1(dhcp-config)#dns-server 204.1.1.1
//设置地址池的默认 DNS 地址
R1(dhcp-config)#exit
R1(config)#ip dhcp excluded-address 192.168.1.252 192.168.1.254
```

```
//排除地址池内 252-254 地址
R1(config)#ip dhcp pool 2
R1(dhcp-config)#network 192.168.2.0 255.255.255.0
R1(dhcp-config)#default-router 192.168.2.254
R1(dhcp-config)#dns-server 204.1.1.1
R1(dhcp-config)#exit
R1(config)#ip dhcp excluded-address 192.168.2.252 192.168.2.254
R1(config)#ip dhcp pool 3
R1(dhcp-config)#network 192.168.3.0 255.255.255.0
R1(dhcp-config)#default-router 192.168.3.254
R1(dhcp-config)#dns-server 204.1.1.1
R1(dhcp-config)#exit
R1(config)#ip dhcp excluded-address 192.168.3.252 192.168.3.254
R1(config)#ip dhcp pool 4
R1(dhcp-config)#network 192.168.4.0 255.255.255.0
R1(dhcp-config)#default-router 192.168.4.254
R1(dhcp-config)#dns-server 204.1.1.1
R1(dhcp-config)#exit
R1(config)#ip dhcp excluded-address 192.168.4.252 192.168.4.254
R1(config)#ip dhcp pool 5
R1(dhcp-config)#network 192.168.5.0 255.255.255.0
R1(dhcp-config)#default-router 192.168.5.254
R1(dhcp-config)#dns-server 204.1.1.1
R1(dhcp-config)#exit
R1(config)#ip dhcp excluded-address 192.168.5.252 192.168.5.254
R1(config)#ip dhcp pool 6
R1(dhcp-config)#network 192.168.6.0 255.255.255.0
R1(dhcp-config)#default-router 192.168.6.254
R1(dhcp-config)#dns-server 204.1.1.1
R1(dhcp-config)#exit
R1(config)#ip dhcp excluded-address 192.168.6.252 192.168.6.254
R1(config)#ip dhcp pool 7
R1(dhcp-config)#network 192.168.7.0 255.255.255.0
R1(dhcp-config)#default-router 192.168.7.254
R1(dhcp-config)#dns-server 204.1.1.1
R1(dhcp-config)#exit
R1(config)#ip dhcp excluded-address 192.168.7.252 192.168.7.254
R1(config)#ip dhcp excluded-address 192.168.7.1 255.255.255.0
//排除 vlan 70 的打印机的固定 IP 地址
R1(config)#ip dhcp excluded-address 192.168.7.2 255.255.255.0
//排除 vlan 70 的打印机的固定 IP 地址
R1(config)#ip dhcp pool 8
R1(dhcp-config)#network 192.168.8.0 255.255.255.0
R1(dhcp-config)#default-router 192.168.8.254
R1(dhcp-config)#dns-server 204.1.1.1
R1(dhcp-config)#exit
R1(config)#ip dhcp excluded-address 192.168.8.252 192.168.8.254
R1(config)#ip dhcp pool 9
R1(dhcp-config)#network 192.168.9.0 255.255.255.0
R1(dhcp-config)#default-router 192.168.9.254
```

```
R1(dhcp-config)#dns-server 204.1.1.1
R1(dhcp-config)#exit
R1(config)#ip dhcp excluded-address 192.168.9.252 192.168.9.254
```

5. 配置路由器的 NAT

由于公网 IP 地址资源的严重短缺，大多数企业都采用私网地址作主机 IP，而要实现内网与外网的通信，则需使用 NAT 技术。NAT，即网络地址转换技术，作用是将私网地址转换成公网地址，分成动态 NAT、静态 NAT 以及端口地址转换 PAT。静态 NAT 实现的是一对一转换，动态 NAT 也是一对一，但却指定了一个地址池，私网地址可转换成地址池内的任意一个公网地址。PAT 则实现多对一的转换，是对数据包的源端口及 IP 地址同时进行转换。NAT 的应用，很好地解决了公网 IP 地址资源短缺的问题。在本次设计方案中，结合多种 NAT 技术实现内网地址转换成公网地址，从而与 Internet 连通。

```
R1(config)#int fastEthernet 0/0              //设置 f0/0 为内部接口
R1(config-if)#ip nat inside
R1(config-if)#exit
R1(config)#int fastEthernet 0/1
R1(config-if)#ip nat inside
R1(config-if)#exit
R1(config)#interface serial 0/3/0            //设置 se0/3/0 为外部接口
R1(config-if)#ip nat outside
R1(config-if)#exit
R1(config)#access-list 1 permit 192.168.2.0 0.0.0.255
//销售部转换对应 ACL
R1(config)#access-list 2 permit 192.168.3.0 0.0.0.255
//其他部门转换对应 ACL
R1(config)#access-list 2 permit 192.168.4.0 0.0.0.255
R1(config)#access-list 2 permit 192.168.6.0 0.0.0.255
R1(config)#access-list 2 permit 192.168.5.0 0.0.0.255
R1(config)#access-list 2 permit 192.168.7.0 0.0.0.255
R1(config)#access-list 2 permit 192.168.8.0 0.0.0.255
R1(config)#access-list 2 permit 192.168.9.0 0.0.0.255
R1(config)#access-list 2 permit 192.168.1.0 0.0.0.255
R1(config)#ip nat pool XSB 202.1.1.3 202.1.1.4 netmask 255.255.255.0
//销售部地址转换的地址池
R1(config)#ip nat pool Other 202.1.1.5 202.1.1.6 netmask 255.255.255.0
//其他部门地址转换的地址池
R1(config)#ip nat inside source list 1 pool XSB overload
R1(config)#ip nat inside source list 2 pool Other overload
//建立 ACL 与 pool 间的关联，并使用过载地址转换
R1(config)#ip nat inside source static 192.168.10.4 202.1.1.7
//将 192.168.10.4 的 ip 静态翻译成 202.1.1.7
```

6. 路由器配置 VPN

远程访问是企业网必须实现的技术，它可以为在家办公的员工及出差在外的员工或者是分公司的员工提供访问总公司内部网络的服务。而在本次设计方案中，采用 IPSec VPN 作远程接入方式，无论在安全性、完整性、真实性方面都比较适合中小企业网络。

```
R1(config)#access-list 120 permit ip 192.168.0.0 0.0.255.255 192.168.0.0
0.0.255.255
```

```
//配置 ACL, 确定需 IPSec VPN 保护流量, 即可经由 IPSec 隧道传送的流量
R1(config)#crypto isakmp policy 10                //创建 IKE 策略集
R1(config-isakmp)#authentication pre-share
//配置验证类型为预共享密钥
R1(config-isakmp)#encryption aes 128          //配置密码算法为 AES 128
R1(config-isakmp)#group 2                     //设置组别为组 2
R1(config-isakmp)#hash sha                    //配置哈希算法
R1(config-isakmp)#lifetime 12000             //配置 IKE 生存周期
R1(config-isakmp)#exit
R1(config)#crypto isakmp key cisco123 address 203.1.1.2
//配置共享密钥进行身份验证, 双方使用共同密钥 "cisco123"
R1(config)#crypto ipsec transform-set vpn-set esp-aes 128 esp-sha-hmac
//配置 IPSec 的传输集
R1(config)#crypto ipsec security-association lifetime seconds 12000
//配置 IPSec 生存周期
R1(config)#crypto map vpn-map 10 ipsec-isakmp          //配置 crypto map 编号
R1(config-crypto-map)#set peer 203.1.1.2            //设置对端路由器 IP 地址
R1(config-crypto-map)#set transform-set vpn-set    //设置与对端匹配的传输集
R1(config-crypto-map)#match address 120
//匹配兴趣流, 也就是定义哪些数据需要加密
R1(config)#int serial 0/3/0
R1(config-if)#crypto map vpn-map
//将 crypto map 应用到路由器的出口 serial 0/3/0 上
R1(config-if)#exit
R1(config)#no ip nat inside source list 1 pool XSB overload
R1(config)#no ip nat inside source list 2 pool Other overload
R1(config)#no access-list 1
R1(config)#no access-list 2                //取消 VPN 段的 NAT 转换
R1(config)#access-list 140 deny ip 192.168.0.0 0.0.255.255 192.168.0.0
0.0.255.255
R1(config)#access-list 140 permit ip 192.168.2.0 0.0.0.255 any
//ACL 140 代替原来的 ACL 1
R1(config)#access-list 150 deny ip 192.168.0.0 0.0.255.255 192.168.0.0
0.0.255.255
R1(config)#access-list 150 permit ip 192.168.3.0 0.0.0.255 any
R1(config)#access-list 150 permit ip 192.168.4.0 0.0.0.255 any
R1(config)#access-list 150 permit ip 192.168.5.0 0.0.0.255 any
R1(config)#access-list 150 permit ip 192.168.6.0 0.0.0.255 any
R1(config)#access-list 150 permit ip 192.168.7.0 0.0.0.255 any
R1(config)#access-list 150 permit ip 192.168.8.0 0.0.0.255 any
R1(config)#access-list 150 permit ip 192.168.9.0 0.0.0.255 any
R1(config)#access-list 150 permit ip 192.168.1.0 0.0.0.255 any
//ACL 150 代替原来的 ACL 2
R1(config)#ip nat inside source list 140 pool XSB overload
R1(config)#ip nat inside source list 150 pool Other overload
//建立 ACL 与 Pool 之间的关联
```

7. 路由器配置 ACL

路由器通过 ACL 控制数据包的流入和流出, 实现对企业内部数据的保护。

```
R1(config)#access-list 101 permit ip any host 192.168.10.4
//允许外部数据包进入内网
R1(config)#access-list 101 deny ip any 192.168.10.0 0.0.0.255
//拒绝外网访问服务器网段
R1(config)#access-list 101 permit ip any any          //允许所有流量流入内网
R1(config)#int serial 0/3/0
```

```
R1(config-if)#ip access-group 101 in  //将ACL 101应用到s0/3/0接口的in方向
R1(config)#access-list 102 deny icmp any any echo
//不允许网络ping内部网络的任何节点
R1(config)#access-list 102 deny tcp any any eq 135
R1(config)#access-list 102 deny tcp any any eq 139
R1(config)#access-list 102 deny tcp any any eq 445
R1(config)#access-list 102 deny udp any any eq 445
R1(config)#access-list 102 deny udp any any eq 69
R1(config)#access-list 102 deny udp any any eq 4444
R1(config)#access-list 102 deny tcp any any eq 4444
R1(config)#access-list 102 deny udp any any eq 3389
R1(config)#access-list 102 deny tcp any any eq 3389
R1(config)#access-list 102 deny udp any any eq 1433
R1(config)#access-list 102 deny tcp any any eq 1433
R1(config)#access-list 102 deny udp any any eq 1434
R1(config)#access-list 102 deny tcp any any eq 1434
R1(config)#access-list 102 permit ip any any
//限制访问常见病毒攻击的主要端口
R1(config)#int serial 0/3/0
R1(config-if)#ip access-group 102 in
//将ACL 102应用到s0/3/0接口的in方向
```

至此，对于网络配置的进程已过半，接下来是对分公司的交换机和路由器进行配置，而这与总公司的配置命令基本相同，所要实现的目标也一致。

🛜 11.4　网络设计方案测试

本次设计方案，以 Cisco Packet Tracer 作为模拟器，搭建一个仿真网络，模拟方案设计的可行性。本次方案的最终目标，要实现的是内部网络之间能相互访问，内网能访问外网，分公司员工能接入总公司网络，获取公司的内部资料，以及部署无线网络的区域，移动设备能够接入，最后是服务器部署后，能实现其功能。针对以上几点，可通过下列方式进行测试。

11.4.1　内部网络互连

对于内部网络之间能否相互连通，我们以总公司内销售部的一台主机 ping 行政部的一台主机为例，结果如图 11-2 所示。

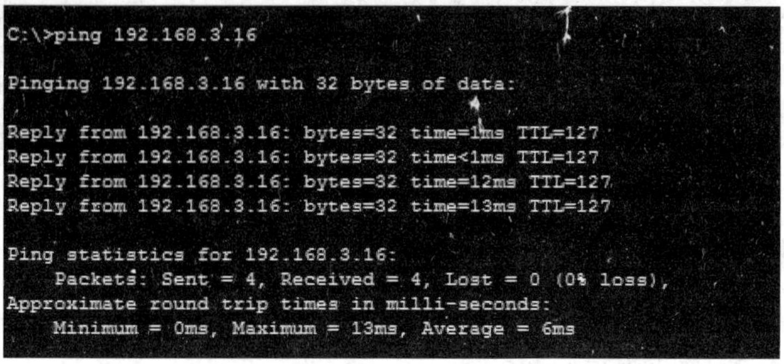

```
C:\>ping 192.168.3.16

Pinging 192.168.3.16 with 32 bytes of data:

Reply from 192.168.3.16: bytes=32 time=1ms TTL=127
Reply from 192.168.3.16: bytes=32 time<1ms TTL=127
Reply from 192.168.3.16: bytes=32 time=12ms TTL=127
Reply from 192.168.3.16: bytes=32 time=13ms TTL=127

Ping statistics for 192.168.3.16:
    Packets: Sent = 4, Received = 4, Lost = 0 (0% loss),
Approximate round trip times in milli-seconds:
    Minimum = 0ms, Maximum = 13ms, Average = 6ms
```

图 11-2　内网连通测试结果

之后又对其他部门的主机进行测试，发现都能 ping 通，排除了偶然性，所以内部网络能互连。

11.4.2　内部网络与外部网络互连

为了员工能访问 Internet，需要内网与外网能够连通，以总公司的销售部为例，ping 外部网络的主机 204.1.1.4，结果如图 11-3 所示。

```
C:\>ping 204.1.1.4

Pinging 204.1.1.4 with 32 bytes of data:

Reply from 204.1.1.4: bytes=32 time=1ms TTL=125
Reply from 204.1.1.4: bytes=32 time=1ms TTL=125
Reply from 204.1.1.4: bytes=32 time=11ms TTL=125
Reply from 204.1.1.4: bytes=32 time=1ms TTL=125

Ping statistics for 204.1.1.4:
    Packets: Sent = 4, Received = 4, Lost = 0 (0% loss),
Approximate round trip times in milli-seconds:
    Minimum = 1ms, Maximum = 11ms, Average = 3ms
```

图 11-3　内网与外网连通测试结果

同时对其他部门也进行了与外网的连通测试，都能 ping 通，说明内网可以访问外网。

11.4.3　总公司与分公司互连

方案中，采用了 VPN 保证远程接入，同时也是分公司接入总公司的方式。以总公司的销售部和分公司的销售部为例，用分公司销售部的一台主机去 ping 总公司销售部的主机，测试两个部门之间能否连通，结果如图 11-4 所示。

```
C:\>ping 192.168.12.2

Pinging 192.168.12.2 with 32 bytes of data:

Reply from 192.168.12.2: bytes=32 time=11ms TTL=124
Reply from 192.168.12.2: bytes=32 time=10ms TTL=124
Reply from 192.168.12.2: bytes=32 time=3ms TTL=124
Reply from 192.168.12.2: bytes=32 time=10ms TTL=124

Ping statistics for 192.168.12.2:
    Packets: Sent = 4, Received = 4, Lost = 0 (0% loss),
Approximate round trip times in milli-seconds:
    Minimum = 3ms, Maximum = 11ms, Average = 8ms
```

图 11-4　总公司与分公司连通测试结果

11.4.4　无线网络连通

在方案中，根据企业需求，分别在会议室和会客厅设置 Wi-Fi 接入，此次以移动手机为例，测试设备能否接入 Wi-Fi，结果如图 11-5 所示。

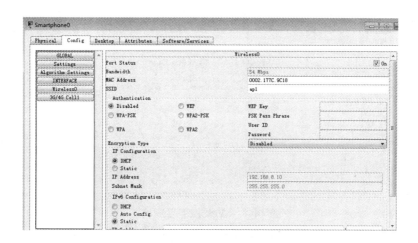

图 11-5　无线网络连通测试结果

11.4.5　服务器测试

1. DHCP 服务器

DHCP 作为企业网中的一个重要的设计，其功能的实现是其他服务的基础。方案中，以路由器作 DHCP 服务器，测试 DHCP 服务是否配置成功，主要看主机能自动获取 IP 地址，结果如图 11-6 所示。

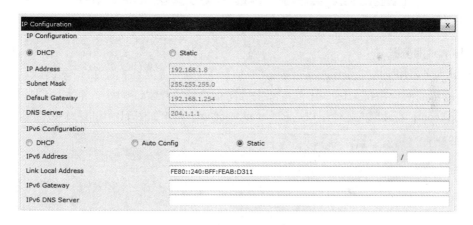

图 11-6　DHCP 服务器测试

2. Web 服务器

部署 Web 服务器，通过建立企业网站实现向外界传递信息，测试 Web 服务器是否配置成功，可通过主机访问 Web 服务器是否成功实现，结果如图 11-7 所示。

3. FTP 服务器

企业中，文件及数据的存储量非常大，因而部署专门的文件服务器不仅可以作为存储文件的仓库，还可管控文件的权限。同时，为了保证资料数据的安全，FTP 服务器需设置在内网，仅内部员工可见。测试 FTP 服务器是否配置成功，可通过在主机上输入 ftp 命令进行测试，测试结果如图 11-8 所示。

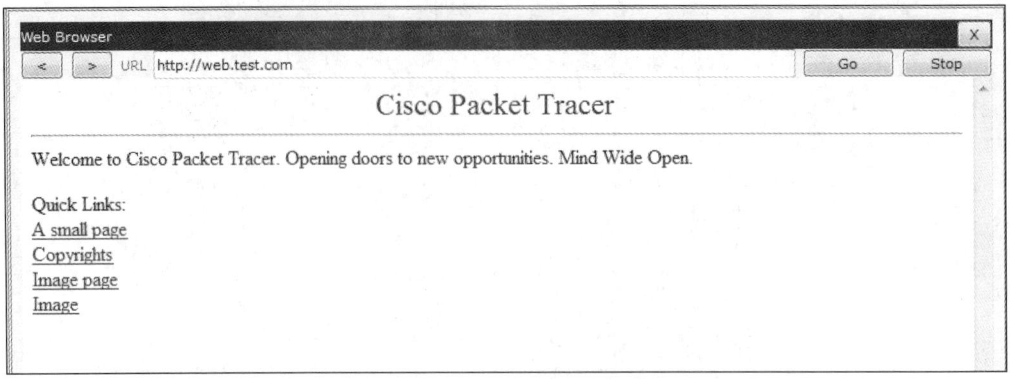

Web Browser

< > URL http://web.test.com Go Stop

Cisco Packet Tracer

Welcome to Cisco Packet Tracer. Opening doors to new opportunities. Mind Wide Open.

Quick Links:
A small page
Copyrights
Image page
Image

图 11-7　Web 服务器测试

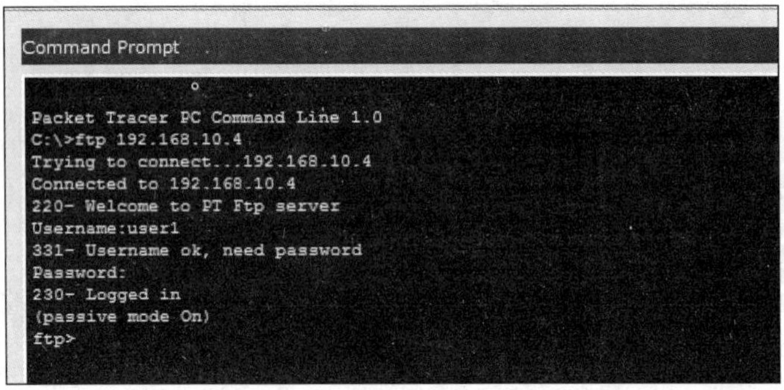

```
Command Prompt

Packet Tracer PC Command Line 1.0
C:\>ftp 192.168.10.4
Trying to connect...192.168.10.4
Connected to 192.168.10.4
220- Welcome to PT Ftp server
Username:user1
331- Username ok, need password
Password:
230- Logged in
(passive mode On)
ftp>
```

图 11-8　FTP 服务器测试

4．E-mail 服务器

E-mail 服务器用于内部员工之间发送和接收信息用，是企业内员工沟通的一种方式。此处以销售部和行政部的两台主机为例，让销售部主机向行政部主机发送邮件，销售部的邮件用户是 u1@mail.test.com，行政部的邮件用户是 u2@mail.test.com，结果如图 11-9 和图 11-10 所示。

Compose Mail

Send　To: u2@mail.test.com
　　　Subject: hello

你好！

图 11-9　发送邮件测试

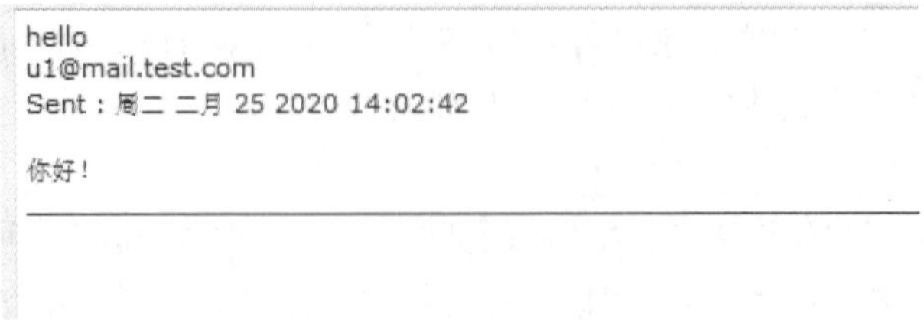

hello
u1@mail.test.com
Sent：周二 二月 25 2020 14:02:42

你好！

图 11-10　接收邮件测试